堆石混凝土拱坝设计与创新实践

Design and innovation practice of rock-filled concrete arch dam

张全意　徐小蓉　罗　键　曾　旭　娄诗建　著

U0198595

中国建筑工业出版社

图书在版编目（CIP）数据

堆石混凝土拱坝设计与创新实践 ＝ Design and innovation practice of rock-filled concrete arch dam / 张全意等著. — 北京：中国建筑工业出版社，2023.10

ISBN 978-7-112-29296-7

Ⅰ.①堆… Ⅱ.①张… Ⅲ.①堆石坝－混凝土坝－拱坝 Ⅳ.①TV642.4

中国国家版本馆 CIP 数据核字(2023)第 202751 号

堆石混凝土拱坝近年来发展迅速，鉴于贵州省遵义地区气候温和，首次在国内提出并应用了不分横缝、整体浇筑堆石混凝土拱坝的结构形式，充分发挥了堆石混凝土水化温升低的筑坝材料优势，解决了坝体分缝过多而带来的施工干扰大、施工速度慢以及堆石率低等问题。本书围绕堆石混凝土拱坝，介绍了整体浇筑结构设计以及配套的创新施工技术，如上下游预制块模板并兼作坝体永久部分、河床段与坝肩堆石混凝土垫层、砂岩堆石料与组合骨料等。依托已建成的五座整体浇筑堆石混凝土拱坝，介绍了拱梁分载法计算、材料性能研究、温度监测试验、信息化施工管理、工程实践应用等方面的研究成果，推动了堆石混凝土拱坝技术体系发展，可为同类型拱坝建设提供重要参考。

责任编辑：辛海丽
责任校对：姜小莲
校对整理：李辰馨

堆石混凝土拱坝设计与创新实践

Design and innovation practice of rock-filled concrete arch dam

张全意　徐小蓉　罗　键　曾　旭　娄诗建　著

*

中国建筑工业出版社出版、发行（北京海淀三里河路 9 号）
各地新华书店、建筑书店经销
北京红光制版公司制版
建工社（河北）印刷有限公司印刷

*

开本：787 毫米×1092 毫米　1/16　印张：17　字数：401 千字
2023 年 10 月第一版　　2023 年 10 月第一次印刷
定价：66.00 元
ISBN 978-7-112-29296-7
(42002)

前　　言

堆石混凝土是由高自密实性能混凝土和大粒径堆石组成的新型复合筑坝材料，由清华大学金峰教授和安雪晖教授团队发明，有着充分利用当地材料、筑坝速度快、单方水泥用量少、水化温升低、绿色低碳环保等众多优点。作为一种新型大体积混凝土施工技术，堆石混凝土目前已在国内外得到了广泛推广和应用，截至 2023 年 8 月，全国堆石混凝土筑坝工程共建设有高于 15 m 的大坝 165 座，其中已建成 136 座和在建大坝 29 座，含堆石混凝土重力坝 152 座、拱坝 13 座。

贵州省遵义市是国内堆石混凝土筑坝技术应用较早的地区之一，目前已建设有堆石混凝土坝 31 座。而作为贵州地区勘测设计单位，遵义市水利水电勘测设计研究院有限责任公司（简称遵义院）在堆石混凝土坝推广和建设方面做出了较为突出的贡献。目前设计并已建堆石混凝土坝 27 座，其中堆石混凝土拱坝 5 座，包括绿塘水库、龙洞湾水库、风光水库、沙千水库、桃源水库。针对堆石混凝土拱坝，遵义院首次在国内提出并应用了不分横缝、整体浇筑堆石混凝土拱坝的结构型式，其中设计建设的 5 座堆石混凝土拱坝全部采用整体浇筑形式，大大提升了拱坝建设速度。相应地，遵义院为整体浇筑拱坝形式创新性地提出了系列配套施工技术，如坝体上、下游采用预制块模板并兼作坝体永久部分结构，河床垫层采用堆石混凝土，坝肩不设常态混凝土垫层等。经过 5 座堆石混凝土拱坝的不断实践与总结，遵义院主编发布了贵州省地方标准《堆石混凝土拱坝技术规范》DB 52/T 1545—2020。目前，完建的 5 座堆石混凝土拱坝中已蓄水 4 座，其中沙千水库已蓄水至正常蓄水位并泄洪，各拱坝蓄水运行状态均良好，无明显裂缝或渗水现象。

本书重点依托遵义院多年工程实践经验，介绍堆石混凝土在拱坝筑坝技术上的应用与创新。第 1 章简要介绍了堆石混凝土筑坝技术的定义、类型、材料组成、技术优势与工程应用；第 2 章介绍了堆石混凝土拱坝坝型设计，包括典型剖面、分缝设计、防渗设计、廊道设计、垫层设计等，并重点介绍了遵义院提出的混凝土预制块模板形式；第 3 章围绕整体浇筑堆石混凝土拱坝形式，介绍了拱梁分载法的基本原理、求解方程、计算工况、参数选择以及整体浇筑堆石混凝土拱坝的拱梁分载法计算结果分析；第 4 章介绍了堆石混凝土拱坝材料性能研究，主要为遵义院在拱坝材料上的创新，包括配合比优化设计、原材料性能指标、砂岩堆石料、混凝土组合骨料及堆石混凝土大尺寸试件试验等；第 5 章介绍了绿塘、龙洞湾、风光三座堆石混凝土拱坝的施工期温度监测成果，分析了非均质堆石混凝土复合材料的温度特性；第 6 章介绍了近年来堆石混凝土坝信息化施工管理的成果，并以沙千拱坝的工程应用为例；第 7 章～第 11 章分别为绿塘水库、沙千水库、风光水库、龙洞湾水库、桃源水库 5 座整体浇筑堆石混凝土拱坝的工程案例介绍；第 12 章汇总介绍了 5 座拱坝在建成后的坝体质量检测成果；第 13 章为总结与展望。本书较全面反映了堆石混凝土拱坝的最新研究成果与工程实践进展。

本书由遵义市水利水电勘测设计研究院有限责任公司主编，书中内容包括了遵义院、清华大学、华北电力大学、贵州大学、中国农业大学、中国水利水电科学研究院、北京华石纳固科技有限公司、四川西沐建信科技有限公司等单位在堆石混凝土拱坝上的研究成果。本书由遵义院张全意撰写了第1章、第2章、第4章，华北电力大学徐小蓉撰写了第3章、第5章、第6章、第13章，遵义院罗键撰写了第7章、第8章、第12章，遵义院曾旭撰写了第9章、第10章，遵义院娄诗建撰写了第11章。本书章节规划由遵义院张全意完成，文字排版校对与格式整理由华北电力大学徐小蓉和遵义院罗键完成。本书在内容编写过程中，得到了清华大学金峰教授、周虎老师、梁婷博士，北京华石纳固科技有限公司闭忠明，中国农业大学的邱流潮教授和余舜尧，四川西沐建信科技有限公司张喜喜等专家的帮助，在此致以诚挚感谢！本书参阅并引用了书后所列参考文献的相关技术标准、技术规范、文章与书籍，作者在此一并感谢！

由于作者水平有限，对于书中的不足之处，恳请读者批评指正！

目　　录

第1章　堆石混凝土筑坝技术 ………………………………………… 1

1.1　概述 ……………………………………………………………… 1

1.2　堆石混凝土主要类型 …………………………………………… 2

1.3　堆石混凝土材料组成 …………………………………………… 3

1.4　堆石混凝土技术优势 …………………………………………… 4

1.5　堆石混凝土工程应用 …………………………………………… 5

第2章　堆石混凝土拱坝坝型设计 ………………………………… 8

2.1　典型剖面与材料分区 …………………………………………… 8

2.2　拱坝体型分缝设计 ……………………………………………… 10

2.3　拱坝防渗设计 …………………………………………………… 13

2.4　混凝土预制块模板 ……………………………………………… 15

   2.4.1　不同模板类型 …………………………………………… 15

   2.4.2　混凝土预制块模板 ……………………………………… 16

   2.4.3　模板最大侧压力计算 …………………………………… 18

   2.4.4　预制块模板经济性分析 ………………………………… 19

2.5　拱坝廊道设计 …………………………………………………… 20

2.6　拱坝垫层设计 …………………………………………………… 22

2.7　层间结合面设计 ………………………………………………… 23

第3章　整体浇筑堆石混凝土拱坝技术 …………………………… 25

3.1　整体浇筑拱坝技术概述 ………………………………………… 25

3.2　拱梁分载法基本原理与求解方程 ……………………………… 28

   3.2.1　拱梁分载法概述 ………………………………………… 28

   3.2.2　拱梁微元体受力计算 …………………………………… 28

   3.2.3　Vogt地基变形计算 ……………………………………… 30

   3.2.4　四向调整法求解应力 …………………………………… 33

   3.2.5　坝体荷载计算 …………………………………………… 35

   3.2.6　拱坝一次性封拱处理 …………………………………… 36

   3.2.7　坝顶溢洪道开口 ………………………………………… 37

3.3　拱梁分载法计算工况与参数选择 ……………………………… 38

   3.3.1　基本工况 ………………………………………………… 38

   3.3.2　坝体与坝基弹性参数选择 ……………………………… 41

   3.3.3　自重荷载处理 …………………………………………… 41

   3.3.4　封拱温度选择 …………………………………………… 42

3.4 拱梁分载法计算结果分析 ·· 44

    3.4.1 不同弹性模量结果对比 ······································ 44

    3.4.2 计算封拱温度计算成果 ······································ 45

    3.4.3 采用月均封拱温度计算成果 ·································· 48

    3.4.4 坝基变形模量影响 ·· 53

    3.4.5 堆石混凝土热膨胀系数的影响 ································ 53

3.5 堆石混凝土拱坝设计规范要求 ···································· 54

3.6 本章小结 ·· 54

第4章 堆石混凝土拱坝材料性能研究 ·························· 56

4.1 高自密实性能混凝土配合比优化设计 ···························· 56

    4.1.1 配合比设计技术指标 ·· 56

    4.1.2 早期堆石混凝土配合比设计 ·································· 57

    4.1.3 堆石混凝土拱坝 HSCC 配合比 ······························ 60

    4.1.4 适用贵州地区的 HSCC 配合比 ······························ 61

4.2 原材料对自密实混凝土性能影响研究 ···························· 61

    4.2.1 试验原材料规格及产地 ······································ 61

    4.2.2 水泥用量对混凝土立方体抗压强度的影响 ···················· 62

    4.2.3 石粉取代粉煤灰对混凝土立方体抗压强度的影响 ·············· 63

    4.2.4 粉煤灰品质对混凝土水泥用量的影响 ························ 64

    4.2.5 粗骨料超径率对 HSCC 工作性能的影响 ····················· 66

    4.2.6 粗骨料逊径率对 HSCC 工作性能的影响 ····················· 67

    4.2.7 粗骨料针片状含量对 HSCC 性能影响 ······················· 68

    4.2.8 细骨料 MB 值对 HSCC 性能影响 ··························· 68

    4.2.9 细骨料细度模数对 HSCC 配合比影响 ······················· 69

    4.2.10 原材料试验小结 ··· 70

4.3 砂岩堆石料及混凝土组合骨料研究与应用 ························ 71

    4.3.1 依托工程与研究背景 ·· 71

    4.3.2 砂岩堆石料试验研究 ·· 72

    4.3.3 组合骨料检测试验研究 ······································ 73

    4.3.4 组合骨料对 HSCC 影响研究 ································· 75

4.4 堆石混凝土大尺寸试件试验 ······································ 78

    4.4.1 大试件试验研究背景 ·· 78

    4.4.2 复合材料理论基础 ·· 79

    4.4.3 堆石混凝土大试件制作 ······································ 79

    4.4.4 抗压强度试验及结果 ·· 81

    4.4.5 劈裂抗拉试验及结果 ·· 84

    4.4.6 静力弹性模量试验及结果 ···································· 86

    4.4.7 超声回弹综合法试验及结果 ·································· 87

第 5 章　堆石混凝土拱坝温度监测试验研究································· 89

5.1　堆石混凝土温度监测研究背景·································· 89

5.2　绿塘拱坝施工期温度监测······································ 89

　　5.2.1　温度监测试验布置·· 90

　　5.2.2　堆石混凝土入仓温度分析·································· 91

　　5.2.3　混凝土浇筑过程中温度变化································ 94

　　5.2.4　HSCC 浇筑后的温度变化·································· 96

5.3　绿塘整体浇筑拱坝温度仿真计算分析·························· 99

　　5.3.1　有限元模型构建·· 99

　　5.3.2　温度仿真计算参数······································· 100

　　5.3.3　温度应力计算方法······································· 101

　　5.3.4　整体浇筑拱坝温度仿真分析······························ 101

　　5.3.5　温度应力分析与横缝影响································· 103

5.4　龙洞湾拱坝施工期温度监测··································· 105

　　5.4.1　温度监测试验布置······································· 105

　　5.4.2　HSCC 浇筑前温度变化··································· 109

　　5.4.3　HSCC 浇筑后温度变化··································· 110

5.5　风光拱坝施工期温度监测··································· 113

　　5.5.1　温度监测试验布设方案··································· 113

　　5.5.2　两仓温度长期变化趋势··································· 116

　　5.5.3　坝肩测点温度分析······································· 117

　　5.5.4　浇筑前仓内温度分析····································· 118

　　5.5.5　浇筑后仓内温度分析····································· 119

　　5.5.6　自密实混凝土上升液面线································· 119

5.6　多个工程的温度监测结果规律分析··························· 121

　　5.6.1　温度监测点分组··· 121

　　5.6.2　堆石体温度场的时空非均匀分布··························· 123

　　5.6.3　不同季节自密实混凝土与堆石入仓温度规律··············· 126

　　5.6.4　浇筑初期 24h 内自密实混凝土与堆石的热交换··············· 127

　　5.6.5　浇筑后 10d 内的温度变化规律······························ 130

第 6 章　堆石混凝土坝信息化施工管理······························· 134

6.1　信息化管理研究背景··· 134

6.2　项目群多场景并行控制方法··································· 135

6.3　堆石混凝土施工管理平台架构································· 136

6.4　多元传感器物联网系统······································· 138

6.5　信息化管理平台主要功能····································· 141

　　6.5.1　单元工程进度可视化管理··································· 141

　　6.5.2　堆石质量人工智能监测与评价······························ 143

　　6.5.3　混凝土生产-泵送-浇筑质量监测···························· 144

　　　6.5.4　堆石混凝土坝全面温度监测 ·· 145

　　　6.5.5　堆石混凝土填充密实性检测 ·· 146

　　6.6　沙千拱坝信息化管理应用 ·· 147

　　　6.6.1　依托工程沙千水库概况 ·· 147

　　　6.6.2　沙千水库"数字孪生"BIM 模型 ······································ 147

　　　6.6.3　单元工程影像档案管理 ·· 148

　　　6.6.4　堆石粒径 AI 监测与质量反馈 ·· 148

　　　6.6.5　堆石混凝土密实性检测与质量反馈 ···································· 150

　　　6.6.6　混凝土质量监测与生产统计 ·· 151

　　　6.6.7　大坝施工期温度监测与反馈 ·· 151

　　6.7　本章小结 ·· 152

第7章　绿塘水库堆石混凝土拱坝工程案例 ·· 154

　　7.1　工程概况 ·· 154

　　　7.1.1　自然地理条件 ·· 154

　　　7.1.2　水库枢纽布置 ·· 154

　　7.2　大坝结构设计 ·· 156

　　　7.2.1　大坝结构布置 ·· 156

　　　7.2.2　坝肩稳定计算复核 ·· 160

　　　7.2.3　泄流和挑流能力计算 ·· 163

　　　7.2.4　坝体材料与配合比 ·· 164

　　7.3　绿塘拱坝建设过程 ·· 165

　　7.4　大坝监测布置与结果 ·· 170

　　　7.4.1　永久监测仪器布置 ·· 170

　　　7.4.2　施工期监测结果 ·· 174

第8章　沙千水库堆石混凝土拱坝工程案例 ·· 178

　　8.1　工程概况 ·· 178

　　　8.1.1　自然地理条件 ·· 178

　　　8.1.2　水库枢纽布置 ·· 178

　　8.2　大坝结构设计 ·· 180

　　　8.2.1　大坝结构布置 ·· 180

　　　8.2.2　坝体材料与配合比 ·· 185

　　　8.2.3　泄洪能力与坝顶超高复核 ·· 186

　　8.3　沙千拱坝建设过程 ·· 188

　　8.4　大坝安全监测布置与结果 ·· 194

　　　8.4.1　永久监测仪器布置 ·· 194

　　　8.4.2　施工期监测结果 ·· 197

　　　8.4.3　蓄水初期监测结果 ·· 198

第9章　风光水库堆石混凝土拱坝工程案例 ·· 202

　　9.1　工程概况 ·· 202

    9.1.1　自然地理条件 ·········· 202

    9.1.2　水库枢纽布置 ·········· 202

  9.2　大坝结构设计 ·········· 204

    9.2.1　大坝结构布置 ·········· 204

    9.2.2　坝顶溢流表孔 ·········· 204

    9.2.3　坝体材料与配合比 ·········· 209

  9.3　风光拱坝建设过程 ·········· 209

  9.4　水库蓄水运行调度方案 ·········· 211

  9.5　大坝安全监测布置与结果 ·········· 213

    9.5.1　永久监测仪器布置 ·········· 213

    9.5.2　施工期监测结果分析 ·········· 213

    9.5.3　蓄水初期变形监测结果 ·········· 216

第10章　龙洞湾水库堆石混凝土拱坝工程案例 ·········· 218

  10.1　工程概况 ·········· 218

    10.1.1　自然地理条件 ·········· 218

    10.1.2　水库枢纽布置 ·········· 218

  10.2　大坝结构设计 ·········· 220

    10.2.1　大坝结构布置 ·········· 220

    10.2.2　坝体材料与配合比 ·········· 225

    10.2.3　重力墩整体稳定复核 ·········· 225

    10.2.4　导流底孔设计 ·········· 227

  10.3　龙洞湾拱坝建设过程 ·········· 227

  10.4　大坝安全监测布置与结果 ·········· 231

    10.4.1　大坝永久监测布置 ·········· 231

    10.4.2　施工期监测结果分析 ·········· 233

第11章　桃源水库堆石混凝土拱坝工程案例 ·········· 235

  11.1　工程概况 ·········· 235

    11.1.1　自然地理条件 ·········· 235

    11.1.2　水库枢纽布置 ·········· 235

  11.2　大坝结构设计 ·········· 237

    11.2.1　大坝结构布置 ·········· 237

    11.2.2　导流布置设计 ·········· 238

    11.2.3　坝体材料与配合比 ·········· 239

  11.3　桃源拱坝建设过程 ·········· 239

  11.4　大坝安全监测布置与结果 ·········· 241

    11.4.1　永久监测仪器布置 ·········· 241

    11.4.2　施工期监测结果分析 ·········· 243

第12章　整体浇筑拱坝建成后坝体质量检测 ·········· 244

  12.1　依托工程概述 ·········· 244

12.2 堆石混凝土钻孔取芯结果 ·· 244

12.3 堆石混凝土力学性能试验 ·· 246

    12.3.1 RFC 芯样抗压强度 ·· 246

    12.3.2 RFC 劈裂抗拉试验 ·· 248

    12.3.3 RFC 层间抗剪试验 ·· 249

    12.3.4 堆石混凝土抗渗试验 ·· 250

12.4 大坝坝体压水试验 ·· 250

12.5 堆石混凝土声波检测 ·· 251

12.6 堆石混凝土孔内电视 ·· 252

12.7 本章小结 ·· 255

第 13 章 总结与展望 ·· 256

13.1 主要研究成果 ·· 256

13.2 展望 ·· 257

参考文献 ·· 258

第1章 堆石混凝土筑坝技术

1.1 概述

  混凝土坝坚固耐久，是水利水电建设中最安全和重要的坝型，世界上超过 100m 的大坝中混凝土坝占比约 54%。经过百余年的理论发展和工程实践，形成了一套较为完善的大体积混凝土筑坝技术体系。由于大体积混凝土的抗裂能力，常常不足以抵御混凝土水化热温升导致的温度应力，因此，20 世纪初美国垦务局为常态混凝土坝发明了"分缝分块＋冷却水管"的温度控制工艺，采用 3～4 级配骨料进行拌合振捣的施工方法，其中胡佛混凝土重力拱坝的建成宣告"混凝土坝时代"的到来。之后 1970 年，美国 UC Berkeley 的 Raphael 教授创造性地提出了碾压混凝土技术，采用 3～4 级配骨料的超干硬性混凝土进行薄层铺碾，大幅降低了水泥用量和水化温升，简化工艺、降低能耗，实现了混凝土坝的第二次飞跃（图 1.1-1）。但由于仍然需要采用冷却水管进行温控，难以避免大坝裂缝，混凝土坝"无坝不裂"的顽疾仍然存在。

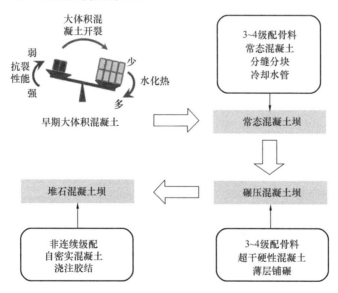

图 1.1-1 大体积混凝土坝的发展历程简图

  百余年工程实践表明，人工温控措施不能完全防止混凝土坝的开裂。如果要实现"自身不裂"的混凝土坝，必须将混凝土水化热降低到自身抗裂能力可承受的范围内，也就是说，必须在降低水泥用量的同时提高混凝土抗裂能力。显然，采用超大粒径骨料是一个突破方向，既可利用其石料强度又可降低水泥用量。但受到拌合、振捣、碾压等环节的限制，常态和碾压混凝土采用 4 级配骨料已达到极限，最大骨料粒径一般不超过 150mm，即使牺牲质量和效率采用埋石也最多 5 级配。若要根本解决温控防裂问题，数值仿真计算结果表明骨料可能需达到6～7级配。实际上，混凝土砌石、毛石混凝土、混凝土砌块石等筑坝方式较为普遍，但通常需要较多的技术工人，施工质量受工人技术能力和工程管理水平的控制。此外，近年来人工成本不断上涨，混凝土砌石、毛石混凝土等这些筑坝技术正面临着越来越大的困难。

堆石混凝土（Rock-Filled Concrete，RFC）筑坝技术于2003年被清华大学金峰教授、安雪晖教授等提出，是我国具有自主知识产权的一种新型大体积混凝土筑坝技术。堆石混凝土突破了传统连续级配骨料的密实理论约束，采用"大块堆石＋高自密实性能混凝土（High performance Self-Compacting Concrete，HSCC）"浇注胶结，实现了6～7级配甚至更大粒径骨料的混凝土（图1.1-2）。该技术充分利用当地石料或开挖料，作为大粒径骨料（粒径≥300mm）直接堆积入仓，形成具有一定空隙的堆石体结构，然后从堆石顶部浇注高流动性的自密实混凝土，依靠其自重自流填充堆石空隙，硬化后与堆石体共同形成完整、密实、有较高强度的大体积混凝土。通常堆石体的体积占比能达到堆石混凝土的55%左右，既减少了胶凝材料用量，又能辅助吸收混凝土水化反应产生的热量，且提高了堆石混凝土的材料抗裂性能、体积稳定性和层间抗剪性能。因此，堆石混凝土水泥用量少、绝热温升低，一般不超过15℃，比常态混凝土（约20～30℃）和碾压混凝土（约15～20℃）都低。该技术在施工过程中简化甚至取消温控措施，无冷却水管且无需振捣，人工消耗、机械能耗低。

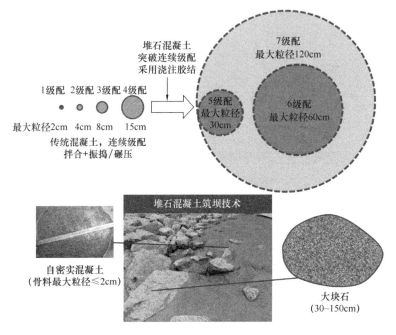

图1.1-2　非连续级配堆石混凝土示意图

1.2　堆石混凝土主要类型

堆石混凝土主要分为普通型堆石混凝土和抛石型堆石混凝土两种（图1.2-1）。

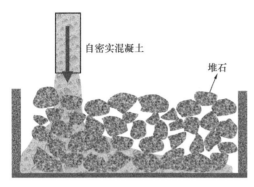 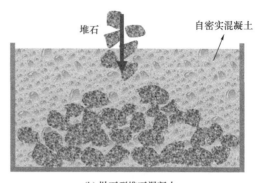

(a) 普通型堆石混凝土　　　　　　　　　　(b) 抛石型堆石混凝土

图 1.2-1　堆石混凝土主要两种类型

（1）普通型堆石混凝土：先堆石入仓，后浇筑高自密实性能混凝土，其中 HSCC 体积比约 42%～46%，主要适用于重力坝与拱坝坝体、素混凝土基础、混凝土围堰、堤防、挡土墙等工程。本书重点介绍普通型堆石混凝土的拱坝工程应用。

（2）抛石型堆石混凝土：先浇筑抗离析型自密实混凝土，后抛石入仓，其中 HSCC 体积比约 50%～60%，主要适用于深度较大的仓面混凝土施工，如沉井回填、抗滑桩回填、高边墙、挡墙等工程。抛石型堆石混凝土曾应用于向家坝水电站的沉井群回填，极大缩短了工期。

1.3　堆石混凝土材料组成

堆石混凝土是由大块堆石和高自密实性能混凝土组成的复合材料，其中堆石一般要求粒径在 300mm 以上，高自密实性能混凝土主要含小石子、砂、掺合料（粉煤灰或石粉等）和水泥浆等，并添加少量外加剂辅助控制 HSCC 的流动性。图 1.3-1 为堆石混凝土各种原材料的体积比例示意图，堆石体一般约占总体积的 55%，混凝土的粗细骨料占约 27%，水约 9%，掺合料 6%，而水泥仅占约 3%。按 C15 堆石混凝土计算，单位堆石混凝土的水泥用量仅约 58.5kg/m³，有效降低了混凝土水化温升。

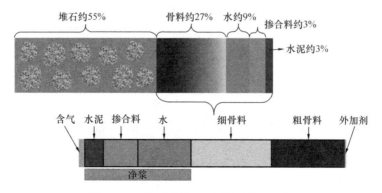

图 1.3-1　堆石混凝土原材料的体积比例

突破连续级配的堆石混凝土,既有 0~20mm 的砂石骨料,也有超大粒径的堆石,最大块径可能有 1.5~2.0m。工程中充分利用当地石材,大石料直接入仓,小石料通过破碎机生产成粗骨料和砂,绿色环保。图 1.3-2 为同一仓堆石混凝土的堆石与粗细骨料的粒径级配曲线对比图,数据来自贵州省的沙千堆石混凝土拱坝。由图可知,不仅粗细骨料分别在 5~20mm 和 0~5mm 范围内成 S 形级配曲线,而且块石料粒径也在大于等于 200mm 的范围内形成连续级配曲线。工程实践中,通过优化块石粒径级配与堆放方式,可以有效提高堆石率、减少水泥用量、提高堆石混凝土的填充密实性。

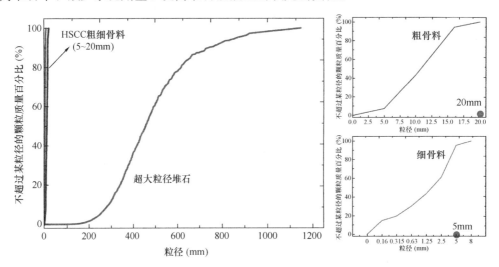

图 1.3-2　超大粒径堆石与 HSCC 粗细骨料粒径级配曲线

1.4　堆石混凝土技术优势

堆石混凝土作为一种新型的混凝土施工工艺,特别适合大体积混凝土的施工。与传统混凝土技术相比,除水泥用量少、低水化热、块石用量大、密实度高(密度一般均超过 2500kg/m³)的优点以外,堆石混凝土还具有体积稳定性好、层间抗剪能力强、工艺简便、施工速度快、综合单价低等优点(表 1.4-1),非常适合应用于重力式或拱式结构。堆石混凝土技术在节能减排方面也具有显著优势,比如在开挖料利用、骨料破碎、混凝土生产浇筑等环节大大节约能源,其 CO_2 碳排放只有常态混凝土的 2/3 甚至更低,是一种低碳环保、环境友好的新型筑坝技术。

堆石混凝土筑坝技术的技术优势　　　　　　　　　　　　　　　　　　　表 1.4-1

技术方面	技术优势内容
低水泥用量 与低水化热	① 常规的 C15~C25 混凝土一般需要 200~350kg/m³ 左右的水泥,而 C15~C25 堆石混凝土只需要 70~100kg/m³ 左右的水泥;堆石混凝土单方水泥用量与碾压混凝土相当,与常规混凝土相比减少了 70% 左右。② 堆石混凝土可充分利用粉煤灰、矿渣粉、石粉等活性或惰性掺合料,与低水泥高自密实性能混凝土进行配合比设计,共同保证低水泥用量的实现。③ 由于堆石混凝土采用了大量块石作为主要建筑材料,只需采用约 45% 的高自密实性能混凝土进行堆石空隙充填,工程实测的堆石混凝土水化温升可降至 10℃ 以内

技术方面	技术优势内容
工艺简便，施工快速	①堆石混凝土施工主要包括两道工序：堆石入仓和高自密实性能混凝土的生产浇筑。通过合理的施工组织设计，两道工序均可以通过大规模的机械化施工来完成，无需人工振捣，节约人力资源。②仓面堆完一定量堆石后，堆石入仓和混凝土生产浇筑可以平行进行，工序间干扰小，生产效率成倍提升的同时还降低了设备生产强度的要求。③堆石混凝土施工工艺要求层面有大量的块石棱角裸露，通过混凝土与块石棱角的咬合提高层间结合合面的抗剪能力，故适当冲毛后即可开展下层堆石、自密实混凝土浇筑，可免除或者简化层间结合面的凿毛工序。④简化甚至取消温控措施，混凝土生产运输浇筑量减半且无需振捣等方面，为加快建设速度、缩短工期提供了强有力的保证
显著降低施工成本	堆石混凝土施工的综合成本在相同条件下较常态混凝土可降低10%～20%，主要通过三个方面实现：①大量使用堆石减少胶凝材料用量，堆石混凝土的材料成本较常态混凝土有所降低；②由于高自密实性能混凝土的用量不高于45%，所以在混凝土生产、运输以及浇筑等工序的施工成本更能显著降低；③堆石混凝土施工机械化程度高，简化或免除了温控措施，浇筑过程免去了振捣工序，减少了人工成本的投入
综合性能稳定，安全系数高	堆石混凝土是由相互胶结的堆石骨架和高自密实性能混凝土构成。①堆石骨架在提高材料抗压、抗剪强度，抑制干缩变形，提高结构体积稳定性等方面都有着显著的效果。②高自密实性能混凝土独特的设计与工艺，使其具有卓越的流动性能、填充性能和抗离析性能，在浇筑过程中不离析、不泌水既保证了高自密实性能混凝土的充填均匀性，又避免了混凝土与骨料胶结面过渡区薄弱层的产生
节能降耗，低碳环保	①作为一种新型大体积混凝土施工技术，堆石混凝土利用了大量堆石，堆石体积比例一般可以达到55%～60%，能够充分利用初级开采的石料或者开挖料中的大块石，最大限度地降低了胶凝材料的用量。②堆石混凝土施工技术直接利用块石料作为建筑材料，在骨料破碎、混凝土生产浇筑等施工环节上大量节约能耗，减少了二氧化碳的排放，是一种新型低碳环保的混凝土施工方法。③堆石混凝土技术采用大量块石和矿物掺合料，减少了水泥用量和大功率的碾压机械，可以减少温室气体排放和能量消耗，是一种环境友好的混凝土
技术先进，适用面广	堆石混凝土在两百余个工程应用中，所用的堆石既有块石也有卵石，高自密实性能混凝土的粗、细骨料既有人工碎石和人工砂，也有天然卵石和天然砂，所有工程都使用当地的水泥和矿物掺合料。实践表明，堆石混凝土技术能够适应国内外各地不同的原材料，具有广泛适应性

1.5 堆石混凝土工程应用

自发明近 20 年来，由中国原创的堆石混凝土技术从零到一，依托国家"863"计划、国家自然科学基金、国家重点实验室资助及企业合作课题，通过近 20 余年深入研究，结合百余个大坝工程的应用实践不断总结与创新，逐步形成了堆石混凝土大体积筑坝技术体系。该体系具备核心技术与配套设备，建立了相应的质量标准体系，并在筑坝材料、快速施工等方面取得了多项技术突破与创新，得到了国内外水利行业的高度认可。堆石混凝土技术获得发明专利授权累计 30 余项，2017 年获国家技术发明二等奖。水利部《胶结颗粒料筑坝技术导则》SL 678 于 2014 年颁布，国家能源局《堆石混凝土筑坝技术导则》NB/T 10077 于 2018 年颁布，水电行业标准《水电水利工程堆石混凝土施工规范》DL/T 5806 于 2020 年发布，贵州省地方标准《堆石混凝土拱坝技术规范》DB52/T 1545—2020

于 2020 年发布。堆石混凝土技术在多个工程实践中不断完善与创新，也促成了世界坝工技术体系的发展。国际大坝委员会堆石混凝土坝技术公报 2021 年已通过评审，即将发布；英文版专著《Rock-Filled Concrete Dam》于 2022 年由国际著名出版社 Springer 出版。堆石混凝土技术取得的阶段性成果与工程实践，为百米级堆石混凝土坝、大型水利工程及二道坝、抽水蓄能电站大坝、国外堆石混凝土工程的设计与施工奠定了技术基础。

目前，堆石混凝土技术已广泛应用于水利、水电、铁路、公路、港口、航运、市政等多个行业的大体积混凝土建设领域，除水库大坝外，还有大坝加固、围堰、回填、小坝及堤防等工程。自 2005 年首次在北京军区某部蓄水池工程中成功应用以来，截至 2023 年 8月，堆石混凝土技术已在我国贵州省、云南省、福建省、四川省、山西省、北京市、陕西省、甘肃省和广东省等 24 个省市区的 228 项工程中成功应用（图 1.5-1），包括河南（国电）宝泉抽水蓄能电站、金沙江向家坝水电站、乌东德水电站、山西清峪水库、围滩水电站、恒山水库加固工程、广东中山长坑重建工程、云南虎跳峡水库、北京冬奥会 1050 塘坝和 900 塘坝等工程。随着时间的推移，堆石混凝土工程数量呈现快速增长趋势，堆石混凝土浇筑总方量已超过 778 万 m³。

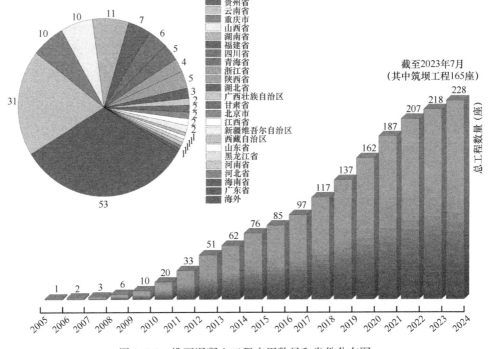

图 1.5-1　堆石混凝土工程应用数量和省份分布图

堆石混凝土筑坝工程共建设有高于 15 m 的大坝 165 座，其中已建成 136 座和在建大坝 29 座，还有待建工程几十座。按坝型统计，堆石混凝土重力坝 152 座、拱坝 13 座。根据堆石混凝土坝全国分布情况，目前主要分布于我国西南地区，重要原因是云贵川等地区石料较为丰富，云南省松林水库 90m，是目前最高的堆石混凝土重力坝。近年来，堆石混凝土技术在福建省、四川省、青海省、浙江省等地区大力推广，福建省坪坑水库（79.7m）与溪源水库（77m）、青海省满坪水库（77m）、四川省麻柳湾水库（75m）都是典型的重力高坝。表 1.5-1 列举了目前 13 座堆石混凝土拱坝，2018 年前堆石混凝土拱坝仅 3 座，近五年新增 10 座堆石混凝土拱坝。陕西省的佰佳水电站 69m，与福建省的永丰拱坝 83m（堆石混凝土方量 150 万 m³），分别是目前已建成和在建的最高堆石混凝土拱坝。

堆石混凝土拱坝工程（$H>15m$）　　　　　　　　表 1.5-1

序号	工程名称	工程所在地	坝高(m)	坝轴线长(m)	坝顶宽(m)	防渗层	工程量(1000m³)	开工时间	完工时间
1	蒙山水库	山东	24.5	129.8	3	RFC	11	2012.06	2013.03
2	佰佳水电站	陕西	69	203	5	SCC	92.2	2013.01	2016.04
3	绿塘水库	贵州	53.5	181.4	6	SCC	52.3	2017.12	2018.12
4	苟江水库	贵州	41	127.4	4	SCC	20	2018.04	2019.05
5	小源里水库	浙江	46.6	116	3.5	SCC	18	2019.04	2020.05
6	风光水库	贵州	48.5	112	5	SCC	28	2019.04	2021.04
7	龙洞湾水库	贵州	48	174.7	5	SCC	46	2019.05	2020.12
8	牛洞口水库	湖南	64	128.25	5	SCC	60	2020.01	2021.08
9	桃源水库	贵州	37	113	5	SCC	16	2020.11	2021.10
10	龙源水库	浙江	40.5	148.6	4.5	CVC	14	2020.11	2022.01
11	沙千水库	贵州	66	205	6	SCC	121.1	2021.05	2023.01
12	乔兑水库	贵州	45	136.5	4	SCC	28	2022.04	2023.04
13	永丰水库	福建	83	253.4	5.0～5.5	SCC	150.0	2022.06	在建

说明：防渗层材料 RFC 为堆石混凝土，SCC 为高自密实性能混凝土，CVC 为常态混凝土。

　　贵州省遵义市是国内堆石混凝土筑坝技术应用较早的地区之一，目前已建和在建的堆石混凝土坝 31 座，占国内工程总数的 18.8%。而作为贵州地区勘测设计单位，遵义院在堆石混凝土坝的推广和建设方面做出了较为突出的贡献，目前主持设计的堆石混凝土坝有 27 座，其中拱坝 5 座，包括绿塘水库、龙洞湾水库、风光水库、沙千水库和桃源水库。在堆石混凝土拱坝建设方面，遵义院首次在国内提出并应用了整体浇筑、不分横缝的堆石混凝土拱坝形式，以及上下游采用混凝土预制块模板并兼作坝体永久部分、堆石混凝土河床垫层与坝肩不设常态混凝土垫层等施工技术创新，同时主编发布了贵州省地方标准《堆石混凝土拱坝技术规范》DB 52/T 1545—2020。目前，已完建的 5 座堆石混凝土拱坝中已蓄水 4 座，其中沙千水库已蓄水至正常蓄水位并泄洪。本书重点依托遵义院的多年工程实践经验，介绍堆石混凝土在拱坝筑坝技术上的应用进展创新与工程案例。

第 2 章　堆石混凝土拱坝坝型设计

2.1　典型剖面与材料分区

中国大坝工程学会团体标准《堆石混凝土坝坝型比选设计导则》T/CHINCOLD 007—2022 和《堆石混凝土坝典型结构图设计导则》T/CHINCOLD 008—2022 于 2022 年发布，可为堆石混凝土拱坝的设计提供具体指导。图 2.1-1 为堆石混凝土拱坝典型剖面图，其拱坝体型布置、水力设计、荷载与荷载组合、拱座稳定分析、坝基处理等设计内容与常态混凝土拱坝一致，在水利行业应符合《混凝土拱坝设计规范》SL 282—2018 的有关规定。但是，堆石混凝土拱坝的枢纽布置，要考虑堆石混凝土施工中堆石运输、入仓等环节的便利性，满足机械转动半径的要求。在拱坝结构设计中，一般简化坝体材料分区（表 2.1-1），除上游防渗层（Ⅰ区）、河床段垫层（Ⅲ区）、廊道周边（Ⅳ区）、溢流堰体（Ⅵ区）、溢流面（Ⅴ区）等特殊部位外，坝体内部（Ⅱ区）都采用堆石混凝土浇筑。Ⅰ区

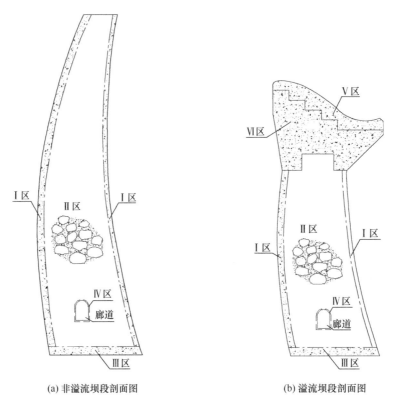

(a) 非溢流坝段剖面图　　　　　　　(b) 溢流坝段剖面图

Ⅰ区—坝体上、下游外部表面混凝土；Ⅱ区—坝体内部堆石混凝土；Ⅲ区—坝体基础混凝土；

Ⅳ区—廊道混凝土；Ⅴ区—抗冲刷部位混凝土；Ⅵ区—溢流堰体混凝土

图 2.1-1　堆石混凝土拱坝典型剖面

上游防渗层和Ⅳ区廊道混凝土，可与坝体混凝土同步一体化浇筑，简化施工工艺。由于堆石混凝土内部基本无法布置钢筋，在拱坝构造设计中若必须使用钢筋时，如溢流堰体部位的混凝土，需改用常态混凝土或自密实混凝土浇筑。高速水流区的混凝土应采用具有抗冲、耐磨和防空蚀性能的混凝土。

堆石混凝土拱坝各分区混凝土性能要求　　　　　　　　　　　　　　表 2.1-1

分区	坝体混凝土分区	混凝土类型	性能要求与建议强度等级
Ⅰ区	坝体上、下游外部表面混凝土	宜采用一体化浇筑高自密实性能混凝土	强度等级：C15～C25，与内部 RFC 相同或高一等级； 抗渗等级：W4～W8，不宜低于 W4； 抗冻等级：F50～F150，水位变化区有抗冻要求时，可提高对应部位的抗冻等级要求
Ⅱ区	坝体内部堆石混凝土	堆石混凝土	强度等级：C15、C20，拱坝强度等级不宜低于 C15； 根据工程特点，可采用 28d 或 90d 龄期
Ⅲ区	坝体基础混凝土	河床：宜常态混凝土； 岸坡：宜一体化浇筑高自密实性能混凝土	强度等级：C15、C20； 常态混凝土强度等级不宜低于 C15，岸坡部位高自密实性能混凝土强度等级可与坝体内部堆石混凝土相同
Ⅳ区	廊道混凝土	可采用常态混凝土、预制混凝土或一体化浇筑高自密实性能混凝土	强度等级：C15～C25
Ⅴ区	抗冲刷部位混凝土	宜采用常态混凝土或抗冲磨混凝土	强度等级：C25～C40
Ⅵ区	溢流堰体混凝土	宜采用常态混凝土	强度等级：C20～C40

堆石混凝土拱坝体型设计时，根据坝址的河谷形状、地质条件、宽高比等来选择单曲拱坝或双曲拱坝，如果是地质条件较好的 U 形河谷或 V 形河谷，可优先选取经济性更高的双曲拱坝，但如果坝肩地形地质条件不好，宜采用厚一点的单曲拱坝或重力式拱坝。考虑到堆石混凝土的施工方式与特点，拱坝悬臂梁断面的倒悬度不宜大于 0.25。堆石混凝土拱坝在拱坝体型、结构设计上宜简化，优化坝段分缝、坝内廊道和孔口等设计，便于发挥堆石混凝土机械化快速施工的特点。如果布置坝身泄水建筑物时，堆石混凝土拱坝应优先使用溢流表孔，宜减少中孔或底孔的设置。堆石混凝土拱坝的仓面较窄，对层间结合的要求更高，宜采用塔式起重机、门式起重机、汽车起重机、缆索式起重机等设备吊运堆石入仓。考虑到施工便利，堆石混凝土拱坝的坝顶宽度一般不宜小于 5.0m，比常态混凝土拱坝的 3.0m 要求略大，而中低薄拱坝的坝顶宽度可适当减小。当在水电或能源行业进行堆石混凝土拱坝设计时，应参照《混凝土拱坝设计规范》NB/T 10870—2021 的相关规定。对于 100m 以上的高拱坝或高等别拱坝时，需针对全尺寸堆石混凝土的力学特性、三维有限元温度仿真分析以及结构抗震计算等开展专项研究，对于拱坝的横缝和诱导缝的分缝位置、坝体构造和灌浆系统设计应进行专门的研究。

2.2 拱坝体型分缝设计

根据《胶结颗粒料筑坝技术导则》SL 678—2014 和《堆石混凝土筑坝技术导则》NB/T 10077—2018，堆石混凝土拱坝的坝体不宜设置纵缝。堆石混凝土水化热低，拱坝厚度较小，目前已建和在建的堆石混凝土拱坝均未设置纵缝。因此，堆石混凝土拱坝的分缝设计主要包括横缝、接缝灌浆和短缝。其与常态混凝土拱坝的分缝设计相比，有如表 2.2-1 所示的区别。

堆石混凝土拱坝与常态混凝土拱坝的分缝设计对比 　　　　表 2.2-1

坝体分缝类别	常态混凝土拱坝	堆石混凝土拱坝
纵缝	拱坝厚度大于 40m 可设置纵缝（来源：SL 282—2018）	堆石混凝土拱坝不设置纵缝（来源：SL 678—2014 和 NB/T 10077—2018）
横缝	间距宜为 15～25m	宜少设或不设横缝
		设置横缝时，间距宜为 20～30m（来源：SL 678—2014）；或间距宜为 30～60m（来源：DB52/T 1545—2020）
		横缝应设置键槽、止水和封拱灌浆系统
接缝灌浆	分层灌浆高度宜为 9～15m	拱坝横缝灌浆系统应分区独立布置，分层灌浆高度宜为堆石混凝土浇筑层厚的整数倍，宜为 8～12m（来源：T/CHINCOLD 008—2022）
短缝	—	短缝设置在防渗层内，短缝间距宜为 15～20m，缝内应设置止水
止水	横缝上下游面止水片可兼作止浆片	横缝止水宜布置于防渗层内，距离上游坝面 250～300mm，止水周边 0.5m 范围不应铺填堆石

（1）横缝：根据工程具体条件宜少设或不设横缝。堆石混凝土拱坝横缝形式可采用常态混凝土拱坝或碾压混凝土拱坝的横缝形式；横缝位置和间距的确定，除应考虑混凝土温控防裂有关因素外，还应考虑坝体结构布置（如坝身泄洪孔口尺寸、坝内孔洞布置等）和混凝土施工等因素。考虑到堆石混凝土具有良好的抗裂性能和较低的水化温升，拱坝横缝间距可比常态混凝土适当放宽，间距宜为 30～60m。为加强拱坝整体性，早期在茍江水库堆石混凝土拱坝建设中，前面几仓横缝间埋设了并缝筋，但由于施工复杂后期设计调整取消了并缝筋（图 2.2-1）。横缝宜采用径向或接近径向布置，缝面宜为铅直面，缝底部缝面与坝基面夹角不得小于 60°，宜接近正交。横缝面两侧各 0.5～0.8m 范围内，应采用自密实混凝土一体化浇筑。

近年来，堆石混凝土技术在大坝结构优化上取得了较多创新，如不分横缝的整体浇筑拱坝形式，详见本书第 3 章内容介绍。

（2）接缝灌浆：堆石混凝土拱坝的横缝宜设置键槽、止水和封拱灌浆系统。高拱坝可采用重复灌浆系统，中低拱坝缝面宜设置铅直向梯形键槽，灌浆升浆管和回浆管可采用塑料拔管（线状出浆），中低拱坝横缝细部结构如图 2.2-2（a）所示。堆石混凝土坝的横缝灌浆系统应分区独立布置，分层灌浆高度宜为堆石混凝土浇筑层厚的整数倍，宜为 8～

12m，分区面积宜为 $200\sim400m^2$。坝体厚度较大的部位，可在同一分层进行分区灌浆。在各灌浆区周边及廊道周边可布置一道止浆片，横缝上游面和下游面止水片可兼作止浆片，横缝接缝灌浆分区及止浆片布置可参见图 2.2-2（b）。堆石混凝土拱坝接缝灌浆应满足《混凝土拱坝设计规范》SL 282—2018 或《混凝土拱坝设计规范》NB/T 10870—2021 的相关技术要求，横缝接缝灌浆压力宜选择 $0.3\sim0.6MPa$。

图 2.2-1　堆石混凝土拱坝横缝构造图

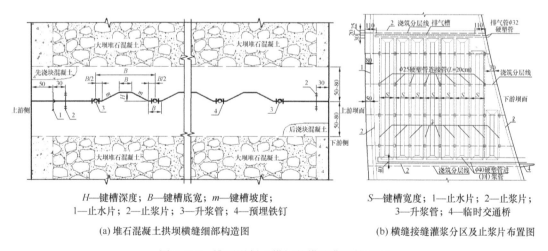

H—键槽深度；B—键槽底宽；m—键槽坡度；
1—止水片；2—止浆片；3—升浆管；4—预埋铁钉

(a) 堆石混凝土拱坝横缝细部构造图

S—键槽宽度；1—止水片；2—止浆片；
3—升浆管；4—临时交通桥

(b) 横缝接缝灌浆分区及止浆片布置图

图 2.2-2　堆石混凝土拱坝的横缝典型构造图

堆石混凝土拱坝横缝应进行封拱处理，每层拱圈在进行接缝灌浆时，坝体温度应降到设计规定的封拱灌浆温度。现有已建成的少数堆石混凝土拱坝，如佰佳堆石混凝土双曲拱坝，坝高69m，采用了自然冷却后封拱。对于整体浇筑不分横缝的堆石混凝土拱坝，如绿塘水库、龙洞湾水库等，则无需封拱灌浆处理。如果坝体混凝土不能自然冷却到设计规定的封拱灌浆温度时，如有必要，可采取埋设冷却水管和通水冷却措施来降低拱坝温度荷载。冷却水管布置在堆石入仓完成后的表面，然后浇筑高自密实性能混凝土。

图 2.2-3 堆石混凝土坝上游防渗层短缝设置图

（3）短缝：若横缝间距较大或不设横缝时，上游防渗面板可设置短缝(图 2.2-3)，以避免防渗层混凝土水化温升产生的开裂风险，短缝间距宜为 15～20m。短缝与坝体横缝分开布置，缝内应设置止水。采用混凝土预制块模板的整体浇筑拱坝，由于防渗层自密实混凝土厚度与体积大大减小，防渗层内可不设置短缝。目前，绿塘水库设置了短缝，沙千水库、龙洞湾水库等未设置短缝。

工程实践中，苟江水库（双曲拱坝，坝高 41m，坝顶弧长 127m）设置 4 条横缝，横缝间距为 16～36m；佰佳水电站大坝（双曲拱坝，坝高 65m，坝顶弧长 203.4m）设置 4 条横缝，横缝间距为 24.5～65.6m。绿塘水库堆石混凝土拱坝坝高 53.5m，坝顶上游面弧长 181.36m，坝底最大厚度 16m，采用全断面整体上升的施工方式，坝体不分缝。龙洞湾水库堆石混凝土拱坝坝高 48m，坝轴线长 174.7m，坝底最大厚度 13.5m，采用全断面整体上升的施工方式，坝体不分缝。实践表明，在气候温和、坝基地质条件均一性较好等条件下，通过应力计算复核后可不设横缝。目前，我国部分堆石混凝土拱坝分缝情况及特征参数如表 2.2-2 所示。

我国部分堆石混凝土拱坝分缝情况及特征参数 表 2.2-2

序号	工程	省份	坝型	最大坝高（m）	坝轴线长（m）	横缝间距（m）	工程建设状态
1	佰佳水电站	陕西省	双曲拱坝	69	203	65.6	2016 年 4 月完工
2	绿塘水库	贵州省	单曲拱坝	53.5	181.36	不分缝	2018 年 12 月封顶
3	龙洞湾水库	贵州省	单曲拱坝	48.0	174.7	不分缝	2020 年 12 月封顶
4	风光水库	贵州省	双曲拱坝	48.5	112.0	不分缝	2021 年 4 月封顶
5	牛洞口水库	湖南省	单曲拱坝	65.0	128.25	56.2	2021 年 8 月封顶
6	桃源水库	贵州省	单曲拱坝	37.0	113.2	不分缝	2021 年 10 月封顶
7	沙千水库	贵州省	单曲拱坝	66.0	205	不分缝	2023 年 1 月封顶

2.3 拱坝防渗设计

作为水利枢纽的挡水建筑物，堆石混凝土坝的上游侧需承担阻水防渗作用。对于坝高小于 30m 的堆石混凝土低坝，可采用坝体自身防渗，不设防渗层，但需要对坝体与地界的连接进行防渗设计，如山东省蒙山水库堆石混凝土拱坝（坝高 24.5m）采用坝体自身堆石混凝土防渗。但当坝高高于 30m 时，堆石混凝土拱坝应在上游侧迎水面设置防渗层，浇筑厚度一般为 0.5～0.8m（图 2.3-1）。当坝高超过 70m 时，防渗层厚度可适当加大。

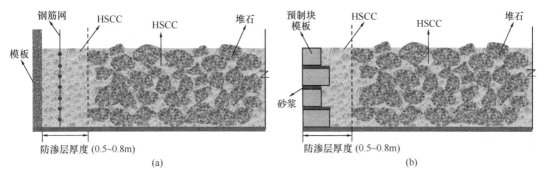

图 2.3-1 堆石混凝土拱坝上游防渗层布置简图

通常堆石混凝土坝的防渗区，可采用常态混凝土或高自密实性能混凝土一体化浇筑（表 2.3-1）。由于常态混凝土与下游侧堆石混凝土的材料不同，需要单独支立模板，施工工艺复杂，目前堆石混凝土拱坝中仅浙江省的龙源水库采用了常态混凝土防渗层，其余拱坝均采用了自密实混凝土防渗层。高自密实性能混凝土不仅具有优良的防渗性能，试验表明 C20 自密实混凝土的抗渗等级可达到 W20 以上，而且可与坝体混凝土一体化浇筑，无需单独支立模板，可简化工艺提升施工速度。

堆石混凝土拱坝不同防渗层方式 表 2.3-1

防渗层方式	基本要求	主要特点
高自密实性能混凝土一体化防渗	防渗层厚度宜为 0.3～1.0m（来源：SL 678—2014）、0.5～1.0m（来源：NB/T 10077—2018）和 0.5～0.8m（来源：DB52/T 1545—2020）；防渗层宜配置防裂钢筋网	高自密实性能混凝土具有优良的防渗性能，试验表明 C20 高自密实混凝土的抗渗等级可以达到 W20 以上
		与坝体混凝土一体化浇筑，无需单独支立模板，简化施工工艺
坝体自身防渗（不设防渗层）	当坝体高度小于 30m 时，可采用坝体自身防渗	不设防渗层，坝体构造和施工工艺简单
		需要对坝体与地界的连接进行防渗设计
常态混凝土防渗	单独支立模板；防渗层和堆石混凝土间可埋设插筋	需单独支立模板，施工工艺复杂

由于堆石混凝土坝防渗区的混凝土水泥用量大，水化温升较高，因此防渗层内宜布设防裂钢筋网（图 2.3-1a），以提高上游表面混凝土的抗拉性能。但当堆石混凝土拱坝采用混凝土预制块模板并兼作坝体永久部分时，可不布设钢筋网，目前贵州省几座整体浇筑拱

坝均未在上游防渗层内再布设钢筋网（图 2.3-1b），简化了施工工艺。同时，防渗层内可每隔 15～20m 设置短缝，短缝下游侧接施工缝时要加强凿毛、防裂和止水等处理。上游防渗区与紧邻堆石混凝土的变形应相互协调，温度应力不宜过大，若温度控制不当将影响大坝混凝土施工质量，甚至引起坝体结构开裂。堆石混凝土拱坝防渗层在横缝或短缝处应设置止水，距上游坝面约 250～300mm。堆石混凝土拱坝横缝上、下游侧均应设置止浆片或止水片，拱坝横缝处的止水可兼作横缝灌浆的止浆片，止水片、止浆片周边 0.5m 范围内不应铺填堆石，填缝材料宜采用沥青杉木板。

在堆石混凝土拱坝的建设中，若使用预制块模板可以取消温度钢筋（图 2.3-1b），是因为温度钢筋主要是布置在混凝土表面，防止温度裂缝，而预制块作为坝体表面部分有一定保护厚度（约 30～50cm），避免了让防渗层直接与外界接触，也减少了因温度骤降等带来的开裂风险。此外，通过几个堆石混凝土拱坝的温度监测试验，发现堆石混凝土自身水化热不高，且拱坝上下游宽度窄易于散热。由于预制块模板有厚度，如果要布置温度钢筋，需要布置在预制块以内，距离坝体表面已有 50cm，因此布设钢筋的必要性降低。同时，预制混凝土块的保留减少了防渗层混凝土的体积，有效降低了水化温升，若加上短缝等构造后基本不会出现裂缝，对自密实混凝土防渗层的影响不大。因此，堆石混凝土拱坝若采用混凝土预制块模板时，可取消温度钢筋。

高自密实性能混凝土的一体化浇筑一般从上游往下游浇筑，优先浇筑防渗层混凝土。HSCC 浇筑有多种方式，应在施工前察看施工现场和施工条件，根据实际情况确定 HSCC的浇筑方案。图 2.3-2 为高自密实性能混凝土的不同浇筑方式，其中地泵、布料机浇筑方式在堆石混凝土拱坝中较为常见。地泵在浇筑 HSCC 时，可通过人工拆卸泵管接头来调整泵管长度，以控制仓面的浇筑点位置，应用较为广泛；布料机具有较大转动半径，操作

图 2.3-2　高自密实性能混凝土的不同浇筑方式

简便、施工灵活性高，常搭配混凝土输送泵共同使用，可加快浇筑进度提高效率。由于拱坝仓面小且沿坝轴线长，天泵浇筑不一定能覆盖全仓面，且不能充分发挥天泵优势，因此使用较少；吊罐浇筑可在出现混凝土堵管等事故时，或坝体垂直高差较大时，临时作为替代工具浇筑混凝土。当自密实混凝土防渗层与坝体堆石混凝土强度等级不一致时，可通过调整水泥、粉煤灰的比例，先生产高强度等级的防渗层混凝土并浇筑，可适当多浇筑一部分流进下游侧堆石混凝土里，然后浇筑剩余坝体低强度等级的自密实混凝土，从而实现一体化浇筑。

2.4 混凝土预制块模板

2.4.1 不同模板类型

堆石混凝土的浇筑需要仓面四周模板的支撑，模板要求具有良好的密闭性、刚度和强度。流动的 HSCC 会对模板产生较大的水平侧向压力，若模板底部支撑不足，则会导致混凝土跑模；成型的模板应接缝平整、构造紧密，缝隙小于 2mm，若模板接头封堵不严，则会导致混凝土漏浆。模板拆除时间不应早于高自密实性能混凝土抗压强度达到 2.5MPa 所需的时间（一般约 1.5～2d），并应避免在夜间或气温骤降时拆模。当预报拆模后有气温骤降时，宜延迟拆模时间或在拆模后采取保温措施。堆石混凝土拱坝在施工中，模板形式要与坝体结构、施工条件等相适应，宜采用悬臂模板、翻升式模板、自升式模板或预制模板等形式。图 2.4-1 为不同的模板形式，目前国内已建和在建的堆石混凝土坝（尤其重力坝）中，其模板形式一般采用外撑式悬臂大模板或内拉模板。

(a) 大悬臂模板（外撑式）　　　　　　　　(b) 内拉式模板

图 2.4-1　堆石混凝土施工时的不同模板形式

内拉模板多由小钢模板拼接组成，有单块模板重量小、安装难度低、价格低廉等优势。但由于模板面积小且拼接缝多，可能存在接缝处漏浆的问题；内拉式模板内布置的钢筋多，影响仓面堆石操作，易发生碰撞；自密实混凝土侧压力大，易导致钢模板变形和爆模问题，影响施工进度和外观质量。此外，内拉模板受其结构和钢筋影响，坝体上下游侧一定范围内无法堆石，形成的三角区域需完全填充自密实混凝土，导致模板附近的胶凝材料用量高，引起坝体表面发生温度裂缝的风险增大，且堆石率降低从而增加了材料成本。因此，内拉模板多用于施工技术要求不高、仓面小、机械化施工条件欠缺、无结构要求的中小型水利水电工程。

另外，适宜堆石混凝土坝施工的特种模板有滑动模板、爬升模板、悬臂模板等，具有稳定性好、仓面堆石施工影响小、模板缝拼接及外观质量好等优点，但模板自重较大，安装精度及技术要求高，要求配备专门的吊装设备和技术人员。大悬臂模板是近年来的创新设备，采用外部支撑而仓面内部无拉筋，不影响模板附近的堆石工艺和堆石率。通常在堆石混凝土重力坝的模板施工过程中，推荐采用悬臂式钢模板。模板支立过程中，应注意保证模板的牢固性，防止漏浆（水泥浆或砂浆）现象出现。每层自密实混凝土开始浇筑前，清理模板面板并涂刷脱模剂，混凝土必须浇平模板顶面。模板之间的接缝应平整、严密，分层施工时逐层校正下层偏差，使模板下端不产生"错台"。混凝土浇筑过程中，设专人负责经常检查、调整模板的形状及位置；应对模板的支架，加强检查、维护工作。但是，特种模板尺寸受每层堆石高度限制，对施工干扰较大且使用成本高，因此多用于坝体填筑量大、浇筑层厚、仓面大、机械化施工条件好的大中型工程，或有特殊结构要求的中小型工程。

2.4.2 混凝土预制块模板

近年来，遵义院结合绿塘水库堆石混凝土拱坝，借鉴混凝土预制块模板在砌石拱坝中应用的成功经验，首次将混凝土预制块模板引入堆石混凝土拱坝的建设中，在上下游采用丁顺砌筑预制块模板，并省去拆模工序将模板兼作坝体永久部分。实践证明，混凝土预制块模板对整体浇筑拱坝的快速筑坝技术发挥了重要作用。

结合绿塘水库开展了预制块模板的大量生产性试验研究，最终通过现场模拟浇筑仓面、浇筑速度等试验，确定了预制块模板尺寸、砌筑高度、砌筑形式等，验证了预制块模板在拱坝建设中的可行性和经济性。实际工程中，绿塘水库堆石混凝土拱坝采用的混凝土预制块模板结构尺寸为 500mm×300mm×300mm（图 2.4-2），每个浇筑仓的砌筑高度为4 个预制块（300mm×4＝1200mm），相邻预制块间的砂浆砌缝高度约 20mm，因此堆石

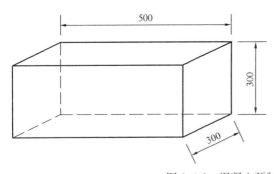

图 2.4-2　混凝土预制块结构及实物图

混凝土的浇筑仓层厚约 1.28m。预制块模板的砌筑形式由设计的"两顺一丁"调整为"一顺一丁"（图 2.4-3），预制块采用与坝体同强度等级的 C15 混凝土。预制块模板后续作为坝体的一部分，不拆除。

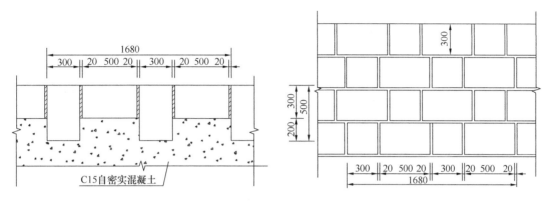

图 2.4-3　混凝土预制块"一顺一丁"砌筑工艺示意图

根据相关规范要求，堆石混凝土坝上、下游面采用预制混凝土块作模板时，预制混凝土块的强度等级不应低于相应分区的混凝土强度等级，并不宜低于 C15。预制块砌筑方法宜采取丁顺错缝安砌，砌筑砂浆强度等级不宜低于 M10。为便于砌筑施工，预制混凝土块的龄期宜为 28d。当采用人工砌筑时，预制混凝土块尺寸宜为 0.5m×0.3m×0.3m（长×宽×高），除外露面外其余表面应为毛面。预制混凝土块应满浆砌筑，砌缝宽度宜为 2cm，预制块间不得直接接触。预制混凝土块砌筑高度宜通过现场试验确定，当采用人工砌筑时，每层不宜高于 1.5m。仓面堆石过程中禁止机械、石块等碰撞已砌筑的预制混凝土块。采用不拆除的丁顺砌筑预制块作为模板时，防渗层设置在预制块模板与坝体堆石混凝土之间（图 2.4-4），防

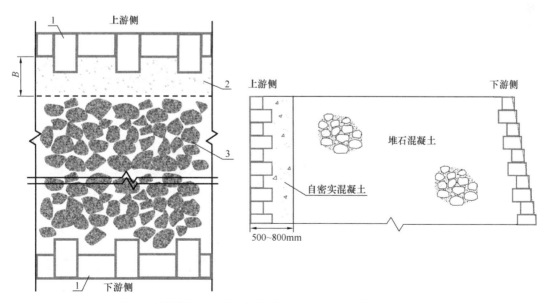

1—丁顺砌筑预制块模板；2—自密实混凝土防渗层；3—堆石混凝土；B—防渗层厚度

(a) 俯视平面图　　　　　　　　　　　　　　(b) 立视剖面图

图 2.4-4　丁顺砌筑预制块模板与自密实防渗层细部构造图

渗层厚度 B 宜为 0.5～0.8m，若坝高超过 70m，防渗层厚度还可增加。

2.4.3 模板最大侧压力计算

由于堆石混凝土中的高自密实性能混凝土流动性好，对模板的侧向压力比普通混凝土大，尤其在模板底部，因此堆石混凝土对模板的构造紧密要求比普通混凝土高。模板的刚度和强度要能够抵抗高自密实性能混凝土产生的侧向压力，通常可将 HSCC 视作液体进行侧向压力计算，密度认为是 2300kg/m^3。混凝土预制块模板的最大侧压力计算，可参照《水电水利模板施工规范》DL/T 5110—2013 附录 A，薄壁混凝土的侧压力分布如图 2.4-5（a）所示，大体积混凝土侧压力分布如图 2.4-5（b）所示。

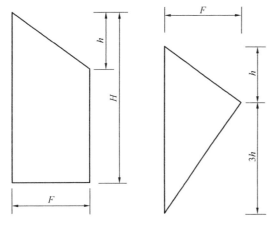

(a) 薄壁混凝土侧压力分布图　(b) 大体积混凝土侧压力分布图

图 2.4-5　混凝土侧压力分布示意图

每个浇筑仓内自密实混凝土对模板的最大侧压力可采用下式估算：

$$F = \gamma_c H \qquad (2.4-1)$$

式中，F 为自密实混凝土对模板的最大侧压力（kN/m^2）；γ_c 为自密实混凝土的重力密度，取 22.5kN/m^3；H 为混凝土侧压力计算位置处至浇筑仓混凝土顶面的高度，最大高度约 1.28m。

而混凝土预制块模板的稳定计算可采用刚体极限平衡法：

$$K_c = \frac{(G_1 f_1 + C_1 A_1)}{\sum F} \qquad (2.4-2)$$

式中，K_c 为混凝土预制块的模板稳定系数；G_1 为混凝土预制块模板重量（kN）；$\sum F$ 为混凝土预制块模板的总侧压力（kN）；f_1 为混凝土预制块层间抗剪断摩擦系数，取 0.45；C_1 为混凝土预制块层间抗剪断粘结力，取 0.40MPa；A_1 为单位宽受力面积（m^2）。

混凝土预制块模板的稳定计算成果如表 2.4-1 所示，采用薄壁混凝土或大体积混凝土两种计算模式，除预制块模板的侧压力作用点不同以外，混凝土预制块模板的总侧压力和稳定系数均一致，4 块混凝土预制块的组合模板满足安全稳定要求。

堆石混凝土坝采用预制混凝土块作为永久模板，主要应用于遵义地区的堆石混凝土拱坝，实践效果良好。目前，在模板砌筑高度上受人工砌筑影响，预制块每仓砌筑高度不宜高于 1.5m（约 4～5 个预制块高度），今后可结合机械化施工，通过现场模拟仓面、浇筑速度等试验来提高浇筑层高度。

混凝土预制块模板的稳定计算成果　　　　　　　　　　表 2.4-1

模板高度	计算模式	有效高度 h (m)		模板总侧压力 $\sum F$ (kN)	K_c
4 块预制块 总高 1.28m	薄壁混凝土	F/γ_c	1.28	18.85	3.28
	大体积混凝土	$H/4$	0.32	18.85	3.28

模板高度	计算模式	有效高度 h（m）	模板总侧压力 $\sum F$（kN）	K_c
5 块预制块 总高 1.60m	薄壁混凝土	F/γ_c	1.6	29.44	2.12
	大体积混凝土	$H/4$	0.4	29.44	2.12

2.4.4 预制块模板经济性分析

以绿塘水库堆石混凝土拱坝为例，对内拉模板、悬臂模板、混凝土预制块模板共 3 种模板进行经济性分析。计算中，考虑内拉模板与悬臂模板的温度钢筋工程，混凝土预制块模板的不拆除，其他所计列的材料基础价格、施工运输条件及设备参照实际情况。由表 2.4-2 可知，虽然内拉模板的工程造价最低，但存在内拉钢筋影响堆石率的问题，而混凝土预制块模板与内拉模板的工程造价相差不大，悬臂模板造价略高。因此，绿塘水库采用了施工难度小、外观形象好、成本较低且安全可控的 C15 混凝土预制块模板，该拱坝最大坝高 53.5m，共使用混凝土预制块模板约 9 万块，施工过程中无爆模、漏浆等异常现象发生。

三种模板类型的经济性分析结果　　　　　　　　　　表 2.4-2

模板类型	材料或施工名称及费用							合计 （万元）
	C15 自密实 混凝土面板 （m³）	C15 自密实 混凝土 防渗层 （m³）	C15 堆石 混凝土 （m³）	M15 浆砌 预制块 （m³）	模板工程 （m²）	钢筋制作 与安装 （t）	堆石率 （%）	
内拉模板	2740		50100		11590	86.1	55	1743.41
悬臂模板	2740		50100		11590	86.1	55	1776.79
							56	1759.16
预制块模板		3420	45480	3940			55	1767.04
							56	1751.04

与内拉式模板或外撑式模板相比（图 2.4-6），预制块模板具有以下优点：

（1）解决了常规钢模板的施工干扰大、模板易变形问题；

（2）预制块本身重量较小，无需复杂的模板吊装和安装工作，对施工技术和设备要求不高，避免了特种模板安装难度高的问题；

（3）砌筑便捷，无需内拉钢筋，减少了对堆石过程的干扰，增加了堆石率；

（4）预制块模板有保护厚度，可取消防渗层内的温度钢筋绑扎；

（5）预制块模板兼作了坝体部分，减少了防渗层混凝土的用量，故防渗层的水化温升减小，开裂风险减小；

（6）取消了拆模工序，大大降低了施工难度，节约了工程投资成本；

（7）建设的拱坝外观形象好、整体性高，外立面无明显的分层界线。

绿塘水库堆石混凝土拱坝首次创新性地采用了混凝土预制块模板，通过工程实践得出了经济可行的预制块结构形式、砌筑方式和砌筑高度。混凝土预制块模板采用与坝体同等

(a) 内拉式钢模板（苟江水库）　　　　　　　(b) 混凝土预制块模板（沙千水库）

图 2.4-6　混凝土预制块模板与内拉式模板对比

强度混凝土进行预制、砌筑，且作为坝体一部分，免除模板拆除工序，减少钢材和混凝土用量，具有一定的社会、经济、环境等综合效益。混凝土预制块模板在绿塘水库大坝中的成功应用，丰富了堆石混凝土坝的施工模板种类，并为后续龙洞湾水库、风光水库、沙千水库、桃源水库的拱坝建设奠定了重要基础。

2.5　拱坝廊道设计

堆石混凝土拱坝应优化廊道和孔洞的设置，设置廊道时，基础帷幕灌浆、排水、安全监测及交通等与廊道宜合并布置。坝内廊道属于细部结构，高度约 3m，其施工过程通常会影响 3 仓堆石混凝土的正常快速浇筑。近年来，坝内廊道分别从自身混凝土浇筑和周边混凝土浇筑两方面，不断取得施工技术创新。廊道底板多采用常态混凝土浇筑，廊道自身可采用现浇和预制两种形式（表 2.5-1）。如果是现浇混凝土廊道，采用 HSCC 一体化快速浇筑技术的工程越来越多，推荐廊道与坝体混凝土设计强度等级相同，便于施工。如果是预制混凝土廊道，可预制常态混凝土顶拱廊道或预制"顶拱＋侧墙"廊道。

堆石混凝土坝主要的廊道形式　　　　　　　　　　　　　表 2.5-1

	廊道形式	主要特点
现浇廊道	现浇高自密实性能混凝土廊道	廊道与坝体一体化同步浇筑，无需支立外模板，工艺简单，施工速度快，无需振捣，质量容易控制
	现浇常态混凝土廊道	需内外两次支立模板，工序繁琐，施工速度慢
预制廊道	预制顶拱廊道	可提前预制，不占用直线工期，施工速度快，廊道周边堆石不受影响，但预制块拼接缝需做防渗处理
	预制顶拱＋侧墙廊道	该廊道特点和预制顶拱廊道基本一致，同时由于廊道顶拱和侧墙为一体化的预制块，因此减少了两者间的拼接缝，简化了施工工艺，加快了施工速度

此外，坝体堆石混凝土与廊道混凝土现浇存在 3 种先后顺序：坝体先浇筑，则硬化后

的堆石混凝土可作为廊道外模；廊道与坝体同步上升，则支好廊道钢筋模板后即可二者一体化浇筑；不推荐廊道先浇筑，工序最多、工期最长。上述常见的 4 种廊道施工方式如图 2.5-1 和图 2.5-2 所示。其中，预制廊道需要场地不受限制，减少吊装难度；坝体与廊道一体化浇筑的工程，约占到了统计工程数量的 50%；先预制廊道吊装、后堆石作业的一体化浇筑方案节约了钢筋制作时间，工期相对最省。

图 2.5-1 常见堆石混凝土坝的四种廊道施工方式

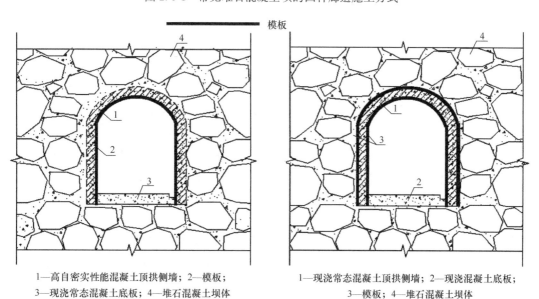

1—高自密实性能混凝土顶拱侧墙；2—模板；
3—现浇常态混凝土底板；4—堆石混凝土坝体
(a) 一体化现浇 HSCC 廊道

1—现浇常态混凝土顶拱侧墙；2—现浇常态混凝土底板；
3—模板；4—堆石混凝土坝体
(b) 现浇常态混凝土廊道

图 2.5-2 堆石混凝土坝四种典型廊道横断面 (一)

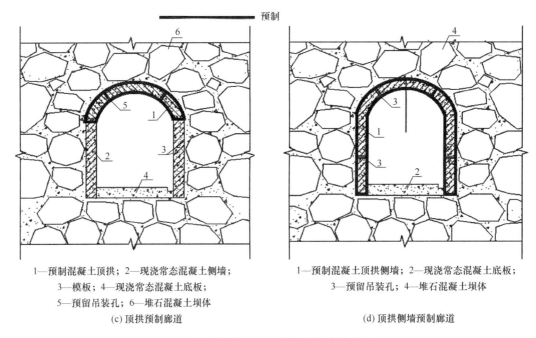

1—预制混凝土顶拱；2—现浇常态混凝土侧墙；　　　　1—预制混凝土顶拱侧墙；2—现浇常态混凝土底板；
3—模板；4—现浇常态混凝土底板；　　　　　　　　　3—预留吊装孔；4—堆石混凝土坝体
5—预留吊装孔；6—堆石混凝土坝体

(c) 顶拱预制廊道　　　　　　　　　　　　　　　　(d) 顶拱侧墙预制廊道

图 2.5-2　堆石混凝土坝四种典型廊道横断面（二）

堆石混凝土拱坝设置坝基排水，对减少坝体的渗透压力有直接效果。排水孔距上游坝面不宜小于 3m，以防坝面渗漏，并与纵向廊道到坝面的距离一致。排水孔宜采用地质钻机成孔，以保证排水孔的成孔质量；也可采用埋设无砂管、拔管等方式，埋设无砂管是中、小型工程中较常用的方式，该方法要注意对无砂管进行保护以防止被堆石砸坏，同时要注意无砂管的连接质量，防止断孔；拔管是较常用的方式之一，施工方便，但施工难度相对较大，需要防止孔道的堵塞。排水孔孔径，一般要求不宜小于 150mm，排水孔孔距约为 2～5m。

2.6　拱坝垫层设计

一方面，堆石混凝土拱坝的河床坝段宜设混凝土垫层，其材料宜采用常态混凝土，也可采用高自密实性能混凝土或抛石型堆石混凝土，垫层厚度不宜小于 1.0m。采用常态混凝土作为河床坝段基础垫层材料时，混凝土强度等级不宜低于 C15，坝基垫层厚度不宜小于 1.0m。虽然堆石混凝土的河床基础垫层多采用常态混凝土浇筑，目前也有了采用堆石混凝土一体化浇筑的成功案例，如沙千水库（图 2.6-1a）。

另一方面，堆石混凝土拱坝的坝肩部位也就是岸坡坝段，宜采用高自密实性能混凝土，与坝体一体化浇筑（图 2.6-1b）。由于坝肩的斜坡段垫层浇筑难度较大，不宜设置常态混凝土垫层，而高自密实性能混凝土具有非牛顿流体特性，在填充复杂形态部位具有较大优势。岸坡坝段垫层采用与坝体堆石混凝土同强度等级的自密实混凝土，岸坡垫层的厚度不宜小于 0.3m。事实上，高自密实性能混凝土一体化浇筑方法具有工艺简便、施工快速、抗渗性能好等特点，除防渗层外，还在斜坡段垫层、坝内廊道等部位，采用高自密实性能混凝土与坝体一体化浇筑的技术，目前在已建堆石混凝土大坝中取得了良好的效果。

(a) 河床坝段垫层采用堆石混凝土施工 　　　　　(b) 边坡垫层采用HSCC一体化浇筑

图 2.6-1　堆石混凝土坝垫层的常见施工方法

2.7　层间结合面设计

堆石混凝土坝上下层相邻浇筑仓的层间结合面质量非常重要，其层间界面抗剪性能是堆石混凝土结构的重要力学性能之一。堆石混凝土层间抗剪性能主要取决于仓面外露的大粒径堆石与上下层混凝土间的咬合作用和荷载传递效应。因此，堆石外露率是评价大坝施工质量的重要指标。通常情况下，堆石混凝土拱坝对坝体质量的要求比重力坝高，也就意味着拱坝对堆石料质量与层面清洁程度要求也较高，此外，拱坝仓面狭窄、机械转动半径小，拱坝一般采用塔式起重机与钢筋篮的堆石入仓方式（图 2.7-1），不推荐使用自卸汽车堆石入仓的方式，车轮携带的泥土容易污染仓面。

图 2.7-1　堆石混凝土拱坝常见的塔式起重机＋钢筋篮堆石入仓方式

除坝顶顶层仓面外堆石混凝土收仓时，应使适量块石高出浇筑面 5～15cm。如图 2.7-2所示，可在靠近大坝上下游设置堆石外露区，上游 1/3 区域内的堆石外露区投影面积宜不少于 40%，以提高上下层面的咬合力。如果仓内堆石高度基本相同时，可通过控制自密实混凝土的覆盖厚度，比如收仓时有意识地控制多浇或少浇筑 HSCC，从而实现某个区域的堆石外露。待混凝土终凝后，应对层间施工缝进行处理，及时清除表面的浮浆、乳皮、浮石等。推荐采用 25～50MPa 高压水枪冲毛（图 2.7-3），冲毛时流速和流量都很关键，也可采用电镐、混凝土自动凿毛机或人工凿毛等方法。仓面冲毛后效果为粗糙麻面，非防渗区域微露粗砂，而防渗区域微露小石。堆石混凝土浇筑后，要采取洒水养护等措施，保持混凝土外露面湿润而不产生干缩裂缝。仓面堆石混凝土硬化后强度达到 2.5MPa 以上，方可进行上层仓的堆石入仓工序。

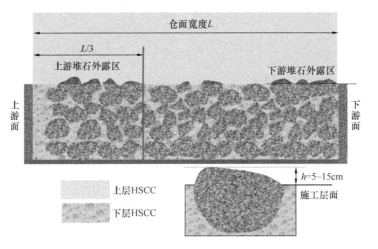

图 2.7-2　堆石外露加强层间结合力

图 2.7-3　堆石混凝土坝层面高压水枪冲毛

第3章　整体浇筑堆石混凝土拱坝技术

3.1　整体浇筑拱坝技术概述

堆石混凝土拱坝筑坝技术最早在山东蒙山水库（24.5m，单曲拱坝，2012年开工）、陕西佰佳水电站（69m，双曲拱坝，2013年开工）得以应用，但后来发展较为缓慢。堆石混凝土重力坝的工程数量远多于拱坝，主要是因为拱坝的施工要求比重力坝高，仓面较为狭窄不方便堆石入仓，再加上拱坝的材料分区多，体现不出堆石混凝土筑坝技术在拱坝中的优势。2017年是堆石混凝土拱坝发展的重要转折点，遵义院依托贵州省绿塘水库（53.5m，单曲拱坝），创新性地提出了整体浇筑、不分横缝的堆石混凝土拱坝形式（图3.1-1）。整体浇筑拱坝解决了坝体分缝过多而带来的施工干扰大、施工速度慢以及堆石率低等问题，坝体上下游采用混凝土预制块模板作坝体永久部分，取消了临时钢模板的吊装与爬升过程，同时防渗层采用一体化浇筑技术，极大地简化了筑坝施工工艺，并提升了堆石混凝土拱坝筑坝速度。

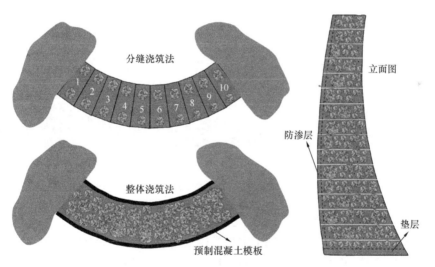

图3.1-1　堆石混凝土拱坝常见施工方法示意图

整体浇筑拱坝技术配套的工艺，包括上、下游采用预制混凝土块模板取代钢模板（无需拆模），以及上游防渗层采用高自密实性能混凝土一体化浇筑。经过拱梁分载法计算、施工期温度监控、RFC大试件力学性能试验、坝体钻孔取芯等检验方式，结果表明绿塘拱坝均满足质量和安全要求，且建成的绿塘水库体型和外观优美，整体浇筑拱坝是一次非常成功的创新实践。早期的蒙山水库、佰佳水电站以及近几年建设的苟江水库（图3.1-2a）、小源里水库、牛洞口水库等堆石混凝土拱坝，都采用了分横缝浇筑法。近年来，遵义院设计的堆石混凝土拱坝均采用了整体浇筑型式（表3.1-1），除绿塘水库外，还包括如龙洞湾水库（48m）、风光水库（48.5m）、桃源水库（35m）、沙千水库（66m，图 3.1-2b)4 座堆石混凝土拱坝。目前为止，完建的 5 座整体浇筑堆石混凝土拱坝中已蓄水 4 座，其中沙千水库已蓄水至正常蓄水位并泄洪，5 座拱坝均未在坝体表面发现裂缝、渗水等现象。经过不断工程实践并总结拱坝创新技术体系，促成了贵州省地方标准《堆石混凝土拱坝技术规范》DB 52/T 1545—2020 的发布，这是全国第一部关于堆石混凝土拱坝建设的技术标准。

整体浇筑堆石混凝土拱坝列表　　　　　　　　　　　　表 3.1-1

工程名称	地理位置	坝体建设周期（月）	是否蓄水	坝高（m）	浇筑方量（万 m³）	拱坝施工方法	坝轴线长（m）
绿塘水库	贵州省遵义市	12	否	53.5	5.8	整体浇筑	181.4
龙洞湾水库	贵州省务川县	19	是	48	5.6	整体浇筑	174.7
风光水库	贵州省正安县	12	是	48.5	2.8	整体浇筑	112
桃源水库	贵州省贵阳市	6	是	35	2	整体浇筑	113
沙千水库	贵州省赤水市	16	是	66	12	整体浇筑	205

(a)拱坝坝体分缝（苟江水库）　　　　　　　(b)全坝段整体不分缝（沙千水库）

图 3.1-2　堆石混凝土拱坝坝体分缝与整体浇筑不分缝

目前，我国拱坝发展趋势主要有两个方向：高拱坝越来越高、中小型拱坝快速筑坝，而整体浇筑堆石混凝土拱坝技术实现了中小型拱坝的快速筑坝。整体浇筑堆石混凝土拱坝（图 3.1-3），可利用拱的作用，充分发挥拱坝的整体性优势和大粒径堆石筑坝材料的强度。与分坝段浇筑法相比，整体浇筑拱坝简化坝体构造，同一浇筑拱圈不分横缝，根据工程需要仅在上游防渗层设置短缝（如安装止水铜片）；上、下游采用混凝土预制块模板作为坝体永久部分，防渗层采用高自密实性能混凝土与下游侧堆石混凝土一体化浇筑，河床垫层、岸坡垫层不另设常态混凝土，极大简化了混凝土拱坝的施工工艺。与常态混凝土拱坝或碾压混凝土拱坝相比，整体浇筑堆石混凝土拱坝无需振捣或碾压，不需要铺设冷却水管等温控措施，甚至还取消了坝体横缝构造，且筑坝材料颗粒突破连续级配约束，充分发挥拱坝体型的优势，实现了快速筑坝。

对于整体浇筑、不分横缝的拱坝，实际上国内坝工专家一直持积极而慎重的态度。为

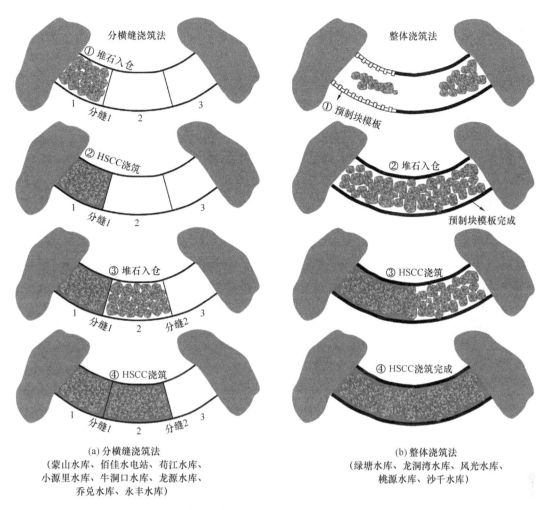

(a) 分横缝浇筑法
(蒙山水库、佰佳水电站、苟江水库、
小源里水库、牛洞口水库、龙源水库、
乔兑水库、永丰水库)

(b) 整体浇筑法
(绿塘水库、龙洞湾水库、风光水库、
桃源水库、沙千水库)

图 3.1-3　堆石混凝土拱坝结构分缝与整体浇筑法示意图

了减少温度应力、适应地基不均匀沉降，99％以上的混凝土拱坝均设置了横缝或诱导缝，采用分缝分块浇筑。我国拱坝建设历史中，不分横缝、整体浇筑的拱坝仅少数几座外掺MgO混凝土拱坝和部分浆砌石拱坝，而不分横缝的碾压混凝土拱坝需设置诱导缝。浆砌石拱坝是采用不分横缝形式最多的，也是与堆石混凝土拱坝比较相仿的筑坝技术。浆砌石拱坝由于胶凝材料用量少，具有混凝土放热、块石吸热的热平衡特性，其温度应力通常为常规混凝土拱坝的40％以下，故施工时常采用成层浇筑、整体上升的浇筑方式。但是，不少砌石拱坝在运行期仍出现了危害坝体的温度裂缝，如长白桥双曲拱坝、毛坦水电站拱坝、十里河拱坝、内江两河口坝坝等，在蓄水运行后下游面出现不同程度的顺坡裂缝、竖向裂缝或贯穿上下游裂缝等（尤其越冬期），削弱了拱的作用影响大坝安全。此外，外掺MgO不分横缝混凝土拱坝是曾尝试过的筑坝技术，建设了长沙拱坝、三江河拱坝、沙老河拱坝、长潭电站大坝等少数几座不分缝拱坝。其中，1999年建设的长沙拱坝，在蓄水运行后下游面出现若干裂缝（未贯穿坝体上游面），研究发现是寒潮冲击时无有效的保温措施等原因引起的温度裂缝。另外，碾压混凝土坝也具备水化热低的特点，早期较少采取温控措施的情况下产生了不少裂缝。后来研究表明，虽然碾压混凝土发热进程缓慢，但在低温季节会形成较大的内外温差。同时，通仓浇筑带来的上下层温差，也会引起坝体内较大的水平或铅直裂缝，故近年来建设的碾压混凝土坝多采用了冷却水管、设置诱导缝等温控措施。因此，吸取前车之鉴，整体浇筑堆石混凝土拱坝技术的应用，需加强坝体结构与应力计算分析、保障大坝施工质量并提高对拱坝温度荷载的认识。

3.2 拱梁分载法基本原理与求解方程

3.2.1 拱梁分载法概述

拱坝是高次超静定的整体性空间壳体结构，不同高程上变厚度、变曲率（双曲拱坝）且边界条件复杂，因此严格的理论结构计算是有困难的，常需做些假定或简化。目前，常用的拱坝应力计算方法包括纯拱法、拱梁分载法、有限元法等。其中，纯拱法假定坝体是由若干层独立的水平拱圈叠合而成，每层拱圈作为弹性固端拱进行计算，假定荷载全部由水平拱承担。该方法忽略了梁的作用，无法反映不同拱圈之间的相互作用，不符合拱坝的实际受力状况，因此求出的应力一般偏大，尤其重力拱坝的误差更大。但对于狭窄河谷中的薄拱坝而言，纯拱法仍不失为简单实用的计算方法。

拱梁分载法历史悠久，积累了丰富的经验，目前仍然是拱坝体型设计和计算分析的主要方法，也是我国混凝土拱坝、碾压混凝土拱坝及砌石拱坝设计规范推荐的主要方法。拱梁分载法是将拱坝视为由若干水平拱圈和竖直悬臂梁组成的空间结构，坝体承受的荷载一部分由拱系承担，一部分由梁系承担，拱和梁的荷载分配由拱系和梁系在各交点处变位一致的条件来确定。荷载分配以后，梁是静定结构，应力不难计算，拱的应力可按纯拱法计算。早期通过试载法来计算拱和梁的荷载分配，需要不断试算与调整直至交点变位一致。近代计算机的出现，可通过求解结点变位一致的代数方程组来进行拱系和梁系的荷载分配，避免了繁琐的计算。拱梁分载法属于结构力学分析的范畴，是目前国内外拱坝设计中应力分析的主要方法，该方法还可简化为仅考虑中央悬臂梁与水平拱变位一致的拱冠梁法。

拱梁分载法的理论基础源于力学的两个基本原理：①内外力替代原理，即任何结构物在承受荷载后，将产生应力并发生变位；②唯一解原理，即任何弹性体在承受指定的荷载（或变位）下的解是唯一的。理论上拱梁分载法是一个准确的计算方法，但由于计算中采用了简化假定，以及拱、梁数目的有限性，因此计算出来的结果是近似的。

3.2.2 拱梁微元体受力计算

若从拱坝坝体中任意切取一个微元体，沿水平面切割坝体形成铅垂向厚度为 dy 的一组隔离体——"拱"；沿与拱正交的铅垂面切割坝体，形成沿切向厚度为 dx 的一组隔离体——"梁"。拱梁交点处的微元体称为"径向微元体"，如图 3.2-1 所示，可以看出在径向截面和水平截面上各有 6 种内力。在径向截面上作用力有：轴向力 H、水平力矩 M_z、垂直力矩 M_r、扭矩 $\overline{M}_s$、径向剪力 V_r、铅直剪力 V_z。在水平截面上作用力有：法向力 G、垂直力矩 M_s、垂直力矩 M_r、扭矩 $\overline{M}_z$、径向剪力 Q_r 和切向剪力 Q_s。

用纯拱法计算只能考虑轴向力 H、水平力矩 M_z 和径向剪力 V_r，不足以充分反映拱

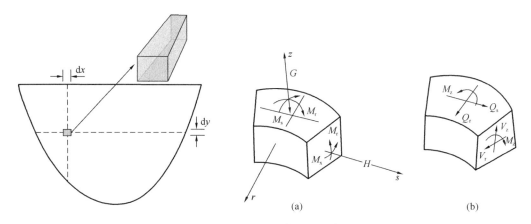

图 3.2-1　拱坝微元体受力示意图

坝的实际受力情况。虽然拱梁分载法可同时考虑上述 12 个内力，但根据拱坝的实际工作状态，有些内力影响较小，对拱坝起重要作用的内力是径向截面上的 H、M_z 和 V_r，以及水平截面的 G、M_s 和 Q_r。前一组内力相当于拱圈的轴力，后一组内力相当于悬臂梁的重力、弯矩和剪力。

拱梁分载法的关键是拱系和梁系的荷载分配，二者各自承担的荷载根据拱梁共轭点变位一致的条件来确定。如图 3.2-2 所示，空间结构任一点的变位分量共有 6 个，即 3 个线变位和 3 个角变位，如某交点 C 的 6 个变位分量为：径向变位 Δr、切向变位 Δs、铅直变位 Δz、水平面上转角变位 θ_z、径向截面上转角变位 θ_s 和沿坝壳中面的转角变位 θ_r。从理论上讲，应该要求坝体各共轭点的这 6 个变位分量都一致，即六向全调整。但为了简化求解计算的工作量，只要求 Δr、Δs 与 θ_z 三个变位分量一致的条件，就可决定拱与梁荷载的分配，即三向调整。若再多考虑径向截面上转角变位 θ_s，则称为四向调整。

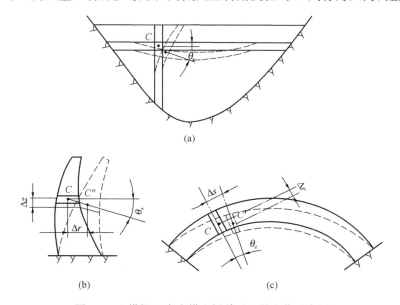

图 3.2-2　拱坝 C 点在拱和梁单元上的变位示意图

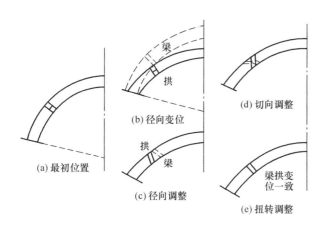

图 3.2-3　拱、梁变位调整过程示意图

在拱坝的变位中，一般是径向变位值 Δr 最大，所以采用试载法进行变位调整时，首先是调整径向变位。图 3.2-3（b）表示拱、梁在各自分担的荷载作用下，在交点处的径向变位。由于变位不一致，必须重新分配拱、梁的荷载，直至拱梁各共轭点的径向变位一致或接近一致，如图 3.2-3（c）所示。但此时各点的切向变位 Δs 与扭转角变位 θ_z 不会恰好一致，如图 3.2-3（c）、（d）所示，必须在拱和梁之间加一对内力，促使两者的切向变位和扭转角变位也相等。如此反复调整计算，直至最终相应点的径向、切向和角变位基本一致，或变位差满足精度要求，如图 3.2-3（e）所示，这就是变位调整的计算过程。现在应用计算机算法，可通过解算各交点变位一致的代数方程组，一次求解拱系和梁系的荷载分配，进而计算坝体应力。但也有的程序是按上述试载法逐步调整的过程而编制的。

由拱梁网格交点处"径向微元体"的平衡条件，可以精确地推导出拱梁分载的关系：设拱分载为 L_A，梁分载为 L_B，总荷载为 $L_总$，它们是定义于坝体中面某一点上单位面积的拱/梁分载及总荷载。根据径向微元体的受力情况，计算整个微元体上的拱分载为 $L_A\mathrm{d}x\mathrm{d}y$，梁分载为 $L_B\mathrm{d}x\mathrm{d}y$，总荷载为 $L_总\,\mathrm{d}x\mathrm{d}y$。同时，径向微元体作为拱的一个微段，径向微元上下剖面分布力的合力定义为 $L_{上下合}$，则微段上拱的荷载为 $L_总\,\mathrm{d}x\mathrm{d}y + L_{上下合}$，即

$$L_A\mathrm{d}x\mathrm{d}y = L_总\,\mathrm{d}x\mathrm{d}y + L_{上下合} \tag{3.2-1}$$

同样地，径向微元体作为梁的一个微段，径向微元左右剖面分布力的合力定义为 $L_{左右合}$，则微段上梁的荷载为 $L_总\,\mathrm{d}x\mathrm{d}y + L_{左右合}$，即

$$L_B\mathrm{d}x\mathrm{d}y = L_总\,\mathrm{d}x\mathrm{d}y + L_{左右合} \tag{3.2-2}$$

根据微元体的受力平衡条件，有：

$$L_总\,\mathrm{d}x\mathrm{d}y + L_{上下合} + L_{左右合} = 0 \tag{3.2-3}$$

上述三个公式联立后，得到拱梁分载之和等于总荷载，即

$$L_A + L_B = L_总 \tag{3.2-4}$$

3.2.3　Vogt 地基变形计算

本章内容采用拱梁分载法计算整体浇筑堆石混凝土拱坝的应力分布，软件采用浙江大学刘国华教授开发的 ADAO 拱坝分析软件。为了便于描述拱坝坝体局部位置的几何特征和力学性状，建立坝体的局部坐标系（图 3.2-4）：以局部位置上拱圈中心线上的点 O 为局部坐标系的原点；x 轴为拱圈中心线的切线方向，指向右岸；y 轴铅垂向下；z 轴为拱圈中心线的半径方向，指向下游。

从坝顶高程至河床段建基面高程，坝体的拱梁网格沿高程划分为若干层拱圈，通常可分为 7 层（中小型拱坝），或 8 层、9 层（中大型拱坝），拱圈分层数量用 N_{arch} 表示。自上

而下，第 1 层坝体的顶边界为第 1 层拱圈，底边界为第 2 层拱圈。计算中所选用拱梁网格的拱圈数目，不包含河床段建基面上的拱圈，即上述 $N_{arch}=7$、8 或 9 层的拱梁网格，通常认为是 7 拱、8 拱或 9 拱的网格；如果算上河床建基面底拱，共有 $N_{arch}+1=8$ 个、9 个或 10 个拱圈。

在拱梁网格中，根据河床宽度（相对于顶拱）的不同，河床段可布置 1、3 或 5 根梁，其中中间 1 根为拱冠梁。拱梁网格中所有的边梁，均"站"在拱端之上，即边梁的底部均为拱圈的拱端；且除了顶拱和底拱，拱圈两岸的拱端上均"站"着边

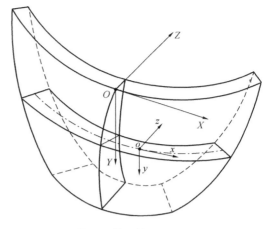

图 3.2-4　拱坝坝体整体坐标系与局部坐标系

梁。在拱梁分载法计算中，理论上要求坝体拱、梁系统的变位处处相符合，而工程上只需选择有代表性的几层拱圈和几根悬臂梁进行计算即可。在计算中，一般可选取 5～9 层拱和 7～13 根梁，如图 3.2-5 所示。图 3.2-6 为典型的"7 拱 15 梁"拱梁网格示意图。该拱梁网格图中，坝体沿高程方向被分为 7 层，故为"7 拱"网格，连同底拱，有 8 个拱圈；左右岸岸坡上各有 6 根边梁，河床段有 3 根梁。

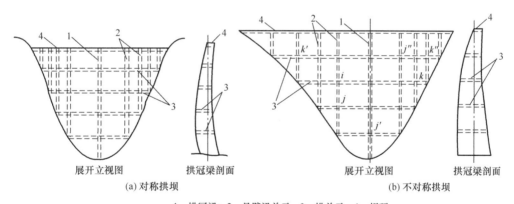

（a）对称拱坝　　　　　　　　　　　　（b）不对称拱坝

1—拱冠梁；2—悬臂梁单元；3—拱单元；4—坝顶

图 3.2-5　拱坝应力分析中拱和梁单元的布置

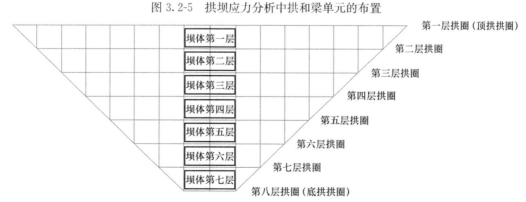

图 3.2-6　ADAO 软件中典型的"7 拱 15 梁"拱梁网格示意图

　　浙江大学刘国华教授采用伏格特（Vogt）方法计算拱坝坝基变形。伏格特公式是基于平面无限地基的变形公式，求得的基础表面受矩形荷载的平均变形方程式。在如图 3.2-7所示的半无限空间表面 $a \times b$ 矩形上，作用力沿长边 b 均匀分布，在长边的单位长度上，作用力可分解为法向推力 N_y、切向剪力 Q_x、径向剪力 Q_z、绕切向弯矩 M_x 和绕法向扭矩 M_y 这 5 个分力。基于弹性理论中半无限空间上一点受力的理论解，可分别导出该 5 个分力作用下 O 点上产生的 5 个变位：法向变位 Δ_y、切向变位 Δ_x、径向变位 Δ_z、绕切向角变位 θ_x 和绕法向角变位 θ_y。5 个变位物理量的表达式如下：

$$\begin{Bmatrix} \Delta_z \\ \Delta_x \\ \theta_y \\ \theta_x \\ \Delta_y \end{Bmatrix} = \begin{bmatrix} \gamma' & 0 & 0 & \gamma'' & 0 \\ 0 & \underline{\gamma'} & 0 & 0 & 0 \\ 0 & 0 & \delta' & 0 & 0 \\ \alpha'' & 0 & 0 & \alpha' & 0 \\ 0 & 0 & 0 & 0 & \beta' \end{bmatrix} \begin{Bmatrix} Q_z \\ Q_x \\ M_y \\ M_x \\ N_y \end{Bmatrix} \tag{3.2-5}$$

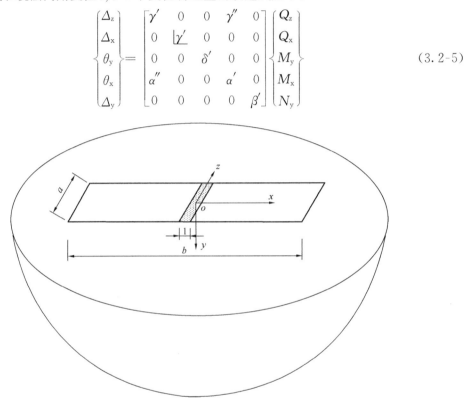

图 3.2-7　Vogt 变形系数作用力示意图

式中，α' 是由基础表面上单位弯矩（$M_x = 1$）产生的角变位 θ_x；β' 是由基础表面上单位法向力（$N_y = 1$）产生的法向变位 Δ_y；γ' 是由基础表面上单位径向剪力（$Q_z = 1$）产生的径向变位 Δ_z；$\underline{\gamma'}$ 是由基础表面上单位切向剪力（$Q_x = 1$）产生的切向变位 Δ_x；δ' 是由基础表面上单位扭矩（$M_y = 1$）产生的扭转角变位 θ_y；α'' 是由基础表面上单位径向剪力（$Q_z = 1$）产生的转角变位 θ_x；γ'' 是由基础表面上单位弯矩（$M_x = 1$）产生的径向变位 Δ_z。

　　若采用目前国内外主流的伏格特系数公式，由于伏格特变位系数的表达式是一个三重积分式，被积函数比较复杂，推导其解析表达式存在很大的难度。ADAO 软件借助于MATLAB 的积分表达式机器推导和复杂表达式机器化简的工具，对个别的伏格特变位系数能够由 MATLAB 工具通过逐层积分，直接导出三重积分式的解析表达式；但大多数伏格特变位系数的推导过程，需采取积分次序调整、拆分、拼凑、变换、机器推导、机器化简和人工化简相结合等多种技巧，最终导出了全部伏格特变位系数的解析表达式，并通过对被积函数的直接高精度数值积分进行检验，ADAO 软件中所采用的伏格特系数公式如下：

$$\alpha' = \frac{m(1-\mu^2)}{\pi E a^2}\left(24\sinh^{-1}\left(\frac{2}{m}\right) - (16+m^2)\sqrt{m^2+4} + 18m + m^3\right) \tag{3.2-6}$$

$$\beta' = \frac{(1-\mu^2)}{\pi E}\left[\frac{m^2}{2} + 2m\sinh^{-1}\left(\frac{2}{m}\right) + 2\sinh^{-1}\left(\frac{m}{2}\right) - \frac{m\sqrt{m^2+4}}{2}\right] \tag{3.2-7}$$

$$\gamma' = \frac{(1+\mu)}{\pi E}\left\{\frac{m^2}{2} + 2m\sinh^{-1}\left(\frac{2}{m}\right) + 2\sinh^{-1}\left(\frac{m}{2}\right) - \frac{m\sqrt{m^2+4}}{2}\right.$$
$$\left. - \mu\left[2\sinh^{-1}\left(\frac{m}{2}\right) + \frac{m\sqrt{m^2+4}-m^2}{2}\right]\right\} \tag{3.2-8}$$

$$\lfloor\gamma' = \frac{(1+\mu)}{\pi E}\left\{2m\sinh^{-1}\left(\frac{2}{m}\right) + 2\sinh^{-1}\left(\frac{m}{2}\right) - \frac{m\sqrt{m^2+4}}{2} + \frac{m^2}{2}\right.$$
$$\left. + \mu\left[m\sqrt{m^2+4} - 2m\sinh^{-1}\left(\frac{2}{m}\right) - m^2\right]\right\} \tag{3.2-9}$$

$$\delta' = \frac{m(1+\mu)}{E\pi a^2}\left\{\left[24\sinh^{-1}(2/m) - (16+m^2)\sqrt{m^2+4} + 18m + m^3\right]\right.$$
$$\left. - \mu\left[24\sinh^{-1}(2/m) - (4m^2+28)\sqrt{m^2+4} + 36m + 4m^3\right]\right\} \tag{3.2-10}$$

$$\alpha'' = \gamma'' = -\frac{1-\mu-2\mu^2}{4Ea\pi}\left[\begin{array}{l}(6m^2+8)\tan^{-1}\dfrac{m}{2} + m^3\log(4+m^2)\\ -3m^2\pi - 2m^3\log m + 8m\end{array}\right] \tag{3.2-11}$$

计算 α'、γ'、α''、γ'' 时，用 $m=b/a$；计算 β'、δ'、$\lfloor\gamma'$ 时，因左右岸作用方向相反，相互影响小，用左右岸各自的等效矩形边长 $\underline{a}$ 和 $\underline{b}$，取代 a 和 b；计算 $\lfloor\gamma'$ 时，采用 γ' 的公式，其中的 m 取 $\underline{a}/\underline{b}$，所得的结果再乘以 $\underline{b}/\underline{a}$。实际计算时，伏格特公式中的 a 为计算点处的坝厚。

3.2.4　四向调整法求解应力

本章节堆石混凝土拱坝应力分析采用的拱梁分载法以四向调整法为主。浙江大学 ADAO 软件中四向调整法采用迭代计算的方式，以三向调整法结果作为初始状态，在其结果基础上进行迭代校正。首先，利用剪应力互等关系，由梁的扭转内力求拱梁交点处拱圈的扭转内力；其次，通过拱圈相邻结点扭转内力的差分，推求拱圈的绕切向扭转分载（称之为分载的第 4 个分量）；再利用拱梁分载关系，获得梁的绕切向扭转分载（也称为梁竖向弯曲分载）；将梁竖向弯曲分载（即梁分载的第 4 分量）施加于梁上，进行拱梁变位的再调整，以校正原先的拱梁分载。该迭代过程可进行多次，直至满足收敛条件为止。四向调整法也可基于上述原理建立相应联立方程组直接求解，建模编程的原理与美国垦务局《拱坝设计》中的径向调整＋切向调整＋扭转调整的计算原理是一致的。

如果在拱梁体系中，为了确保拱梁网格正交，即在拱梁交点上拱截面和梁截面相互重叠，梁是用扭曲面剖切出来的，整根梁落在同一个扭曲的铅垂面内，ADAO 软件按此方式构建正交的拱梁网格体系。扭曲梁的绕切向弯矩内力/荷载的方向与绕径向弯矩内力/荷载的方向相互正交，方向随截面位置变化而变化。梁的荷载/内力传递公式作了如下的修正：

设截面 y_1 处的梁内力为

$$F(y_1) = (f_z, f_x, f_{yy}, f_{xx}, f_y, f_{zz})^T \qquad (3.2\text{-}12)$$

梁在截面 y 处的荷载为

$$L(y) = (l_z, l_x, l_{yy}, l_{xx}, l_x, l_{zz})^T \qquad (3.2\text{-}13)$$

截面 y_2 处的梁内力为

$$F(y_2) = (f_z, f_x, f_{yy}, f_{xx}, f_y, f_{zz})^T \qquad (3.2\text{-}14)$$

考虑到梁侧面剪切力与梁截面剪切力在绕径向弯矩方面的自平衡条件，认为 f_{zz} 始终为零（指其一阶量为零，三阶量并非为零）：

$$f_{zz}(y) \equiv 0 \qquad (3.2\text{-}15)$$

同时，将 f_{xx} 的计算公式修正为：

$$f_{xx}(y_2) = f_{xx}(y_1) - (y_2 - y_1)f_z(y_1) - \int_{y_1}^{y_2} \left[l_{xx}(y) - (y_2 - y)l_z(y) \right] dy \quad (3.2\text{-}16)$$

对 f_{xx} 的修正，可理解为 f_{xx} 和 $(y_2 - y_1)f_z(y_1)$ 按标量进行截面间的传递，即视截面之间的 $\Delta\alpha = 0$；也可理解为，先将原本的扭曲梁摊平为同一平面内的梁，再计算 f_{xx} 和 f_{zz} 的截面传递式。其余分量的荷载/内力传递公式不变。

同理，以 x 到 $x+dx$ 的一个微小拱段为研究对象，考虑到作为隔离体的径向微元体的特殊性，拱的绕径向弯矩分载与拱竖向内力产生的绕径向弯矩相互抵消，拱绕径向弯矩内力始终为零（三阶量，其一阶量为零）。因此，拱的荷载和内力在不同截面间的传递公式与普通杆件是不同的，基于此对传递公式做修正。

以中心角 α 来定位拱截面的位置，设截面 α_1 处的拱内力为：

$$F(\alpha_1) = (f_z, f_x, f_{yy}, f_{xx}, f_y, f_{zz})^T \qquad (3.2\text{-}17)$$

拱在截面 α 处的荷载为：

$$L(\alpha) = (l_z, l_x, l_{yy}, l_{xx}, l_x, l_{zz})^T \qquad (3.2\text{-}18)$$

截面 α_2 处的拱内力为：

$$F(\alpha_2) = (f_z, f_x, f_{yy}, f_{xx}, f_y, f_{zz})^T \qquad (3.2\text{-}19)$$

类似于梁的相关公式，在拱的荷载/内力传递公式中，需修正 f_{xx} 和 f_{zz} 的计算式。考虑到拱上下剖切面剪切力与拱截面剪切力在绕径向弯矩方面的自平衡条件，认为 f_{zz} 始终为零（指其一阶量为零，三阶量并非为零）：

$$f_{zz}(\alpha) \equiv 0 \qquad (3.2\text{-}20)$$

同时，将 f_{xx} 的计算公式修正为：

$$f_{xx}(\alpha_2) = f_{xx}(\alpha_1) - \int_{\alpha_1}^{\alpha_2} l_{xx}(\alpha) R d\alpha \qquad (3.2\text{-}21)$$

对 f_{xx} 的修正，可理解为 f_{xx}、l_{xx} 按标量进行截面间的传递，即视截面之间的 $\Delta\alpha = 0$。其余分量的荷载/内力传递公式不变。

基于剪应力互等，拱与梁的 2 组内力存在如下的关系

$$\begin{cases} f_y^A = \dfrac{12R^2}{12R^2 - D^2} f_x^B + \dfrac{12R}{12R^2 - D^2} f_{yy}^B \\[2mm] f_{xx}^A = -\dfrac{RD^2}{12R^2 - D^2} f_x^B - \dfrac{12R^2}{12R^2 - D^2} f_{yy}^B \end{cases} \qquad (3.2\text{-}22)$$

式中，D 为计算点处的坝厚。

通常，采用下式计算半中心角 φ_i 处的拱厚：

$$T_i = T_c + (T_a - T_c) \times (1 - \cos\varphi_i)/(1 - \cos\varphi_a) \tag{3.2-23}$$

式中，T_c 为拱冠梁处的拱厚；T_a 为拱端的拱厚；φ_a 为拱端的半中心角。

设某一拱圈从左拱端到右拱端有 n 个结点，结点编号为 $1\sim n$。以 $l_{xx}^A \sim f_{xx}^A$ 为例，对应于微分关系，数值计算中采用差分算式而不用积分形式：

拱端结点 1 处的差分方程为：

$$l_{xx}^A(1) = \frac{f_{xx}^A(1) - f_{xx}^A(2)}{S_{1\sim2}} \tag{3.2-24}$$

拱端结点 n 处的差分方程为：

$$l_{xx}^A(n) = \frac{f_{xx}^A(n-1) - f_{xx}^A(n)}{S_{n-1\sim n}} \tag{3.2-25}$$

内部结点 i 处的差分方程为：

$$l_{xx}^A(i) = \frac{f_{xx}^A(i-1) - f_{xx}^A(i)}{2S_{i-1\sim i}} + \frac{f_{xx}^A(i) - f_{xx}^A(i+1)}{2S_{i\sim i+1}} \tag{3.2-26}$$

若考虑坝面正坡/倒悬度和坝体切向变厚，对坝面应力进行相应修正。设坝面处拱截面的法向应力为 σ_x，拱截面的竖向剪应力为 τ_{xy}；梁截面的法向应力为 σ_y，梁截面的切向剪应力为 τ_{yx}；σ 以压缩为正，τ_{12} 以正截面上（外法向朝轴 1 的正方向）剪力朝向轴 2 正方向为正；坝面与铅垂线的夹角为 ϕ，以正坡为正、倒悬为负；坝面与切向线的夹角为 β，以向右岸方向坝厚增加为正、向左岸方向坝厚增加为负。其中，$\tau_{xy} = \tau_{yx}$。参照美国垦务局《拱坝设计》中坝面应力的计算公式，切换至 ADAO 软件中的坐标轴系统。

垂直面（拱截面）的径向剪应力为：

$$\tau_{xz} = \tau_{zx} = (\sigma_x - p)\tan\beta - \tau_{xy}\tan\phi \tag{3.2-27}$$

水平面（梁截面）的径向剪应力为：

$$\tau_{yz} = \tau_{zy} = (\sigma_y - p)\tan\phi - \tau_{xy}\tan\beta \tag{3.2-28}$$

坝面上平行于拱内/外弧面的拱应力修正为：

$$\sigma_x' = \sigma_x \sec^2\beta - p\tan^2\beta + (\sigma_y - p)\tan^2\phi\sin^2\beta - 2\tau_{yx}\tan\phi\tan\beta \tag{3.2-29}$$

坝面上平行于拱内/外弧面的剪切应力及平行于坝面的梁向剪切应力修正为：

$$\tau_{y'x'} = \tau_{x'y'} = (\tau_{yx}\cos\beta - \tau_{yz}\sin\beta)\sec\phi' \tag{3.2-30}$$

其中，

$$\phi' = \tan^{-1}(\tan\phi\cos\beta) \tag{3.2-31}$$

坝面上平行于梁上下游面的梁应力修正为：

$$\sigma_{y'} = \sigma_y \sec^2\phi - p\tan^2\phi + (\sigma_x - p)\tan^2\beta\sin^2\phi - 2\tau_{yx}\tan\phi\tan\beta \tag{3.2-32}$$

3.2.5　坝体荷载计算

在 ADAO 软件中，坝体自重荷载，缺省的考虑是自重由封拱前的独立坝段承担。自重应力按坝段独立进行计算，作为封拱之前的初始应力。一般不是基于实际的坝段剖分来计算自重应力，而是基于拱梁网格中梁的剖分，将梁视为独立坝段来计算自重应力。遵循上节中的扭曲梁荷载/内力传递修正公式，计算扭曲梁的自重应力；每个梁单元，分为 5

个梁段，累加计算坝段的自重内力。软件计算中，由于中低坝拱坝底宽不大，且帷幕灌浆较靠前、折减比较多，因此扬压力对坝体应力的影响不大，在拱梁分载法计算应力时不考虑坝体扬压力影响。需说明的是，扬压力对坝肩稳定性的影响较大，而坝肩稳定计算会采用其他算法计算，将考虑扬压力。

软件中上下游坝面的水荷载采用下式计算：

$$
\begin{cases}
l_z = \gamma_w h_w \left(1 \pm \dfrac{D}{2R}\right) \\[2mm]
l_y = \gamma_w h_w \left(1 \pm \dfrac{D}{2R}\right)\tan\phi \\[2mm]
l_x = \gamma_w h_w \left(1 \pm \dfrac{D}{2R}\right)\tan\beta
\end{cases}
\tag{3.2-33}
$$

式中，h_w 为计算点的水深；γ_w 为水重度，上游取（＋），下游取（－）。

同时，上游坝面的淤沙荷载采用下式计算：

$$
\begin{cases}
l_z = \gamma_s h_s \left(1 + \dfrac{D}{2R}\right)\tan^2\left(\dfrac{\pi}{4} - \dfrac{\varphi_s}{2}\right) \\[2mm]
l_y = \gamma_s h_s \left(1 + \dfrac{D}{2R}\right)\tan^2\left(\dfrac{\pi}{4} - \dfrac{\varphi_s}{2}\right)\tan\phi \\[2mm]
l_x = \gamma_s h_s t \left(1 + \dfrac{D}{2R}\right)\tan^2\left(\dfrac{\pi}{4} - \dfrac{\varphi_s}{2}\right)\tan\beta
\end{cases}
\tag{3.2-34}
$$

式中，h_s 为计算点的水深；γ_s 为淤沙浮重度；φ_s 为淤沙内摩擦角。当拱坝倒悬时，l_y 取为零。

关于坝体温度荷载，根据拱坝设计规范或荷载规范的计算公式，进行拱坝温度荷载计算。按照 ADAO 程序的要求，需要输入：

① 多年平均气温，多年平均最低月（1月），多年平均最高月（7月）气温；

② 日照影响按 2℃计；

③ 温降变幅＝年平均气温－最低月平均气温；

④ 考虑日照影响，设计正常温降＝温降变幅＋日照影响，计算时间取 2.0 个月；

⑤ 温升变幅＝最高月平均气温－年平均气温；

⑥ 考虑日照影响后，设计正常温升＝温升变幅＋日照影响，计算时间取 8.0 个月；

⑦ 库底水温因无实测资料，根据《砌石坝设计规范》SL 25—2006 中附录规定，取 $T_{kd} = 8℃$；

⑧ 水表面年平均水温＝年平均气温＋日照影响；

⑨ 表面水温年变幅＝气温年变幅的一半。

需要说明的是，温度荷载计算公式中的坝厚，是按照计算点处的相应坝厚计算，不是按等厚拱圈（每个拱圈用同一厚度）计算。此外，上下游水位参数有 2 组，一组用于计算水荷载，称之为水荷载水位；另一组用于计算温度荷载，称之为温度荷载水位。温度荷载水位代表了计算工况所对应的某时刻之前，一段时间内的平均水位。设计计算时，温度荷载水位可取相对不利的且与水荷载水位对应的持续水位。

3.2.6 拱坝一次性封拱处理

整体浇筑堆石混凝土拱坝实际上在施工过程中已成拱，并没有后续封拱灌浆的操作，因此在软件计算中将其视作一次性封拱处理。拱坝一次性封拱是指当各坝段浇筑到坝顶高程、满足封拱灌浆条件之后，分灌区进行封拱灌浆，使各独立坝段形成整体的大坝。封拱时的坝体温度，称为封拱温度。封拱时的大坝状态作为大坝运行阶段的初始状态：坝体自重由梁承担，无拱向应力，坝体初始温度为封拱温度。之后大坝下闸蓄水，进入运行阶段。运行阶段计算工况的坝体温度减去坝体初始温度，即为该工况的温度荷载。拱梁分载法的坝体应力分析，一般按一次性封拱的方式进行计算。

传统混凝土拱坝采用柱状法施工，有横缝、冷却水管和封拱灌浆，因此，传统的拱梁分载法也是建立在坝体设置横缝和封拱灌浆条件下的拱坝计算方法。该方法假定封拱灌浆时拱坝温度应力为零，封拱灌浆前的自重等荷载由悬臂梁承担，封拱灌浆以后的荷载，如水压力、温度荷载等由拱梁共同承担。需要说明的是，拱坝温度荷载约占拱坝荷载的30%以上，封拱时拱坝温度应力为零的假设对于横缝、纵缝间距较短的传统拱坝是合理的，封拱前各坝段相互独立、未成整体，因此以封拱温度作为温度荷载的计算起点，仅忽略了封拱前局部的温度应力。但是，对于不设横缝或横缝间距较大的现代拱坝而言，封拱时拱坝坝体残留的温度应力较大，其影响应予以重视。对于不设横缝、整体浇筑的砌石拱坝和碾压混凝土拱坝，如何选择合理的封拱温度，我国各个时期的拱坝设计规范并未提出明确方法。已有研究成果表明，拱圈封拱温度对整体浇筑拱坝的应力有重要影响，值得高度重视。

3.2.7　坝顶溢洪道开口

整体浇筑堆石混凝土拱坝通常会在坝顶设置溢洪道开口，通过溢洪孔减小了坝体上部构造的应力。绿塘水库的溢洪孔设置闸门，龙洞湾水库、风光水库、桃源水库和沙千水库的溢洪孔均采用自由溢流方式。

在 ADAO 软件中，坝顶溢洪道开口位置是由虚结点定义的，单元的一端为虚结点的拱单元和梁单元，称之为虚拱、虚梁，而虚拱与虚梁所形成的矩形区域即为溢洪道开口区域（图 3.2-8）。需说明的是，软件中虚结点是根据划分的梁数和拱圈层数来大致模拟坝体溢洪道开孔的位置范围，可通过调整拱圈层与梁的数目来减少与实际溢洪道开口位置的偏差。

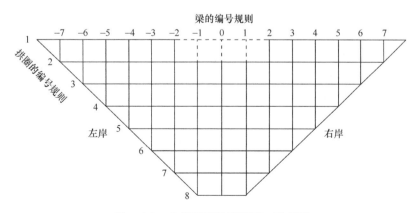

图 3.2-8　大坝坝顶溢洪道开口示意图

根据溢洪道的不同方式，需对虚拱、虚梁的单元方程作如下的修正：

（1）当模拟溢洪道开口并下闸挡水的情景时，将虚拱的原单元方程中涉及拱端力的项直接置零，虚拱的原单元方程中拱分载直接取零；将虚梁的原单元方程中梁分载直接取总荷载，其余单元方程不变。实质上相当于将虚拱单元虚化断开，开口区域的水推力荷载由虚梁承担，即可模拟溢洪道开口并下闸挡水的情景。

（2）当模拟溢洪道开口并自由溢流的情景时，则对虚拱、虚梁的单元方程作如下的修正：将虚拱的原单元方程中涉及拱端力的项直接置零，虚拱的原单元方程中拱分载直接取零；将虚梁的原单元方程中涉及梁端力的项直接置零，虚梁的原单元方程中梁分载直接取零；虚梁的自重置零。实质上相当于将虚拱、虚梁单元均虚化断开，即模拟开口区域自由溢流。

坝顶开口模拟的深度问题。通常可将坝顶溢洪道的堰顶高程设为第 2 层拱圈的高程，即可使虚拱虚梁定义的开口深度与实际开口深度一致。如果实际开口深度占整个坝高的比例较大，比如占比 1/5 以上时，可定义 2 层虚结点，将堰顶高程设为第 3 层拱圈的高程。有时为了匹配虚单元的定义，各层拱圈的间距可能不均匀，若拱圈间距跳跃变化，会造成网格畸形而影响分析精度。此时，宜对堰顶以下的拱圈高程进行调整，使各层拱圈的间距大致呈渐变状态为佳。

坝顶开口模拟的宽度问题。通过定义拱向的几个虚结点，可以加大溢洪道开口的宽度；通过在河床段加设梁（河床段可设 1、3、5、7 条梁），或通过调整相关拱圈的高程从而调节梁的位置，可使得虚拱的宽度、位置与实际溢洪孔开口的宽度、位置大致相当。坝顶溢洪道开口对坝体应力影响的模拟计算，本身是相对概化的粗略分析计算模型，因此，拱梁网格所描述的溢洪孔开口位置和宽度，只要大致符合实际情况即可，无须追求严格的一致。

3.3 拱梁分载法计算工况与参数选择

目前，堆石混凝土拱坝设计主要有两类思路，一类是按照混凝土拱坝设计，另一类是按照砌石拱坝设计。两种方法在坝体、坝基参数取值以及允许应力方面均存在差异。本节内容分别采用混凝土拱坝和砌石拱坝的参数取值进行对比计算。在堆石混凝土拱坝工程设计中，设计人员碰到的关键技术问题有：（1）材料参数取值参照混凝土拱坝还是砌石拱坝；（2）整体浇筑拱坝计算时，封拱温度如何选取；（3）堆石混凝土拱坝的应力控制标准如何选取。为解决这些技术问题，在绿塘工程实际监测资料分析的基础上，结合绿塘、龙洞湾、沙千和风光 4 座堆石混凝土拱坝，采用拱梁分载法进行应力分析，对拱圈封拱温度的选取、自重荷载处理方式、坝体与地基材料参数对拱坝应力的影响等开展研究，以期为整体浇筑堆石混凝土拱坝设计提供完整的拱梁分载法应力复核方法及其控制标准。

3.3.1 基本工况

选取 4 个堆石混凝土拱坝的基本情况如表 3.3-1 所示，拱坝的坝高为 48～66m，均属中坝。在拱梁分载法计算中，绿塘、龙洞湾、沙千、风光分别采用 8 拱、8 拱、8 拱和 11 拱的拱圈分层数进行计算，各个大坝的拱圈体型参数见表 3.3-2～表 3.3-5 所示。坝体堆石混凝土计算参数：重度为 24.5kN/m³，线膨胀系数为 $7 \times 10^{-6} ℃^{-1}$，泊松比为 0.2。计算中温度荷载都采用混凝土拱坝或砌石拱坝设计规范规定的温升、温降荷载计算公式，不同温度荷载计算方法的区别仅为封拱温度的选择。平均气温最高为 7 月，平均气温最低为 1 月，分别对应温升和温降荷载。日照影响按 2℃ 考虑，表面水温年变幅按气温年变幅的一半考虑。

参与计算的堆石混凝土拱坝基本情况 表 3.3-1

大坝名称	大坝类型	坝高（m）	顶拱中心角（°）	顶拱厚（m）	底厚（m）	计算拱数
绿塘	单曲拱坝	53.5	90.36	6	16.0	8
龙洞湾	单曲拱坝	48.0	91.00	5	13.5	8
沙千	单曲拱坝	66.0	95.69	6	23.0	8
风光	双曲拱坝	48.5	91.69	5	12.5	11

绿塘单曲拱坝的拱圈体型参数（8 拱） 表 3.3-2

高程 （m）	拱厚 （m）	拱半径（m）		半中心角（°）		中心角 （°）
		上游面	下游面	左	右	
829.50	6.00	115.00	109.00	44.53	45.83	90.36
820.00	7.78	115.00	107.22	38.40	40.91	79.31
812.50	9.18	115.00	105.82	33.77	37.17	70.94
805.00	10.58	115.00	104.42	29.27	33.51	62.78
797.50	11.98	115.00	103.02	24.84	28.37	53.21
790.00	13.38	115.00	101.62	20.45	23.33	43.78
782.50	14.78	115.00	100.22	16.06	18.35	34.41
776.00	16.00	115.00	99.00	12.25	14.03	26.28

龙洞湾单曲拱坝的拱圈体型参数（8 拱） 表 3.3-3

高程 （m）	拱厚 （m）	拱半径（m）		半中心角（°）		中心角 （°）
		上游面	下游面	左	右	
916.00	5.00	110.00	105.00	45.70	45.30	91.00
913.00	5.55	110.00	104.45	44.50	44.39	88.89
906.00	6.85	110.00	103.15	38.88	42.27	81.15
899.00	8.14	110.00	101.86	33.27	40.15	73.42
892.00	9.44	110.00	100.57	27.65	32.88	60.53
885.00	10.73	110.00	99.27	22.03	25.60	47.63
878.00	12.02	110.00	97.98	16.42	18.32	34.74
870.00	13.50	110.00	96.50	10.00	10.00	20.00

沙千单曲拱坝的拱圈体型参数（8拱）　　　　表 3.3-4

高程 (m)	拱厚 (m)	拱半径（m）		半中心角（°）		中心角 (°)
		上游面	下游面	左	右	
458.00	6.000	120.00	114.000	48.64	47.05	95.69
452.00	7.545	120.00	112.455	46.47	44.97	91.44
440.00	10.636	120.00	109.364	40.38	39.13	79.51
430.00	13.212	120.00	106.788	35.17	34.13	69.30
420.00	15.788	120.00	104.212	29.84	29.02	58.86
410.00	18.364	120.00	101.636	24.37	23.77	48.14
400.00	20.939	120.00	99.061	18.77	18.40	37.17
392.00	23.000	120.00	97.000	14.18	14.18	28.36

风光双曲拱坝的拱圈体型参数（11拱）　　　　表 3.3-5

高程 (m)	X_c (m)	拱厚 (m)	拱半径（m）		半中心角（°）		中心角 (°)
			上游面	下游面	左	右	
691.00	0.00	5.00	70.000	65.000	45.31	46.36	91.67
686.15	1.46	5.92	64.767	58.847	46.67	46.96	93.63
681.30	2.76	6.70	60.315	53.615	47.27	46.98	94.24
676.45	3.93	7.55	56.461	48.911	47.34	46.24	93.58
671.60	4.95	8.32	53.053	44.733	46.41	45.36	91.76
666.75	5.58	8.96	49.756	40.796	44.81	43.69	88.51
661.90	5.97	9.67	46.656	36.986	43.16	41.39	84.55
657.05	6.11	10.24	43.692	33.452	40.17	38.43	78.60
652.20	5.97	10.94	40.797	29.857	37.51	34.41	71.92
647.35	5.53	11.73	37.921	26.191	33.93	29.56	63.49
642.50	4.75	12.50	35.000	22.50	29.48	22.98	52.48

在拱坝体型分析时，主要计算工况有：

（1）基本组合1（温降）：正常蓄水位与相应下游水位水压力＋泥沙压力＋自重＋扬压力＋设计正常温降。

（2）基本组合2（温升）：正常蓄水位与相应下游水位水压力＋泥沙压力＋自重＋扬压力＋设计正常温升。

（3）基本组合3（温升）：设计洪水位与相应下游水位水压力＋泥沙压力＋自重＋扬压力＋设计正常温升。

（4）基本组合4（温升）：死水位与相应下游水位水压力＋泥沙压力＋自重＋设计正常温升。

（5）特殊组合5（校核）：校核洪水位与相应下游水位水压力＋泥沙压力＋自重＋扬压力＋设计正常温升。

3.3.2　坝体与坝基弹性参数选择

（1）如果按照砌石拱坝进行计算时，参考砌石拱坝的取值方法，堆石混凝土坝体弹性模量取 7.0GPa，岩体平均变形模量为 4.0~5.0GPa。

（2）如果按照混凝土拱坝进行计算时，参考混凝土拱坝的取值，考虑混凝土徐变效应等，将堆石混凝土绿塘拱坝超大试件试验的弹性模量乘以 0.6~0.7 倍，坝体计算弹性模量值取为 20GPa；岩体变形模量根据各工程的地质试验值，参照混凝土拱坝取值方法，计算地基弹性模量取 8.0~11.0GPa。

表 3.3-6 为 4 个计算案例的坝体和地基弹性模量。可以看到，参照砌石拱坝参数取值，堆石混凝土拱坝坝体与地基的弹性模量均明显偏小。

参照砌石拱坝或混凝土拱坝参数取值时的弹性模量（单位：GPa）　　表 3.3-6

参数类别	绿塘		龙洞湾		沙干		风光	
	坝体	地基	坝体	地基	坝体	地基	坝体	地基
砌石拱坝参数	7.6	4.0	7.0	4.0	6.9	4.5	6.9	5.0
混凝土拱坝参数	20.0	10.0	20.0	10.0	20.0	8.0	20.0	11.0

3.3.3　自重荷载处理

整体浇筑拱坝应考虑浇筑过程同步封拱，上部坝体自重将由下部拱坝拱梁分载（自重拱梁分载），其自重应力分布应介于自重仅由悬臂梁承担（分缝自重）和自重一次施加、全部由拱梁分载两种计算方法之间。为此，采用表 3.3-6 中混凝土拱坝计算参数，进行了单独自重荷载作用的主应力对比分析，结果如表 3.3-7 所示。可以看到，上部坝体的自重应力几乎相同，考虑自重拱梁分载以后，底部坝体的压应力有所减少，最多减少 0.4MPa，拉应力略有增加。对于中低拱坝，简化采用分缝自重计算，其精度可以接受。

分缝自重与自重拱梁分载两种计算主应力的对比（单位：GPa，压为正）　　表 3.3-7

高程 (m)	分缝自重（自重全部由悬臂梁承担）											
	左拱端				拱冠梁				右拱端			
	上游面		下游面		上游面		下游面		上游面		下游面	
	σ_1	σ_3	σ_1	σ_3	σ_1	σ_3	σ_1	σ_3	σ_1	σ_3	σ_1	σ_3
829.50	0.00	0.00	0.00	0.00	0.00	0.00	0.00	0.00	0.00	0.00	0.00	0.00
820.00	0.00	0.27	0.00	0.14	0.00	0.00	0.00	0.00	0.00	0.27	0.00	0.14
812.50	0.00	0.51	0.00	0.18	0.00	0.21	0.00	0.13	0.00	0.51	0.00	0.18
805.00	0.00	0.74	0.00	0.19	0.00	0.44	0.00	0.20	0.00	0.75	0.00	0.19
797.50	0.00	0.98	0.00	0.19	0.00	0.67	0.00	0.23	0.00	0.98	0.00	0.19
790.00	0.00	1.20	0.00	0.19	0.00	0.91	0.00	0.25	0.00	1.20	0.00	0.19
782.50	0.00	1.42	0.00	0.26	0.00	1.14	0.00	0.26	0.00	1.41	0.00	0.18
776.00	0.00	1.59	0.00	0.18	0.00	1.33	0.00	0.26	0.00	1.60	0.00	0.18

高程 （m）	自重拱梁分载（按照拱圈计算上部坝体自重由下部拱坝坝体拱梁分载）											
	左拱端				拱冠梁				右拱端			
	上游面		下游面		上游面		下游面		上游面		下游面	
	σ_1	σ_3	σ_1	σ_3	σ_1	σ_3	σ_1	σ_3	σ_1	σ_3	σ_1	σ_3
829.50	0.00	0.00	0.00	0.00	0.00	0.00	0.00	0.00	0.00	0.00	0.00	0.00
820.00	0.02	0.27	−0.10	0.14	−0.02	0.00	−0.12	0.00	0.03	0.27	−0.11	0.14
812.50	0.03	0.50	−0.14	0.21	−0.12	0.23	−0.14	0.12	0.03	0.49	−0.15	0.22
805.00	0.05	0.69	−0.17	0.28	−0.13	0.45	−0.05	0.17	0.02	0.66	−0.10	0.30
797.50	0.07	0.86	−0.17	0.37	−0.12	0.65	−0.01	0.23	0.08	0.82	−0.18	0.31
790.00	0.07	1.00	−0.12	0.46	−0.09	0.84	0.05	0.28	0.04	1.01	−0.12	0.41
782.50	0.07	1.13	−0.04	0.55	−0.12	1.02	0.10	0.34	0.06	1.13	−0.03	0.51
776.00	0.03	1.23	0.03	0.58	0.03	1.17	0.03	0.38	0.03	1.19	0.03	0.53

3.3.4 封拱温度选择

"计算封拱温度"的定义：根据《堆石混凝土拱坝技术规范》DB52/T 1545—2020，针对整体浇筑堆石混凝土拱坝，根据堆石混凝土入仓温度和水化热温升，考虑温度发展过程与弹性模量发展过程，在拱梁分载法分析时采用的拱圈等效封拱温度作为计算封拱温度。

传统混凝土拱坝采用柱状法施工，设有横缝和冷却水管，可以按照设计要求在给定封拱温度进行封拱灌浆。因此，在拱梁分载法计算时，拱坝温度荷载可以从封拱温度起算，假定封拱时大坝温度应力为零。对于整体浇筑而不设横缝的拱坝，坝体混凝土由于水泥水化作用，早期温度上升，后期温度下降。为了估计合理的封拱温度，假设从堆石混凝土入仓到最高温升的上升期中，混凝土平均弹性模量为 E_1，而从最高温升下降到计算封拱灌浆温度的下降期，混凝土平均弹性模量为 E_2。以大体积混凝土达到计算封拱温度时的温度应力为零作条件，可以推导得到计算封拱温度 T_a，按下式计算：

$$T_a = T_p + \left(1 - \frac{E_1}{E_2}\right)\Delta T \tag{3.3-1}$$

式中，T_p 为堆石混凝土入仓温度；ΔT 为堆石混凝土水化热温升。

考虑到堆石混凝土含有体积约 55% 的大块石，前期弹性模量偏高，当 $E_1 = 2/3E_2$ 或者 $E_1 = 3/4E_2$ 时，拱圈的计算封拱温度等于堆石混凝土入仓温度与 1/3 或 1/4 堆石混凝土水化热温升之和。根据绿塘拱坝施工期温度监测成果，堆石入仓温度与月平均气温 $\overline{T}_{month}$ 接近，并给出了 $T_{RFC} = 0.5\overline{T}_{month} + 0.5T_{HSCC}$ 的近似堆石混凝土入仓温度，忽略了堆石体与高自密实性能混凝土（HSCC）之间的比热差异。HSCC 入仓温度可能会高于平均气温，与水泥等原材料温度较高相关。监测结果发现堆石混凝土水化热温升低，气候温和地区夏季拱坝的温升值仅 7~8℃。通常，贵州地区的中小工程在没有温控措施时，HSCC 入仓温度可参考经验取值：高温季节可取月平均气温＋（6~8）℃，低温季节可取月平均气温＋（10~12）℃；堆石混凝土拱坝的水化热温升，可按照 6~8℃ 的经验值考虑。

采用式（3.3-1）计算封拱温度，进行拱梁分载法计算，计入了部分施工期温度应力，与传统拱梁分载法稳定温度场附近封拱且封拱时温度应力为零的假设相比，计算应力会明显偏大，仍然采用现有设计规范的允许拉应力标准将过于保守，本节内容将根据计算成果建议相应的允许应力标准。需要说明的是，本节建议的方法是在拱坝已满足现有设计规范要求基础上增加的复核计算，采用本节方法复核的堆石混凝土拱坝实际上提高了拱坝安全裕度。

绿塘拱坝实际已经浇筑完成，按照上述假设确定的各拱圈计算封拱温度见表 3.3-8。为了研究采用适当措施降低混凝土入仓温度的效果，表 3.3-8 还给出了考虑降低混凝土入仓温度后，将拱圈封拱温度取为与拱圈浇筑时月平均气温接近，称为月均封拱温度。另外 3 座拱坝在开展拱梁分载法计算时，还在浇筑或即将浇筑堆石混凝土阶段，考虑到这几座大坝气候条件相近，采用了类似的计算方法，计算封拱温度见表 3.3-9～表 3.3-11。

绿塘拱坝拱圈浇筑时段及计算封拱温度　　　　　　　　　表 3.3-8

浇筑高程（m）	777～782.5	782.5～790	790～797.5	797.5～805	805～812.5	812.5～820	820～829.5
实际浇筑时段	2017.12.21—2018.3.12	2018.3.16—2018.4.10	2018.4.13—2018.5.5	2018.5.10—2018.7.1	2018.7.11—2018.8.9	2018.8.16—2018.10.3	2018.10.5—2018.11.28
平均气温（℃）	5.9	15.6	18.2	21.8	27.2	23.3	16.2
计算封拱温度（℃）	15.0	19.0	22.0	26.0	30.0	27.0	18.0
月均封拱温度（℃）	6.0	16.0	18.5	22.0	27.5	23.5	16.5

龙洞湾拱坝拱圈预计浇筑时段及计算封拱温度　　　　　　表 3.3-9

浇筑高程（m）	870～878	878～885	885～892	892～899	899～906	906～913	913～916
设计浇筑时段	2019.4.20—2019.6.30	2019.7.5—2019.8.30	2019.9.5—2019.11.5	2019.11.10—2020.1.10	2020.2.25—2020.4.10	2020.4.15—2020.6.10	2020.6.15—2020.7.15
平均气温（℃）	20.50	25.78	18.08	7.82	11.01	19.06	24.40
计算封拱温度（℃）	24.0	29.0	21.5	16.0	17.0	23.0	28.0
月均封拱温度（℃）	21.0	26.0	18.5	8.0	11.0	19.5	25.0

沙千拱坝拱圈预计浇筑时段及计算封拱温度　　　　　　　表 3.3-10

浇筑高程（m）	392～400	400～410	410～420	420～430	430～440	440～452	452～458
设计浇筑时段	2021.1.1—2021.2.28	2021.3.1—2021.5.10	2021.5.10—2021.7.15	2021.7.15—2021.9.20	2021.9.20—2021.11.20	2021.11.20—2022.2.15	2022.2.15—2022.3.30
平均气温（℃）	8.91	16.96	24.34	25.95	17.65	9.45	12.47
计算封拱温度（℃）	14.91	21.46	28.84	30.45	22.15	15.45	17.47
月均封拱温度（℃）	12.9	17.0	24.4	26.0	17.7	11.5	12.5

风光拱坝拱圈预计浇筑时段及计算封拱温度 表 3.3-11

浇筑高程 (m)	642.50~ 647.35	647.35~ 652.20	652.20~ 657.05	657.05~ 661.90	661.90~ 666.75	666.75~ 671.60	671.60~ 676.45	676.45~ 681.30	681.30~ 686.15	686.15~ 691.00
设计浇 筑时段	2020.4.10 —2020.5.1	2020.5.1 —2020.5.22	2020.5.22 —2020.6.11	2020.6.11 —2020.6.30	2020.6.30 —2020.7.21	2020.7.21 —2020.8.10	2020.8.10 —2020.9.1	2020.9.1 —2020.9.22	2020.9.22 —2020.10.10	2020.10.10 —2020.11.1
平均气温 (℃)	16.4	20.5	23.4	23.4	26.2	26.2	25.9	22.3	16.8	16.8
计算封拱 温度(℃)	23.4	24.0	26.9	26.9	29.7	29.7	29.4	25.8	20.3	20.3
月均封拱 温度(℃)	16.5	20.5	23.5	23.5	26.5	26.5	26.0	22.5	17.0	17.0

3.4 拱梁分载法计算结果分析

3.4.1 不同弹性模量结果对比

考虑到部分堆石混凝土拱坝参考砌石拱坝进行设计,分别采用表 3.3-6 中砌石拱坝和混凝土拱坝参数取值进行了对比计算,表 3.4-1 给出了绿塘拱坝按年平均温度(加辐射热)封拱、基本组合(1)的计算主应力 σ_1 和 σ_3 的对比。可以看出,分别采用砌石拱坝与混凝土拱坝参数计算得到的应力分布规律相近,二者计算的最大主拉应力分别为 -0.67MPa 和 -0.57MPa,均发生在 797.50m 高程左拱端;最大主压应力分别为 2.61MPa 和 2.39MPa,均发生在 820.00m 高程拱冠梁。两种参数计算的拱坝应力成果大致相当,说明年平均温度封拱时拱坝和基础弹性模量的取值对计算结果影响较小。

表 3.4-2 给出了 4 座拱坝 3 个荷载组合的最大主应力计算结果。可以看出,两种弹性模量取值的应力分布规律相近,按混凝土坝参数取值,温降、温升荷载对应的最大主拉、主压应力均有一定幅度放大。由于中、低坝高的堆石混凝土拱坝,压应力较小,不是控制应力,而混凝土拱坝允许应力为 1.2MPa,比砌石拱坝允许拉应力 1.0MPa 略高。

绿塘参照砌石拱坝或混凝土拱坝计算主应力的对比(单位:MPa,压为正) 表 3.4-1

高程 (m)	以砌石拱坝计算参数计算											
	左拱端				拱冠梁				右拱端			
	上游面		下游面		上游面		下游面		上游面		下游面	
	σ_1	σ_3	σ_1	σ_3	σ_1	σ_3	σ_1	σ_3	σ_1	σ_3	σ_1	σ_3
829.50	0.00	0.23	0.00	0.30	0.00	0.00	0.00	0.00	0.00	0.19	0.00	0.49
820.00	0.04	0.31	0.19	1.07	0.15	2.61	-0.16	0.93	-0.06	0.30	0.21	1.32
812.50	-0.21	0.33	0.36	1.58	0.63	2.16	-0.31	0.42	-0.32	0.37	0.34	1.82
805.00	-0.49	0.43	0.38	1.98	0.96	1.84	-0.37	0.09	-0.54	0.50	0.37	2.27
797.50	-0.67	0.57	0.28	2.18	1.02	1.49	-0.27	-0.08	-0.41	0.79	0.25	1.58
790.00	-0.46	0.92	-0.16	1.74	0.77	1.09	-0.41	0.41	-0.34	0.90	-0.28	1.60
782.50	-0.28	0.96	-0.55	1.68	0.19	0.62	-0.61	1.29	-0.17	0.93	-0.64	1.56
776.00	-0.11	0.51	-0.17	1.79	-0.57	0.04	0.03	2.32	-0.16	0.35	-0.16	1.92

续表

高程 （m）	以混凝土拱坝计算参数计算											
	左拱端				拱冠梁				右拱端			
	上游面		下游面		上游面		下游面		上游面		下游面	
	σ_1	σ_3	σ_1	σ_3	σ_1	σ_3	σ_1	σ_3	σ_1	σ_3	σ_1	σ_3
829.50	−0.17	0.00	0.00	0.08	0.00	0.00	0.00	0.00	−0.23	0.00	0.00	0.39
820.00	−0.14	0.38	0.22	1.07	0.13	2.39	−0.14	0.65	−0.26	0.41	0.24	1.24
812.50	−0.28	0.42	0.33	1.61	0.53	2.20	−0.22	0.26	−0.32	0.49	0.26	1.59
805.00	−0.45	0.51	0.26	1.95	0.83	1.96	−0.25	−0.07	−0.33	0.62	0.13	1.78
797.50	−0.57	0.65	0.08	2.10	0.90	1.63	−0.42	0.46	−0.48	0.59	0.10	2.04
790.00	−0.54	0.82	−0.16	2.07	0.72	1.26	−0.53	0.46	−0.52	0.72	−0.09	2.07
782.50	−0.38	0.87	−0.46	1.94	0.26	0.73	−0.71	1.21	−0.39	0.76	−0.41	1.97
776.00	−0.09	0.60	−0.16	1.73	−0.36	0.04	0.03	2.09	−0.11	0.53	−0.14	1.78

年平均气温封拱的最大主应力计算结果（单位：MPa，压为正）　　表 3.4-2

应力类型		绿塘			龙洞湾			沙千			风光		
		温降	温升	校核	温降	温升	校核	温降	温升	校核	温降	温升	校核
砌石拱坝	σ_1	−0.67	−0.53	−0.63	−0.49	−0.40	−0.42	−0.57	−0.79	−0.83	−0.49	−0.18	−0.18
	σ_3	2.61	2.76	3.12	1.91	2.53	2.62	1.86	2.33	2.50	1.70	1.43	1.46
混凝土拱坝	σ_1	−0.57	−0.42	−0.50	−0.73	−0.55	−0.54	−1.00	−1.21	−1.25	−0.90	−0.39	−0.38
	σ_3	2.39	2.69	2.98	1.91	2.93	3.03	2.16	2.63	2.74	1.90	2.01	2.01

因此，参照混凝土拱坝或者砌石拱坝参数取值的计算结果，对设计体型影响不大。考虑到参照混凝土拱坝参数取值更接近于堆石混凝土拱坝实际，所以本书建议堆石混凝土拱坝体型设计时，拱梁分载法计算参考混凝土拱坝设计规范取值。此外，堆石混凝土计算弹性模量取试验值的 0.6～0.7 倍，无试验参数时可取 20GPa；地基变形模量根据现场试验成果和地质情况参照工程经验取值。

3.4.2　计算封拱温度计算成果

整体浇筑拱坝应该根据拱圈的实际浇筑温度和水化热温升与弹性模量增长过程确定合理的计算封拱温度。本节采用表 3.3-8～表 3.3-11 给出的计算封拱温度进行计算，得到了 4 座拱坝 3 个荷载组合的最大主应力计算成果，见表 3.4-3。比较表 3.4-2 采用年平均气温作为设计封拱温度的计算结果，可以看到：

（1）整体浇筑拱坝由于总体的计算封拱温度显著高于年平均气温，增大了温降荷载，无论是采用砌石拱坝参数还是混凝土拱坝参数，温降工况的最大拉应力都有明显上升。

（2）计算封拱温度明显高于年平均气温，相应的温升荷载应有所减小，绿塘和风光两座拱坝符合这个规律；但龙洞湾和沙千两座拱坝温升工况的最大拉、压应力有较大幅度增加，进一步分析发现最大应力发生部位有所变化，温升荷载造成应力分布有所变化，与两座拱坝的体型有关。

（3）拱坝坝体和基础的弹性模量对温度荷载有较大影响，采用计算封拱温度计算时，4 座拱坝采用混凝土坝参数与砌石坝参数相比，有 3 座拱坝的最大拉应力增量超过 1.0MPa，有 1 座拱坝最大压应力增量超过 1.0MPa。对于中低坝而言，压应力不是控制指标，但按照混凝土坝参数计算的最大拉应力会超过目前国内混凝土拱坝设计规范的控制标准。

（4）本节的封拱温度计算方法中，温度荷载计入了施工期温度影响，更能反映整体浇筑的实际情况，而实际绿塘拱坝并未见裂缝产生，因此抗拉强度控制标准应该适当放宽。

计算封拱温度的最大主应力计算结果（单位：MPa，压为正）　　表 3.4-3

应力类型		绿塘			龙洞湾			沙千			风光		
		温降	温升	校核	温降	温升	校核	温降	温升	校核	温降	温升	校核
砌石拱坝	σ_1	−0.93	−0.77	−0.88	−0.84	−0.79	−0.81	−0.94	−1.06	−1.10	−0.82	−0.37	−0.38
	σ_3	2.43	2.56	2.88	2.07	2.28	2.38	2.11	2.77	2.94	2.00	1.73	1.76
混凝土拱坝	σ_1	−1.65	−0.98	−1.10	−2.05	−1.60	−1.62	−2.13	−2.32	−2.38	−2.10	−0.66	−0.67
	σ_3	2.84	2.89	3.18	2.33	2.41	2.48	2.85	3.98	4.09	2.73	2.40	2.44

如图 3.4-1～图 3.4-3 所示，分别为不同工况下（温降工况、温升工况与复核工况）绿塘水库按混凝土拱坝计算封拱温度的应力分布图。此处需说明的是，图中以每个结点上的 6 个数分别表示：上游坝面第一主应力（主拉）、第二主应力（主压）、主应力方向；下游坝面第一主应力（主拉）、第二主应力（主压）、主应力方向。其中，应力单位为 MPa，主应力方向的角度单位为°，受拉为负。本书中以下所有坝体应力图都符合此规定。

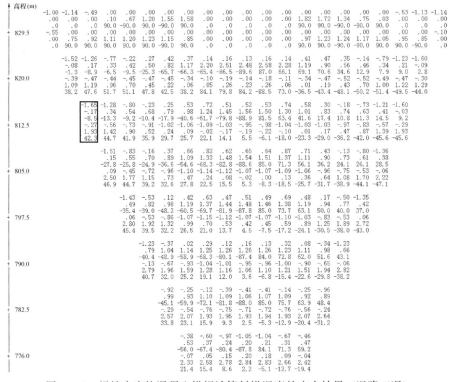

图 3.4-1　绿塘水库按混凝土拱坝计算封拱温度的应力结果（温降工况）

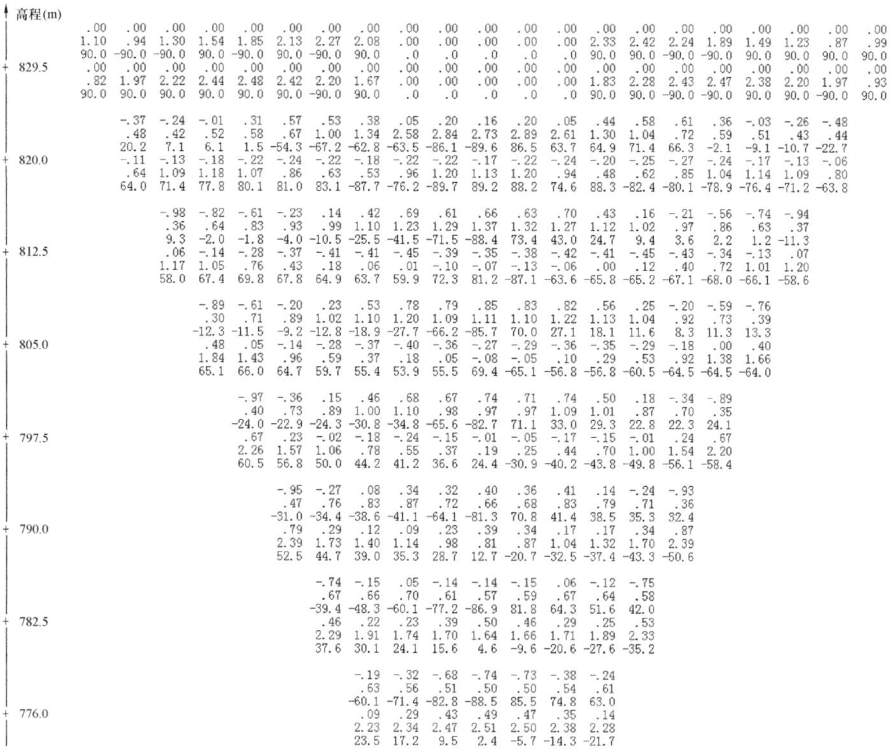
高程(m)
.00 .00 .00 .00 .00 .00 .00 .00 .00 .00 .00 .00 .00 .00 .00 .00 .00 .00 .00 .00 .00
1.10 .94 1.30 1.54 1.85 2.13 2.27 2.08 .00 .00 .00 .00 .00 2.33 2.42 2.24 1.89 1.49 1.23 .87 .99
90.0 -90.0 -90.0 90.0 -90.0 90.0 -90.0 90.0 .0 .0 .0 .0 .0 90.0 90.0 -90.0 -90.0 90.0 90.0 90.0 90.0
829.5 .00 .00 .00 .00 .00 .00 .00 .00 .00 .00 .00 .00 .00 .00 .00 .00 .00 .00 .00 .00 .00
.82 1.97 2.22 2.44 2.48 2.42 2.20 1.67 .00 .00 .00 .00 .00 1.83 2.28 2.43 2.47 2.38 2.20 1.97 .93
90.0 90.0 90.0 90.0 90.0 90.0 -90.0 90.0 .0 .0 .0 .0 .0 90.0 90.0 -90.0 -90.0 90.0 90.0 -90.0 90.0
-.37 -.24 -.01 .31 .57 .53 .38 .05 .20 .16 .20 .05 .44 .58 .61 .36 -.03 -.26 -.48
.48 .42 .52 .58 .67 1.00 1.34 2.58 2.84 2.73 2.89 2.61 1.30 1.04 .72 .59 .51 .43 .44
20.2 7.1 6.1 1.5 -54.3 -67.2 -62.8 -63.5 -86.1 -89.6 86.5 63.7 64.9 71.4 66.3 -2.1 -9.1 -10.7 -22.7
820.0 -.11 -.13 -.18 -.22 -.24 -.22 -.18 -.22 -.22 -.17 -.22 -.24 -.20 -.25 -.27 -.24 -.17 -.13 -.06
.64 1.09 1.18 1.07 .86 .63 .53 .96 1.20 1.13 1.20 .94 .48 .62 .85 1.04 1.14 1.09 .80
64.0 71.4 77.8 80.1 81.0 83.1 -87.7 -76.2 -89.7 89.2 88.2 74.6 88.3 -82.4 -80.1 -78.9 -76.4 -71.2 -63.8
-.98 -.82 -.61 -.23 .14 .42 .69 .61 .66 .63 .70 .43 .16 -.21 -.56 -.74 -.94
.36 .64 .83 .93 .99 1.10 1.23 1.29 1.37 1.32 1.27 1.12 1.02 .97 .86 .63 .37
9.3 -2.0 -1.8 -4.0 -10.5 -25.5 -41.5 -71.5 -88.4 73.4 43.0 24.7 9.4 3.6 2.2 1.2 -11.3
812.5 .06 -.14 -.28 -.37 -.41 -.41 -.45 -.39 -.35 -.38 -.42 -.41 -.45 -.43 -.34 -.13 .07
1.17 1.05 .76 .43 .18 .06 .01 -.10 -.07 -.13 -.06 .00 .12 .40 .72 1.01 1.20
58.0 67.4 69.8 67.8 64.9 63.7 59.9 72.3 81.2 -87.1 -63.6 -65.8 -65.2 -67.1 -68.0 -66.1 -58.6
-.89 -.61 -.20 .23 .53 .78 .79 .85 .83 .82 .56 .25 -.20 -.59 -.76
.30 .71 .89 1.02 1.10 1.20 1.09 1.11 1.10 1.22 1.13 1.04 .92 .73 .39
-12.3 -11.5 -9.2 -12.8 -18.9 -27.7 -66.2 -85.7 70.0 27.1 18.1 11.6 8.3 11.3 13.3
805.0 .48 .05 -.14 -.28 -.37 -.40 -.36 -.27 -.29 -.36 -.35 -.29 -.18 .00 .40
1.84 1.43 .96 .59 .37 .18 .05 -.08 -.05 .10 .29 .53 .92 1.38 1.66
65.1 66.0 64.7 59.7 55.4 53.9 55.5 69.4 -65.1 -56.8 -56.8 -60.5 -64.5 -64.5 -64.0
-.97 -.36 .15 .46 .68 .67 .74 .71 .74 .50 .18 -.34 -.89
.40 .73 .89 1.00 1.10 .98 .97 .97 1.09 1.01 .87 .70 .35
-24.0 -22.9 -24.3 -30.8 -34.8 -65.6 -82.7 71.1 33.0 29.3 22.8 22.3 24.1
797.5 .67 .23 -.02 -.18 -.24 -.15 -.01 -.05 -.17 -.15 -.01 .24 .67
2.26 1.57 1.06 .78 .55 .37 .19 .25 .44 .70 1.00 1.54 2.20
60.5 56.8 50.0 44.2 41.2 36.6 24.4 -30.9 -40.2 -43.8 -49.8 -56.1 -58.4
-.95 -.27 .08 .34 .32 .40 .36 .41 .14 -.24 -.93
.47 .76 .83 .87 .72 .66 .68 .83 .79 .71 .36
-31.0 -34.4 -38.6 -41.1 -64.1 -81.3 70.8 41.4 38.5 35.3 32.4
790.0 .79 .29 .12 .09 .23 .39 .34 .17 .17 .34 .87
2.39 1.73 1.40 1.14 .98 .81 .87 1.04 1.32 1.70 2.39
52.5 44.7 39.0 35.3 28.7 12.7 -20.7 -32.5 -37.4 -43.3 -50.6
-.74 -.15 .05 -.14 -.14 -.15 .06 -.12 -.75
.67 .66 .70 .61 .57 .59 .67 .64 .58
-39.4 -48.3 -60.1 -77.2 -86.9 81.8 64.3 51.6 42.0
782.5 .46 .22 .23 .39 .50 .46 .29 .25 .53
2.29 1.91 1.74 1.70 1.64 1.66 1.71 1.89 2.33
37.6 30.1 24.1 15.6 4.6 -9.6 -20.6 -27.6 -35.2
-.19 -.32 -.68 -.74 -.73 -.38 -.24
.63 .56 .51 .50 .50 .54 .61
-60.1 -71.4 -82.8 -88.5 85.5 74.8 63.0
776.0 .09 .29 .43 .49 .47 .35 .14
2.23 2.34 2.47 2.51 2.50 2.38 2.28
23.5 17.2 9.5 2.4 -5.7 -14.3 -21.7

图 3.4-2　绿塘水库按混凝土拱坝计算封拱温度的应力结果（温升工况）

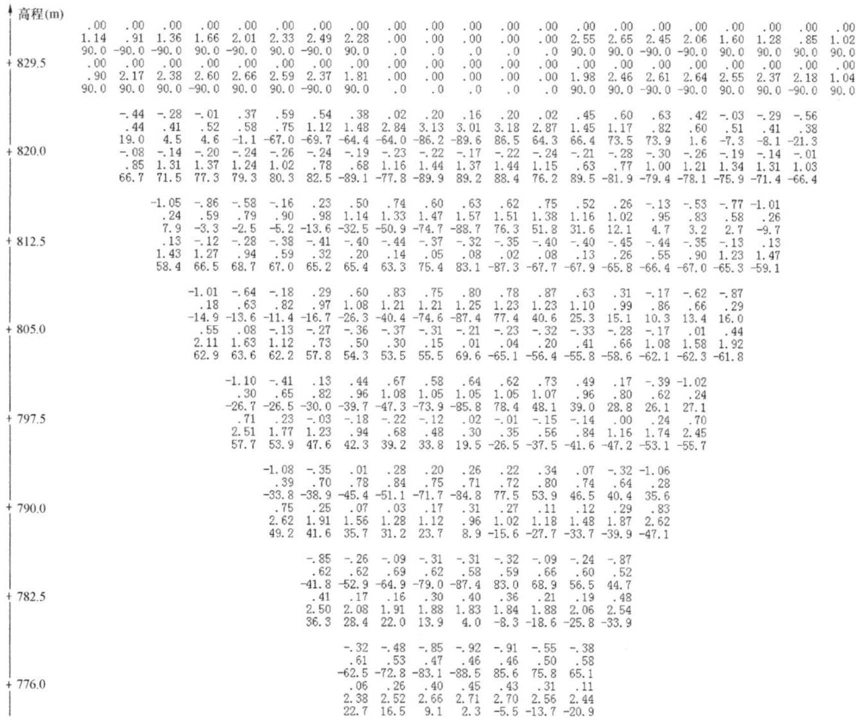
高程(m)
.00 .00 .00 .00 .00 .00 .00 .00 .00 .00 .00 .00 .00 .00 .00 .00 .00 .00 .00 .00 .00
1.14 .91 1.36 1.66 2.01 2.33 2.49 2.28 .00 .00 .00 .00 .00 2.55 2.65 2.45 2.06 1.60 1.28 .85 1.02
90.0 -90.0 -90.0 90.0 -90.0 90.0 -90.0 90.0 .0 .0 .0 .0 .0 90.0 90.0 -90.0 -90.0 90.0 90.0 90.0 90.0
829.5 .00 .00 .00 .00 .00 .00 .00 .00 .00 .00 .00 .00 .00 .00 .00 .00 .00 .00 .00 .00 .00
.90 2.17 2.38 2.60 2.66 2.59 2.37 1.81 .00 .00 .00 .00 .00 1.98 2.46 2.61 2.64 2.55 2.37 2.18 1.04
90.0 90.0 90.0 -90.0 90.0 90.0 -90.0 90.0 .0 .0 .0 .0 .0 90.0 90.0 -90.0 -90.0 90.0 90.0 -90.0 90.0
-.44 -.28 -.01 .37 .59 .54 .38 .02 .20 .16 .20 .02 .45 .60 .63 .42 -.03 -.29 -.56
.44 .41 .52 .58 .75 1.12 1.48 2.84 3.13 3.01 3.18 2.87 1.45 1.17 .82 .60 .51 .41 .38
19.0 4.5 4.6 -1.1 -67.0 -69.7 -64.4 -64.0 -86.2 -89.6 86.5 64.3 66.4 73.5 73.9 1.6 -7.3 -8.1 -21.3
820.0 -.08 -.14 -.20 -.24 -.26 -.24 -.19 -.23 -.22 -.17 -.22 -.24 -.21 -.28 -.30 -.26 -.19 -.14 -.01
.85 1.31 1.37 1.24 1.02 .78 .68 1.16 1.44 1.37 1.44 1.15 .63 .77 1.00 1.21 1.34 1.31 1.03
66.7 71.5 77.3 79.3 80.3 82.5 -89.1 -77.8 -89.9 89.2 88.4 76.2 89.5 -81.9 -79.4 -78.1 -75.9 -71.4 -66.4
-1.05 -.86 -.58 -.16 .23 .50 .74 .60 .63 .62 .75 .52 .26 -.13 -.53 -.77 -1.01
.24 .59 .79 .90 .98 1.14 1.33 1.47 1.57 1.51 1.38 1.16 1.02 .95 .83 .58 .26
7.9 -3.3 -2.5 -5.2 -13.6 -32.5 -50.9 -74.7 -88.7 76.3 51.8 31.6 12.1 4.7 3.2 2.7 -9.7
812.5 .13 -.12 -.28 -.38 -.41 -.40 -.44 -.37 -.32 -.35 -.40 -.40 -.45 -.44 -.35 -.13 .13
1.43 1.27 .94 .59 .32 .20 .14 .05 .08 .02 .08 .13 .26 .55 .90 1.23 1.47
58.4 66.5 68.7 67.0 65.2 65.4 63.3 75.4 83.1 -87.3 -67.7 -67.9 -65.8 -66.4 -67.0 -65.3 -59.1
-1.01 -.64 -.18 .29 .60 .83 .75 .80 .78 .87 .63 .31 -.17 -.62 -.87
.18 .63 .82 .97 1.08 1.21 1.21 1.25 1.23 1.23 1.10 .99 .86 .66 .29
-14.9 -13.6 -11.4 -16.7 -26.3 -40.4 -74.6 -87.4 77.4 40.6 25.3 15.1 10.3 13.4 16.0
805.0 .55 .08 -.13 -.27 -.36 -.37 -.31 -.21 -.23 -.32 -.33 -.28 -.17 .01 .44
2.11 1.63 1.12 .73 .50 .30 .15 .01 .04 .20 .41 .66 1.08 1.58 1.92
62.9 63.6 62.2 57.8 54.3 53.5 55.5 69.6 -65.1 -56.4 -55.8 -58.6 -62.1 -62.3 -61.8
-1.10 -.41 .13 .44 .67 .58 .64 .62 .73 .49 .17 -.39 -1.02
.30 .65 .82 .96 1.08 1.05 1.05 1.05 1.07 .96 .80 .62 .24
-26.7 -26.5 -30.0 -39.7 -47.3 -73.9 -85.8 78.4 48.1 39.0 28.8 26.1 27.1
797.5 .71 .23 -.03 -.18 -.22 -.12 .02 -.01 -.15 -.14 .00 .24 .70
2.51 1.77 1.23 .94 .68 .48 .30 .35 .56 .84 1.16 1.74 2.45
57.7 53.9 47.6 42.3 39.2 33.8 19.5 -26.5 -37.5 -41.6 -47.2 -53.1 -55.7
-1.08 -.35 .01 .28 .20 .26 .22 .34 .07 -.32 -1.06
.39 .70 .78 .84 .75 .71 .72 .80 .74 .64 .28
-33.8 -38.9 -45.4 -51.1 -71.7 -84.8 77.5 53.9 46.5 40.4 35.6
790.0 .75 .25 .07 .03 .17 .31 .27 .11 .12 .29 .83
2.62 1.91 1.56 1.28 1.12 .96 1.02 1.18 1.48 1.87 2.62
49.2 41.6 35.7 31.2 23.7 8.9 -15.6 -27.7 -33.7 -39.9 -47.1
-.85 -.26 -.09 -.31 -.31 -.32 -.09 -.24 -.87
.62 .62 .69 .62 .58 .59 .66 .60 .52
-41.8 -52.9 -64.9 -79.0 -87.4 83.0 68.9 56.5 44.7
782.5 .41 .17 .16 .30 .40 .36 .21 .19 .48
2.50 2.08 1.91 1.88 1.83 1.84 1.88 2.06 2.54
36.3 28.4 22.0 13.9 4.0 -8.3 -18.6 -25.8 -33.9
-.32 -.48 -.85 -.92 -.91 -.55 -.38
.61 .53 .47 .46 .46 .50 .58
-62.5 -72.8 -83.1 -88.5 85.6 75.8 65.1
776.0 .06 .26 .40 .45 .43 .31 .11
2.38 2.52 2.66 2.71 2.70 2.56 2.44
22.7 16.5 9.1 2.3 -5.5 -13.7 -20.9

图 3.4-3　绿塘水库按混凝土拱坝计算封拱温度的应力结果（复核工况）

3.4.3 采用月均封拱温度计算成果

绿塘拱坝施工过程中未采取温控措施，夏季自密实混凝土入仓温度很高，根据绿塘拱坝实际施工情况分析得到夏季施工时拱圈计算封拱温度会达到30℃，采用类似方法估算的其他3座拱坝，计算封拱温度最高也在30℃左右，比年平均气温高出10℃以上，相应的拉应力水平较高，如绿塘为1.65MPa，龙洞湾达到2.05MPa，沙千达到2.13MPa（温降工况）和2.32MPa（温升工况），风光达到2.10MPa。其他3座堆石混凝土整体浇筑拱坝应力水平比绿塘有明显增加，建议在夏季高温时段采取适当措施，如水泥罐遮阳或喷水降温、盛夏季节避开中午和下午高温时段浇筑、仓面堆石后铺布避免太阳直射、仓面喷雾等简易温控措施；还可以优化配合比，堆石入仓时保证堆石率等措施控制水化热温升。假设措施有效，封拱温度有望降至仅略高于月平均气温，称为月均封拱温度（表3.3-8～表3.3-11），参照混凝土坝计算参数取值，重新计算的结果见表3.4-4。

月均封拱温度的最大主应力计算结果（单位：MPa，压为正） 表 3.4-4

应力类型		绿塘			龙洞湾			沙千			风光	
		温降	温升	校核	温降	温升	校核	温降	温升	校核	温降	温升	校核
混凝土拱坝	σ_1	−1.25	−0.63	−0.77	−1.71	−1.28	−1.30	−1.75	−1.60	−1.66	−1.48	−0.53	−0.54
	σ_3	2.62	2.86	3.15	2.78	2.72	2.76	2.57	3.68	3.79	2.27	2.21	2.24

如果采取砌石拱坝计算参数，即使完全不采取温控措施，4个工程的计算封拱温度工况的最大拉应力也均小于1.0MPa，满足砌石拱坝标准要求。如果采用混凝土拱坝计算参数，完全不采取温控措施时，计算封拱温度工况时4座拱坝的最大拉应力达到1.65～2.13MPa，说明贵州地区堆石混凝土整体浇筑拱坝完全不采取温控措施，拉应力水平偏高，可能存在坝面开裂风险。

从图3.4-4～图3.4-8以及表3.4-4中可以看到，在采取温控措施将封拱温度降低到

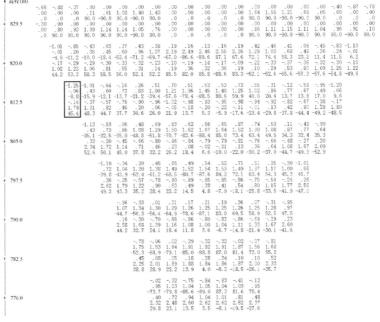

图 3.4-4 绿塘水库采用月均封拱温度的应力结果（温降工况，1.25MPa）

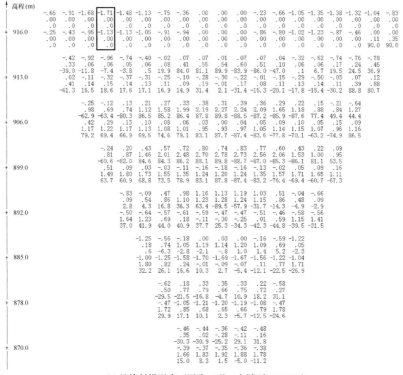

(a) 实际计算封拱温度（温降工况：上游面2.05MPa）

(b) 月均封拱温度（温降工况：上游面1.71MPa）

图 3.4-5　龙洞湾水库按不同封拱温度的应力结果（温降工况）

```
高程(m)
       -1.09  -.98  -.20   .00   .00   .00   .00   .00         .00   .00   .00   .00   .00   .00   .00   .00         .00   .25 -1.08 -1.21
         .00   .00   .00   .52  1.23  1.85  2.27  2.54         .00   .00   .00   .00  2.57  2.28  1.83  1.14   .45   .00   .00   .00
 458.0    .0    .0    .0  90.0 -90.0  90.0  90.0  90.0          .0    .0    .0    .0  90.0 -90.0  90.0  90.0 -90.0   .0    .0    .0
        -.14   .00   .00  1.22  1.48  1.65  1.80  1.87  1.77   .00   .00   .00  1.75  1.83  1.74  1.60  1.48  1.27   .63   .12
          .0  90.0 -90.0  90.0  90.0  90.0  90.0 -90.0 -90.0    .0    .0    .0  90.0 -90.0 -90.0  90.0  90.0  90.0 -90.0  90.0

       -1.70 -1.24  -.56   .13   .32   .33   .32  -.08   .11   .09   .08   .32   .33   .06  -.62 -1.28 -1.79
         .08   .14   .28   .30   .73  1.19  1.31  2.48  2.83  2.72  2.85  2.51  1.33  1.22   .72   .30   .28   .15   .05
 452.0   8.3  -1.5   4.0  13.8  84.7 -88.4 -85.6 -67.5 -38.4  90.0  88.4  67.5  85.3  88.2 -86.1  -8.7  -3.9   1.4  -8.0
        -.46  -.17  -.16  -.14  -.14  -.11  -.08  -.12  -.13  -.09  -.13  -.12  -.08  -.12  -.15  -.16  -.17  -.17  -.34
         .58   .96   .86   .81   .76   .55  1.00  1.11  1.26  1.30   .98   .52   .62   .73   .82   .91  1.05   .63   .12
        35.5  59.1  68.2  70.3  74.2  78.2  84.1 -74.8 -89.6 -90.0  89.7  75.0 -83.0 -76.3 -72.3 -68.9 -67.9 -61.3 -42.7

       -1.97 -1.24  -.64  -.02   .46   .78  1.02   .91   .92   .90  1.02   .80   .50   .01  -.67 -1.25 -2.02
         .10   .58   .81   .93  1.01  1.01  1.22  1.39  1.47  1.40  1.23  1.13  1.03   .95   .81   .61   .13
 440.0   5.6  -1.7   1.2   -.2  -4.8 -24.5 -53.2 -76.9 -89.8  75.8  54.5  27.7   6.6   1.8   -.4   1.9  -5.1
        -.16  -.70  -.78  -.90  -.99 -1.02 -1.10 -1.06 -1.01 -1.07 -1.12 -1.05 -1.05  -.95  -.81  -.69  -.09
        1.37  1.03   .55   .13  -.15  -.27  -.35  -.47  -.48  -.47  -.35  -.28  -.15   .15   .62  1.09  1.50
        43.4  47.0  46.5  39.6  30.3  22.7   .0   -9.6 -22.9 -25.4 -31.1 -40.1 -47.4 -49.1 -48.3

       -1.73 -1.17  -.72  -.20   .13 | .39   .56   .62   .57   .40 |  .15  -.18  -.69 -1.17 -1.70
         .26   .84  1.01  1.12  1.20 |1.28  1.14  1.15  1.14  1.28 | 1.23  1.16  1.07   .90   .37
 430.0  -6.0 -11.6  -8.3  -7.3  -6.7 |-6.2  -4.6   -.1   5.1   6.6 |  7.5   8.3   9.6  12.5   6.2
        -.28  -.71 -1.27 -1.71 -1.94 |-2.07 -2.11 -2.12 -2.13 -2.08|-1.97 -1.75 -1.31  -.69  -.28
        2.00   .95   .37   .06  -.11 |-.26  -.33  -.37  -.33  -.27 | -.13   .04   .36  1.00  2.03
        46.2  41.0  28.4  19.6  15.3 |10.7   5.9   .1   -5.8 -10.8|-15.6 -20.4 -29.7 -43.8 -49.5

       -1.18  -.33   .37   .74   .99   .94   .97   .94  1.00   .94   .56   .38  -.33 -1.19
        1.01  1.17  1.17  1.26  1.39  1.48  1.52  1.49  1.40  1.28  1.21  1.23  1.18
 420.0 -32.8 -33.0 -37.1 -49.2 -64.6 -81.8  90.0  82.2  64.2  49.1  36.9  32.6
         .39  -.38  -.84 -1.10 -1.20 -1.19 -1.17 -1.18 -1.20 -1.12  -.87  -.43   .32
        2.28  1.42   .86   .62   .38   .24   .18   .24   .36   .60   .84  1.39  2.22
        55.5  42.6  30.7  24.3  18.5  10.2   .2   -9.9 -18.5 -24.5 -31.3 -43.6 -57.9

        -.89  -.33   .57   .76   .68   .70   .69   .77   .59   .25  -.87
        1.33  1.34  1.59  1.83  1.94  1.96  1.94  1.84  1.61  1.37  1.35
 410.0 -38.2 -50.6 -68.1 -77.5 -84.6 -89.9  84.7  77.4  68.3  50.8  38.2
         .20  -.47  -.52  -.49  -.40  -.35  -.40  -.49  -.52  -.49   .19
        2.32  1.77  1.46  1.09   .90   .80   .89  1.07  1.44  1.78  2.32
        47.7  37.5  31.8  25.2  14.6   .4  -14.1 -25.0 -31.8 -37.6 -48.0

        -.61  -.01   .26   .30   .35   .30   .26   .01  -.61
         .83   .81   .81   .67   .62   .67   .81   .81   .82
 400.0 -23.5 -34.8 -44.3 -65.1 -89.5  65.0  44.5  35.4  24.1
        -.76 -1.05 -1.10 -1.11 -1.10 -1.05  -.81  -.75
        2.37  1.78  1.58  1.54  1.52  1.54  1.57  1.76  2.36
        34.6  22.2  14.2   7.1   .2   -6.8 -13.9 -21.7 -34.3

        -.30  -.32  -.29  -.17  -.29  -.32  -.30
         .63   .36   .03  -.14   .03   .35   .62
 392.0 -30.4 -32.0 -39.2  -3.6  39.1  32.1  30.8
        -.32  -.26  -.20  -.17  -.19  -.26  -.31
        2.07  2.20  2.30  2.32  2.30  2.21  2.08
        19.4  13.5   6.9   .2   -6.5 -13.2 -19.0
```

(a) 实际计算封拱温度（温降工况：下游面2.13MPa）

```
高程(m)
        -.45  -.49  -.14   .00   .00   .00   .00   .00         .00   .00   .00   .00   .00   .00   .00   .00         .00  -.18  -.56  -.54
         .00   .00   .00   .36   .92  1.41  1.76  2.00         .00   .00   .00   .00  2.03  1.78  1.39   .84   .30   .00   .00   .00
 458.0    .0    .0    .0  90.0 -90.0  90.0  90.0  90.0          .0    .0    .0    .0  90.0 -90.0  90.0  90.0 -90.0   .0    .0    .0
         .13   .51  1.06  1.23  1.35  1.44  1.47  1.37   .00   .00   .00  1.40  1.44  1.40  1.32  1.24  1.11   .68   .34
        90.0  90.0 -90.0  90.0  90.0  90.0  90.0 -90.0 -90.0    .0    .0    .0  90.0 -90.0  90.0  90.0  90.0  90.0 -90.0  90.0

        -.81  -.67  -.17   .20   .30   .30   .30   .20   .02   .30   .31   .30   .30   .27  -.22  -.71  -.88
         .10   .14   .26   .37   .83  1.22  1.33  2.24  2.55  2.47  2.57  2.26  1.35  1.24   .83   .31   .26   .15   .07
 452.0   6.8  -3.1   4.4  81.4  88.3 -88.1 -86.2 -69.7 -89.5  90.0  88.5  69.7  86.0  87.9 -89.0 -70.1  -4.3   3.2  -5.3
        -.04  -.03  -.08  -.07  -.08  -.07  -.05  -.07  -.11  -.09  -.11  -.07  -.06  -.08  -.09  -.08  -.03   .01
         .51  1.05  1.05  1.04   .94   .82   .72  1.03  1.27  1.23  1.26  1.01   .62   .73   .82   .91  1.09  1.14   .71
        50.0  68.0  75.2  76.6  78.9  81.6  85.7 -78.8 -89.9  90.0  89.9  79.0 -85.0 -80.5 -77.9 -75.7 -75.0 -69.4 -57.8

       -1.26  -.76  -.32   .16   .54   .79   .98   .87   .88   .86   .98   .80   .57   .18  -.35  -.78 -1.32
         .26   .63   .81   .92   .99  1.08  1.19  1.31  1.38  1.32  1.20  1.11  1.01   .94   .81   .65   .27
 440.0   5.5  -3.7  -1.3  -4.0 -10.0 -29.4 -53.6 -77.2 -89.7  76.5  54.8  31.8  11.7   5.5   2.0   4.0  -4.7
        -.04  -.46  -.53  -.63  -.72  -.77  -.86  -.83  -.79  -.83  -.87  -.80  -.77  -.67  -.55  -.45   .01
        1.17   .96   .58   .18  -.11  -.23  -.31  -.42  -.43  -.42  -.31  -.19   .64  1.02  1.32
        49.6  53.0  54.2  48.2  37.6  30.8  26.8  12.2   .1  -11.9 -26.7 -30.8 -37.9 -48.2 -54.6 -55.0 -54.2

       -1.14  -.81  -.48  -.21   .43 | .58   .63   .58 |  .44   .23  -.05  -.47  -.81 -1.15
         .41   .92  1.05  1.14  1.20 |1.10  1.11  1.10 | 1.26  1.22  1.17  1.10   .97   .50
 430.0  -8.1 -14.9 -11.4 -10.0  -9.3 |-8.2  -6.4   -.2   6.5|  8.3   9.7  10.8  12.4  15.6   9.2
        -.06  -.38  -.87 -1.30 -1.54 |-1.68 -1.74 -1.75 -1.74|-1.69 -1.57 -1.33  -.91  -.37  -.07
        1.77   .85   .30   .03  -.11 |-.24  -.29  -.32  -.29|  .04   .33   .89  1.81
        51.1  47.4  31.9  20.8  15.9  11.1| 6.1   .1   -5.9|-11.1 -16.1 -21.6 -33.0 -50.2 -54.3

        -.80  -.09   .50   .80   .80   .92   .95   .93  1.00   .81   .51  -.09  -.81
        1.27  1.33  1.33  1.41  1.61  1.57  1.60  1.58  1.52  1.42  1.35  1.37  1.40
 420.0 -38.4 -38.6 -44.5 -55.9 -68.4 -82.0 -89.9  82.5  68.4  56.0  44.2  37.8  37.7
         .59   .01  -.38  -.62  -.70  -.69  -.66  -.68  -.70  -.63  -.41  -.04   .51
        2.21  1.37   .82   .59   .38   .26   .20   .25   .36   .57   .81  1.36  2.16
        64.9  51.7  37.6  29.4  22.7  12.9   .3  -12.5 -22.6 -29.3 -38.1 -52.3 -67.0

        -.59   .36   .64   .80   .70   .72   .71   .81   .66   .36  -.56
        1.52  1.53  1.75  1.93  2.01  2.03  2.01  1.94  1.77  1.56  1.53
 410.0 -42.7 -54.5 -68.7 -77.7 -84.7 -89.9  84.9  77.8  69.1  54.9  42.7
         .56   .00  -.05  -.08   .17   .09  -.04  -.07  -.01   .54
        2.22  1.66  1.37  1.07   .89   .78   .88  1.06  1.36  1.67  2.23
        55.9  43.9  37.8  31.8  20.7   .7  -20.2 -31.8 -37.8 -44.0 -56.0

        -.29   .29   .49   .41   .42   .41   .49   .30  -.29
        1.00   .99  1.04  1.02  1.01  1.02  1.05   .99   .99
 400.0 -30.2 -43.2 -59.9 -78.0 -89.8  78.1  60.3  44.1  31.1
        -.18  -.27  -.35  -.29  -.26  -.29  -.34  -.26  -.16
        2.13  1.67  1.50  1.47  1.44  1.47  1.49  1.66  2.12
        37.1  26.5  18.3   9.6   .3   -9.2 -17.9 -26.1 -36.9

         .16   .13   .02   .01   .02   .13   .15
         .74   .56   .41   .38   .41   .56   .73
 392.0 -35.1 -48.0 -72.6 -89.9  72.8  48.7  36.2
         .02   .20   .33   .38   .31   .21   .04
        1.96  2.06  2.14  2.14  2.14  2.06  1.97
        24.2  17.5   9.1   .2   -8.6 -17.1 -23.8
```

(b) 月均封拱温度（温降工况：下游面1.75MPa）

图 3.4-6　沙千水库按不同封拱温度的应力结果（温降工况）

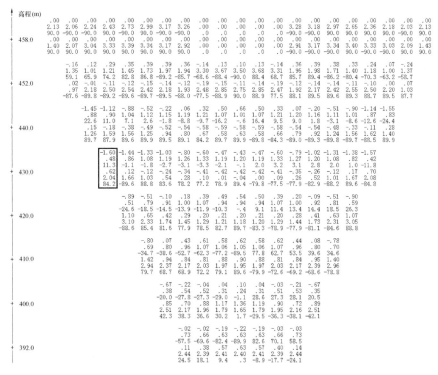

(a) 实际计算封拱温度（温升工况：上游面2.32MPa）

(b) 月均封拱温度（温升工况：上游面1.60MPa）

图 3.4-7　沙千水库按不同封拱温度的应力结果（温升工况）

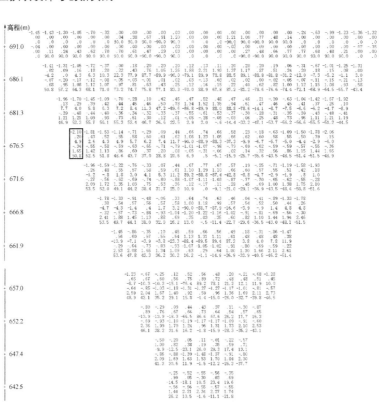

(a) 实际计算封拱温度（温降工况：上游面2.10MPa）

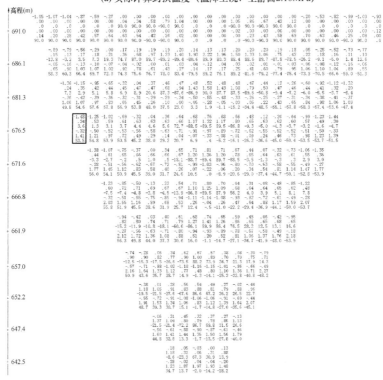

(b) 月均封拱温度（温降工况：上游面1.48MPa）

图 3.4-8 风光水库按不同封拱温度的应力结果（温降工况）

月平均温度后，各个拱坝的最大拉应力均有明显降低，绿塘、龙洞湾、沙千、风光的最大拉应力分别下降到 1.25MPa、1.71MPa、1.75MPa 和 1.48MPa，无论是上、下游面还是温升、温降工况下均低于 2.0MPa。在夏天施工采取适当的温控措施，将堆石混凝土拱坝的封拱温度控制到月平均气温的水平，则 4 座拱坝的最大拉应力会明显下降，下降幅度为 0.4～0.8MPa。因此，对于贵州地区的整体浇筑堆石混凝土拱坝，推荐在夏季高温施工季节采用适当的辅助温控措施。

上述计算结果再次说明，对于整体浇筑拱坝，包括整体浇筑的碾压混凝土拱坝和砌石拱坝，采用混凝土坝参数进行计算封拱温度复核非常必要，可为工程提供有价值的温控措施建议。但目前工程经验较少，其应力控制标准仍需进一步深入研究，本书建议按照 1.5～2.0MPa 控制。

3.4.4　坝基变形模量影响

为了进一步研究坝基变形模量对计算结果的影响，绿塘拱坝还采用混凝土坝计算参数，在月均封拱温度条件下，对坝基变形模量进行了参数敏感性分析（表 3.4-5）。可以看出，地基变形模量的变化对应力水平有一定影响，但影响不大，在合理范围内。地基变形模量从 10GPa 升高到 14GPa，增幅最大的是温降工况的最大拉应力，从 1.25MPa 升高到 1.41MPa。在整体浇筑拱坝设计时，建议坝基变形模量参照《混凝土拱坝设计规范》SL 282—2018，根据地质工程师的建议取值。

绿塘拱坝不同地基变形模量的应力计算结果（单位：MPa，压为正）　　表 3.4-5

| 应力 | 坝基变形模量 | | | | | | | | |
| | 10GPa | | | 12GPa | | | 14GPa | | |
	温降	温升	校核	温降	温升	校核	温降	温升	校核
σ_1	−1.25	−0.63	−0.77	−1.34	−0.68	−0.82	−1.41	−0.72	−0.88
σ_3	2.62	2.86	3.15	2.74	2.76	3.05	2.84	2.69	2.97

3.4.5　堆石混凝土热膨胀系数的影响

堆石混凝土热膨胀系数与堆石的岩性密切相关，前述计算中，堆石混凝土热膨胀系数取为 $7\times10^{-6}℃^{-1}$，考虑 4 个计算案例工程的骨料均为灰岩，热膨胀系数应小于 $7\times10^{-6}℃^{-1}$，取不同的热膨胀系数，按月均封拱温度计算绿塘拱坝的应力（表 3.4-6）。可以看出，热膨胀系数对应力水平有一定影响，特别是对温降工况，当热膨胀系数从 $7\times10^{-6}℃^{-1}$ 下降到 $5\times10^{-6}℃^{-1}$ 时，最大拉应力从 1.25MPa 下降到 0.94MPa，拉应力减小幅度与热膨胀系数的减小幅度接近。在整体浇筑拱坝设计时，堆石混凝土热膨胀系数可根据堆石岩性和自密实混凝土热膨胀系数，按照贵州地方标准《堆石混凝土拱坝技术规范》DB52/T 1545—2020 附录 C.1.2 条进行计算。

绿塘拱坝不同热膨胀系数的应力计算结果（单位：MPa，压为正）　　表 3.4-6

| 应力 | 堆石混凝土热膨胀系数（$\times10^{-6}℃^{-1}$） | | | | | | | | |
| | 7 | | | 6 | | | 5 | | |
	温降	温升	校核	温降	温升	校核	温降	温升	校核
σ_1	−1.25	−0.63	−0.77	−1.09	−0.62	−0.75	−0.94	−0.61	−0.74
σ_3	2.62	2.86	3.15	2.54	2.79	3.09	2.51	2.73	3.04

3.5 堆石混凝土拱坝设计规范要求

根据上述拱梁分载法计算结果，《堆石混凝土拱坝技术规范》DB 52/T 1545—2020 制定出整体浇筑堆石混凝土拱坝的相关计算规则：

（1）堆石混凝土拱坝体形设计时，应力分析宜采用拱梁分载法，也可采用有限元法，其允许应力应符合《混凝土拱坝设计规范》SL 282—2018 的有关规定。

（2）拱坝应力分析应采用坝体混凝土持续弹性模量进行计算，坝体混凝土持续弹性模量可采用混凝土试件瞬时弹性模量的 0.6～0.7 倍。

（3）传统柱状法施工，按照设计封拱温度（如年平均气温）进行封拱灌浆的拱坝，采用拱梁分载法封拱灌浆计算时可假设无施工期应力。温度荷载以封拱灌浆温度起算，自重荷载由悬臂梁系统承担。其允许应力应符合《混凝土拱坝设计规范》SL 282—2018 的有关规定，封拱温度的选择应考虑堆石混凝土水化温升特点。

（4）采用拱梁分载法分析整体浇筑的堆石混凝土拱坝应力时，除应符合第（3）条的设计规范规定外，还应考虑整体浇筑的施工期应力进行拱坝应力复核，相应的允许应力标准初步可按照 1.5～2.0MPa 控制。

① 应根据拱坝实际浇筑温度估算拱坝每个拱圈的计算封拱温度，拱圈计算封拱温度可取堆石混凝土入仓温度与 1/3～1/4 堆石混凝土水化热温升之和，即 $T_a = T_{RFC} + (1/3 \sim 1/4)\Delta T$；

② 堆石混凝土入仓温度可取浇筑时月平均气温与高自密实性能混凝土入仓温度的平均值，即 $T_{RFC} = (\overline{T}_{month} + \overline{T}_{HSCC})/2$；

③ 温度荷载以计算封拱温度起算至稳定温度场之差值，拱圈自重荷载和水压荷载由拱梁共同分载，计算各截面主应力。

（5）由于混凝土拱坝的参数取值更接近于拱坝坝体和地基的实际试验参数，建议整体浇筑堆石混凝土拱坝设计的计算参数，参照混凝土拱坝的设计取值。

（6）若采用混凝土拱坝计算参数，整体浇筑堆石混凝土拱坝完全不采取温控措施时的拉应力水平偏高，夏季适当采取温控措施将封拱温度降低至月平均气温时，则最大拉应力明显降低。

3.6 本章小结

本章内容基于拱梁分载法的基本理论，采用浙江大学 ADAO 分析软件，结合绿塘、龙洞湾和沙千 3 座单曲堆石混凝土整体浇筑拱坝，以及风光 1 座双曲堆石混凝土整体浇筑拱坝，采用多种计算条件进行了拱梁分载法的坝体应力分析。针对拱圈封拱温度的选取，自重荷载处理方式，坝体与地基材料参数对拱坝应力的影响等开展了研究，对 4 座拱坝的坝体应力分布安全性进行了论证，最终提出了整体浇筑堆石混凝土拱坝的拱梁分载法应力复核方法及其控制标准。

按照本章建议的参数取值、拱圈封拱温度进行整体浇筑堆石混凝土拱坝拱梁分载法计算，能较好地反映整体浇筑拱坝的施工实际，以及包含施工期应力的坝体实际应力分布，所以拉应力水平会高于采用传统拱梁分载法按照年平均气温作为封拱灌浆温度而不计施工期应力时的应力水平。因此，采用本章建议的拱梁分载法复核计算时，建议最大允许拉应力按照 1.5～2.0MPa 控制，比《混凝土拱坝设计规范》SL 282—2018 规定的标准增加 0.5～0.7MPa；大型工程可采用偏低值，中小工程采用偏高值。本章提出的应力分析方法除可以应用于整体浇筑堆石混凝土拱坝以外，未来在不断积累实际工程经验和数据的基础上，可提出更合理的控制标准，并推广到整体浇筑的碾压混凝土拱坝和砌石拱坝，具有重要参考价值。

第4章　堆石混凝土拱坝材料性能研究

4.1　高自密实性能混凝土配合比优化设计

高自密实性能混凝土（以下简称 HSCC）的配合比设计参数指标试验研究，目的是在满足设计标准前提下获得低水泥用量、低水化热、高自密实性能指标的 HSCC 最优配合比，为下一步开展堆石混凝土坝温度变化过程研究打下基础，更为后续的堆石混凝土坝体不分缝或少分缝提供技术支撑和理论依据。

根据贵州省第一座堆石混凝土坝（余庆县打鼓台水库）堆石率 57％和单方高自密实混凝土 167kg 水泥用量换算，得到单方堆石混凝土水泥用量为 71.8kg。但其 HSCC 试块抗压强度检测及评定的结果表明：大部分试块强度的检测值大于设计值且偏高。由于混凝土抗压强度与配合比参数中的水胶比，尤其是水泥用量存在直接关系，说明打鼓台水库所使用的高自密实性能混凝土配合比中的单方水泥用量偏高，不利于降低坝体水化热，也不利于控制混凝土材料成本。因此，开展了进一步优化 HSCC 配合比的研究，以达到在满足设计强度指标下最大限度地降低单方水泥用量、减小大坝混凝土水化热的目的。本节结合室内试验以及工程实例成果，探索 HSCC 配合比设计优化思路，提出适用于贵州地区的自密实性能优异、经济性最佳、水泥用量低（低水化热）的 HSCC 推荐配合比。

4.1.1　配合比设计技术指标

根据《胶结颗粒料筑坝技术导则》SL 678—2014，进行堆石混凝土高自密实性能混凝土配合比设计。混凝土配合比试验所采用的水泥、粉煤灰要满足《通用硅酸盐水泥》GB 175—2007 和《用于水泥和混凝土中的粉煤灰》GB/T 1596—2017 的要求；减水剂要满足《混凝土外加剂》GB 8076—2008 的要求；骨料各项指标应满足《水工混凝土施工规范》SL 677—2014 的要求。高自密实性能混凝土配合比设计应满足以下主要技术指标：

（1）配合比计算采用绝对体积法，单位体积高自密实性能混凝土用水量一般以 170～200kg 范围为宜。

（2）水粉比根据粉体的种类和掺量有所不同，体积比宜取 0.80～1.15，单位体积粉体量宜为 0.16～0.20m³。

（3）单位体积粗骨料量一般在 0.27～0.33m³ 范围内为宜，细骨料的体积一般占砂浆体积的 45±3％，骨料均以饱和面干状态为基准。

（4）混凝土试验用强制式混凝土搅拌机，外加剂掺量应根据专用高自密实性能混凝土试配结果确定，高自密实性能混凝土的含气量宜为 1.5％～4.0％。

（5）高自密实性能混凝土的状态按照表 4.1-1 性能指标控制。

高自密实性能混凝土性能指标 　　　　　　　　　表 4.1-1

检测项目	坍落度（mm）	坍落扩展度（mm）	V 漏斗时间（s）	自密实性能稳定性（h）
指标	260～280	650～750	7～25	≥1

4.1.2　早期堆石混凝土配合比设计

　　贵州省目前已经有几十座堆石混凝土坝，包括重力坝和拱坝，表 4.1-2 为部分完建工程的水泥用量统计表。值得说明的是，堆石率仅为工程现场的粗略估计值，可能会存在误差。单方堆石混凝土水泥用量在 60.7～75.7kg/m³ 之间。

部分完建堆石混凝土坝水泥用量统计表 　　　　　表 4.1-2

坝型	项目名称	建设情况	单方 HSCC 水泥用量（kg/m³）	堆石率	单方堆石混凝土（RFC）水泥用量（kg/m³）
重力坝	打鼓台水库	蓄水	167	57%	71.8
	石坝河水库	完建	139	53%	65.3
	猫溪沟水库	蓄水	139	52%	66.7
	富强水库	完建	138	56%	60.7
	蔺家坪水库	蓄水	132	53%	62.0
拱坝	绿塘水库	完建	142	53%	66.7
	沙千水库	蓄水	134	53%	62.9
	风光水库	蓄水	161	53%	75.7
	桃源水库	蓄水	142	53%	66.7
	龙洞湾水库	蓄水	148	53%	69.6

　　以最早的打鼓台水库为例，大坝为 $C_{90}15$ 堆石混凝土重力坝，采用的 HSCC 配合比如表 4.1-3 所示，混凝土强度评定结果如表 4.1-4 所示。打鼓台水库高自密实性能混凝土累计成型试块有 101 组，最小值为 16.8MPa，满足规范规定的优良标准（>13.5MPa）；离差系数为 0.17，满足规范规定的优良标准（<0.18）；保证率为 99.0%，满足规范规定的优良标准（≥85%）。因此，混凝土强度评定结果为优良。但是，经评定 HSCC 强度保证率远超过规定的优良标准值，不仅增加了材料成本，而且也不利于控制坝体混凝土水化温升，增大了坝体开裂的风险。因此，在保证设计强度前提下进行配合比优化设计，降低水泥用量是十分有必要的。

贵州省打鼓台水库 HSCC 配合比数据 　　　　　　表 4.1-3

原材料类型	水泥	粉煤灰	细骨料	粗骨料	水	外加剂
配合比用量（kg/m³）	167	322	992	655	186	7.3
品牌/规格	江葛水泥 P.O42.5	茶园电厂 F 类 II 级	II 区粗砂 $M_x=3.2$	碎石 5～20mm	自来水	HSNG-T

打鼓台水库高自密实性能混凝土试块强度评定结果 表 4.1-4

评定依据	《水工混凝土施工规范》SL 677—2014 《水利水电工程施工质量检验与评定规程》SL 176—2007			
评价项目	计算结果	合格标准		结论
		优良	合格	
样本量（组）	101	—	—	
最小值（MPa）	16.80	＞13.5	＞12.75	优良
平均值（MPa）	24.91	—	—	
标准差（MPa）	4.29	—	—	
抗压强度标准值	15.00	—	—	
概率度系数	2.32	—	—	
保证率	99.0%	≥85%	≥80%	优良
离差系数	0.17	＜0.18	＜0.22	优良

之后的贵州正安县猫溪沟水库，大坝为 $C_{90}15$ 堆石混凝土重力坝。针对打鼓台配合比及强度检测情况，在猫溪沟水库进一步优化 HSCC 配合比方案，并通过试验对混凝土强度进行检测，得到 HSCC 配合比试验数据如表 4.1-5 所示。猫溪沟水库有针对性地通过降低水粉比，在满足强度标准的条件下减少粉体材料尤其是水泥用量，获得自密实性能优良、低水泥用量、低水化热的 HSCC 配合比。表 4.1-5 中各组配合比试验水泥用量与 90d 抗压强度的关系如图 4.1-1 所示。其中，6 号配合比为猫溪沟水库大坝推荐 HSCC 配合比，其成型试块的标准立方体抗压强度达到 18.1MPa，可满足 $C_{90}15$ 的设计要求；成型试块的抗渗、抗冻等级满足设计要求；最后，其自密实混凝土内单方水泥用量 139kg，按照 52% 堆石率换算，堆石混凝土内单方水泥用量 66.7kg，也是较少的。

猫溪沟水库 HSCC 配合比试验数据统计 表 4.1-5

序号	水粉比	水泥掺量（%）	砂率（%）	石子体积（L）	外加剂掺量（%）	单方水泥用量（kg）	SF0 (mm)	SF30 (mm)	SF60 (mm)	抗压强度检测（MPa）			
							VF0 (mm)	VF30 (mm)	VF60 (mm)	3d	7d	28d	90d
1	1.0	30.0	45	280	0.98	179	690	710	720				
							堵	堵	堵				
2	0.9	22.0	46	260	1.14	140	650	630	610				
							堵	堵	堵				
3	0.9	22.0	44	230	1.14	151	660	650	630				
							33.2	堵	堵				
4	0.9	23.0	44	210	1.14	162	700	720	700	6.1	9.2	15.2	18
							98.2	10.5	11.4				
5	0.85	20.0	44	210	1.14	145	660	680	670	6.8	10.2	17	20.4
							13.5	15.6	17.4				

序号	水粉比	水泥掺量（%）	砂率（%）	石子体积（L）	外加剂掺量（%）	单方水泥用量（kg）	SF0 (mm)	SF30 (mm)	SF60 (mm)	抗压强度检测（MPa）			
							VF0 (mm)	VF30 (mm)	VF60 (mm)	3d	7d	28d	90d
6	0.85	20.0	46	210	1.16	139	680	700	685	6.3	9.4	15.3	18.1
							15.4	18.2	20.4				
7	0.85	18.0	46	210	1.16	125	670	690	680	5.4	7.9	13.6	16.3
							13	14.1	21.3				
8	0.8	18.0	46	210	1.21	129	690	710	720	5.8	8.7	14.5	18.9
							21.4	26.7	33.5				
9	0.95	28.0	44	200	0.94	194	690	710	720				19.1
							7.3	8.2	9				
10	1.0	30.0	42	190	0.88	213	700	730	720				19.7
							6.2	6.8	8.2				

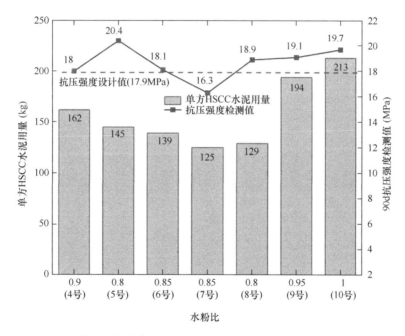

图 4.1-1　猫溪沟水库各组配合比试验水泥用量与 90d 抗压强度的关系

通过对比打鼓台水库和猫溪沟水库的配合比，发现猫溪沟水库浇筑 HSCC 累计成型试块 101 组，抗压强度检测平均值为 18.64MPa，满足规范规定的优良标准（＞13.5MPa），且小于打鼓台水库平均值 24.91MPa；猫溪沟水库 HSCC 抗压强度统计得出离差系数为 0.08，满足规范规定的优良标准（＜0.18），且小于打鼓台水库的 0.17；猫溪沟水库 HSCC 抗压强度统计得出标准差为 0.74，远小于打鼓台水库的 4.29；猫溪沟水库坝体浇筑 HSCC 的抗压强度评定为优良，其抗压强度分布相比打鼓台水库更为合理，但其强度保证率依然偏高，表明配合比设计还具备进一步的优化空间。

4.1.3 堆石混凝土拱坝 HSCC 配合比

近年来，整体浇筑堆石混凝土拱坝陆续建设了好几座，均在前述打鼓台水库、猫溪沟水库的基础上不断积累材料配合比经验，逐步优化配合比以降低水泥用量，又满足大坝混凝土强度要求。5 座堆石混凝土拱坝的实际生产配合比见表 4.1-6，由表可知，每个工程的高自密实性能混凝土配合比都有所差异，水泥用量也差别较大，这与实际工程的原材料类型和性质有非常大的关系。

以沙千水库为例，该拱坝也采用一级配 $C_{90}15$ 堆石混凝土，设计抗渗标准为 W6，抗冻等级 F50。该工程选用习水赛德水泥有限公司生产的赛德牌普通硅酸盐水泥 P.O42.5（3100kg/m³)，二郎电厂粉煤灰开发有限公司生产的 Ⅱ 级粉煤灰（2200kg/m³)，细骨料采用灰岩加工的人工砂（表观密度 2700kg/m³)，粗骨料采用砂岩加工的 5～20mm 碎石（表观密度 2670kg/m³)。现场采用石英砂岩、灰岩进行骨料生产，保证材料供应的同时也可控制材料成本达到最低。沙千拱坝的高自密实性能混凝土配合比设计大胆采用水粉比0.9，最终施工配合比见表 4.1-6，单方堆石混凝土水泥用量降低到 62.9kg/m³。

堆石混凝土拱坝 HSCC 配合比数据　　　　　　　　　表 4.1-6

	原材料类型	水泥	粉煤灰	细骨料	粗骨料	水	外加剂
沙千拱坝	配合比用量（kg/m³)	134	278	1044	641	178	6.6
	品牌/规格	赛德水泥 P.O42.5	二郎电厂 F 类 Ⅱ 级	人工砂 $M_x=3.2$	碎石 5～20mm	河水	HSNG-T
绿塘拱坝	配合比用量（kg/m³)	142	289	1173	571	160	6.5
	品牌/规格	中绥水泥 P.O42.5	鸭溪电厂 F 类 Ⅱ 级	人工砂 $M_x=2.9$	碎石 5～20mm	河水	HSNG-T
凤光拱坝	配合比用量（kg/m³)	154	331	1042	567	180	6.4
	品牌/规格	瑞溪水泥 P.O42.5	鸭溪电厂 F 类 Ⅱ 级	人工砂 $M_x=3.1$	碎石 5～20mm	河水	HSNG-T
龙洞湾拱坝	配合比用量（kg/m³)	148	265	1054	621	185	6.5
	品牌/规格	遵义海螺 P.O42.5	重庆多吉 F 类 Ⅱ 级	人工砂 $M_x=3.1$	碎石 5～20mm	河水	HSNG-T
桃源拱坝	配合比用量（kg/m³)	142	266	1086	648	181	6.1
	品牌/规格	仡山水泥 P.O42.5	鸭溪电厂 F 类 Ⅱ 级	人工砂 $M_x=2.8$	碎石 5～20mm	河水	HSNG-T

注：M_x 是指砂的细度模数，HSNG-T 是一种聚羧酸高性能减水剂（缓凝型）型号。

4.1.4　适用贵州地区的 HSCC 配合比

通过总结分析各个工程案例与室内试验成果，结合贵州地区混凝土原材料之间的普适性，遵义院提出了适用于贵州地区的满足设计强度指标、自密实性能优异的 HSCC 配合比用量区间，见表 4.1-7。当外掺合料采用石粉与粉煤灰占比为 3：7 时，材料成本最低、配合比经济性最佳；当采用纯粉煤灰掺合料时，混凝土单方水泥用量最低，成本接近最优值；当采用 60％以上石粉掺合料时，混凝土成本最高，且单方水泥用量大幅上涨，混凝土水化放热高，不推荐使用。因此，推荐采用 30％以下石粉掺合料的 HSCC 配合比，可达到满足设计强度指标、自密实性能优良、单方水泥用量低、材料成本低的要求。

贵州地区适用的 HSCC 配合比用量区间及相应成本　　　　表 4.1-7

设计强度指标	外掺合料比例	水泥 C (kg/m³)	石粉 LP (kg/m³)	粉煤灰 FA (kg/m³)	砂 S (kg/m³)	5～20mm 石(kg/m³)	水 W (kg/m³)	外加剂 AD (kg/m³)	材料成本 (元/m³)
$C_{90}15$ W6F50	100％LP	200～220	230～250	0	1090～1140	600～640	180～190	7.5～8.0	211.4～227.6
	LP：FA＝6：4	180～200	140～160	80～100	1090～1140	600～640	180～190	7.0～7.5	208.7～228.5
	LP：FA＝3：7	150～170	80～100	160～180	1070～1120	620～660	170～180	6.0～6.5	198.6～218.4
	100％FA	120～140	0	260～280	1070～1120	620～660	165～175	6.0～6.5	201.2～220.0
$C_{90}20$ W8F100	100％LP	225～245	200～220	0	1090～1140	600～640	180～190	7.5～8.0	219.4～235.6
	LP：FA＝6：4	205～225	130～150	70～90	1090～1140	600～640	180～190	7.0～7.5	215.9～235.7
	LP：FA＝3：7	175～195	70～90	150～170	1070～1120	620～660	170～180	6.0～6.5	205.8～225.6
	100％FA	145～165	0	240～260	1070～1120	620～660	165～175	6.0～6.5	207.1～225.9

4.2　原材料对自密实混凝土性能影响研究

4.2.1　试验原材料规格及产地

更进一步地，结合配套的室内试验采用控制变量法，探究不同原材料性能指标对混凝土材料用量（含水泥）、性能参数的影响机理，得出原材料的最佳性能指标区间，完善配合比设计优化理论。本节试验所采用的原材料如表 4.2-1 所示，其中掺合料引入了粉煤灰和石粉两种，粗、细骨料均来自遵义料场。

试验采用的原材料一览表　　　　　　　　　　表 4.2-1

原材料	水泥	粉煤灰	细骨料	粗骨料	石粉	外加剂
规格	P. O42.5、P. S. A 32.5	F 类 Ⅱ级、Ⅲ级	中砂、粗砂、细砂	5～20mm、5～25mm	<200 目	缓凝型
品牌/厂家	贵州"中绥"水泥	贵州"鸭溪"粉煤灰	遵义料场	遵义料场	遵义料场	HSNG-T

4.2.2 水泥用量对混凝土立方体抗压强度的影响

为了反映混凝土单方水泥用量与混凝土立方体抗压强度的影响效应，试验配合比的用量参数及强度检测结果见表 4.2-2、表 4.2-3，两者之间的关系曲线如图 4.2-1 所示。对比不同水泥用量 28d 与 90d 龄期混凝土强度变化过程，混凝土饱和抗压强度增长速率随水泥用量增加而变快。当水泥用量较低时，强度增长幅度较小，水泥用量增大时强度增加幅度较大。虽然抗压强度随着水泥用量不断增大，但并不是线性趋势；以满足 $C_{90}15$ 强度指标为例，最优水泥用量可控制在约 105kg。

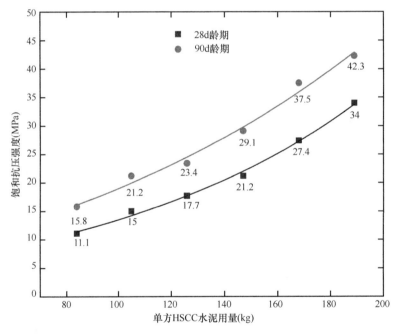

图 4.2-1　混凝土立方体抗压强度与水泥用量关系图

不同水泥用量配制的 HSCC 配合比（单位：kg/m³）　　　　　表 4.2-2

编号	水泥	粉煤灰	中砂	5～20mm 小石	水	外加剂
X1	84	403	822	760	175	6.41
2	105	388	822	760	175	6.65
3	126	373	822	760	175	6.65
4	147	358	822	760	175	6.84
5	168	343	822	760	175	6.91
X2	189	329	822	760	175	7.09

标准养护条件下混凝土立方体抗压强度（单位：MPa）　　表 4.2-3

编号	3d	7d	28d	90d
X1	3.7	7.7	11.1	15.8
2	6.0	10.1	15.0	21.2
3	7.2	12.1	17.7	23.4
4	8.4	15.0	21.2	29.1
5	11.4	17.7	27.4	37.5
X2	13.3	21.1	34.0	42.3

4.2.3　石粉取代粉煤灰对混凝土立方体抗压强度的影响

由于人工砂生产破碎后通常含有一定量的石粉（粒径小于 $75\mu m$），石粉含量一般在 $5\%\sim15\%$，由于石粉粒径与胶凝材料接近，因此在进行配合比设计时通常用人工砂中含粉等体积取代粉煤灰作为惰性掺合料使用。但由于粉煤灰具有水化活性，理论上采用石粉取代粉煤灰可能会造成混凝土强度降低，同时人工砂中石粉含量的差异也会影响取代量，因此设计了 4 组取代量分别为 0、25%、50% 和 75% 的配合比，通过检测混凝土各龄期标准养护强度，研究石粉取代粉煤灰对混凝土立方体抗压强度的影响，见表 4.2-4、表 4.2-5 和图 4.2-2。

不同石粉取代量的 HSCC 配合比（单位：kg/m^3）　　表 4.2-4

编号	水泥	石粉	粉煤灰	中砂	5～20mm 小石	水	外加剂
2 号	105	0	388	822	760	175	6.65
6 号	105	119	291	822	760	175	6.14
7 号	105	238	194	822	760	175	5.73
8 号	105	357	97	822	760	175	6.01

标准养护条件下混凝土立方体抗压强度（单位：MPa）　　表 4.2-5

编号	3d	7d	28d	90d
2 号	6.0	10.1	15.0	21.2
6 号	5.8	9.4	15.7	22.8
7 号	5.5	9.7	14.3	20.7
8 号	4.3	7.1	12.3	15.7

可知，当石粉对粉煤灰取代量不超过粉煤灰原有掺量的 50% 时，不会对混凝土的各龄期混凝土立方体抗压强度产生显著影响；而使用石粉取代 75% 的粉煤灰时，混凝土抗压强度会显著降低。出现这种情况主要是由于堆石混凝土采用的高自密实性能混凝土本身技术特点，以及大坝混凝土设计强度等级较低这两方面因素。粉煤灰作为胶凝材料，在混凝土中主要通过"二次水化"效应，提高混凝土的中后期强度增长率。粉煤灰"二次水化"是指粉煤灰与硅酸盐水泥水化反应生成的氢氧化钙在水参与反应的条件下，生成水化硅酸钙凝胶，进而提高混凝土强度。在这一反应过程中除需要水的参与外，粉煤灰和氢氧

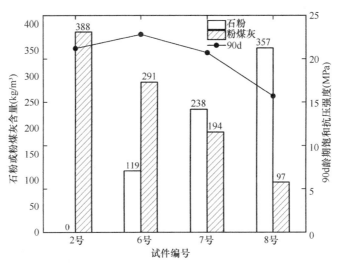

图 4.2-2　石粉、粉煤灰用量与 90d 龄期饱和抗压强度关系

化钙的相对比例关系就决定了水化产物生产的数量，并直接影响混凝土强度。

在堆石混凝土采用的高自密实性能混凝土中，具有水泥用量低、粉煤灰掺量大的特点。由低用量水泥水化生成的氢氧化钙是相对不足的，且远小于混凝土中全部粉煤灰进行"二次水化"所需要的氢氧化钙的数量。这就造成大量的粉煤灰实际上并不能真正发生水化反应，与混凝土中实际为惰性的粉体材料相同。因此，适当使用石粉取代粉煤灰并不会导致混凝土强度降低。

4.2.4　粉煤灰品质对混凝土水泥用量的影响

（1）粉煤灰净浆试验

为研究不同品质粉煤灰对混凝土水泥用量的影响，分别采用Ⅱ级的原状粉煤灰（原状灰）与磨细粉煤灰（磨细灰），以及Ⅱ级粉煤灰与Ⅲ级粉煤灰对比展开试验，得到的相关试验数据见表 4.2-6、表 4.2-7。

不同品种粉煤灰性能检测数据　　　　　表 4.2-6

粉煤灰编号	类型	需水量比（%）	细度（%）	烧失量（%）	等级
F1	原状灰	99	13.1	2.4	Ⅱ
F2	磨细灰	101	12.3	2.1	Ⅱ
F3	原状灰	101	32.2	1.8	Ⅲ
F4	原状灰	104	20.1	8.4	Ⅲ

不同品种粉煤灰净浆试验数据　　　　　表 4.2-7

粉煤灰编号	水粉比	水泥掺量（%）	净浆扩展度（mm）	净浆 V 漏斗时间（s）	外加剂掺量（%）
—	1.00	100	220	2.01	0.55
F1	0.80	20	230	2.14	0.45

续表

粉煤灰编号	水粉比	水泥掺量（%）	净浆扩展度（mm）	净浆 V 漏斗时间（s）	外加剂掺量（%）
F2	0.95	20	225	2.33	0.47
F3	1.05	20	240	2.29	0.56
F4	1.20	20	230	2.11	0.67

由表中数据可看出，对比 F1 和 F2 两种灰的各项检测数据近似，但在净浆扩展度与 V 漏斗时间检测数据近似条件下，原状灰的净浆水粉比显著低于磨细灰；F3 粉煤灰与两种 II 级粉煤灰的需水量比、烧失量相近，但其粗颗粒较多，其净浆水粉比、外加剂掺量均高于 F1、F2，因此，细度可作为影响需水量、外加剂吸附量的一个指标；F4 号粉煤灰由于含碳量大（烧失量最大），因此净浆水粉比、外加剂掺量是各种粉煤灰中最大的；对比两表中的需水量比、水粉比、外加剂掺量这三项指标后发现，虽然 4 种粉煤灰需水量比均满足 II 级粉煤灰要求，但在水粉比、外加剂掺量方面却存在显著差别，这表明现有规范《用于水泥和混凝土中的粉煤灰》GB/T 1596—2017 中对于粉煤灰需水量比的检测方法，并不能完全体现粉煤灰对浆体黏性以及外加剂吸附量的影响。由于高自密实性能混凝土对浆体性能要求高于普通混凝土，因此建议在进行原材料选择、进场检测时，进行粉煤灰净浆试验检测净浆的扩展度和 V 漏斗时间，以更为准确地评价粉煤灰性能。

（2）粉煤灰混凝土试验

由于各种粉煤灰性能不同，为保证混凝土工作性能满足 $C_{90}15$ 高自密实性能混凝土的各项要求，因此本阶段试验中，使用不同粉煤灰配制混凝土的水粉比、水泥掺量等参数均存在差异。HSCC 配合比详情见表 4.2-8，标准养护条件下混凝土立方体抗压强度见表 4.2-9。由表中数据可知，各组混凝土单位体积用水量不断提高，在达到相似的抗压强度时水泥用量也不断增加，且与用水量正相关。

总结粉煤灰的研究，可得出性能良好的粉煤灰能显著降低浆体水粉比，进而减少混凝土用水量。而对于性能不满足 II 级要求的粉煤灰来说，其净浆的水粉比与纯水泥净浆相比显著增大，并由此显著提高了混凝土用水量。因此，性能良好的粉煤灰是减少混凝土用水量、水泥用量的重要因素。建议至少采用 II 级及以上等级的原状粉煤灰，且增加粉煤灰净浆试验，在 V 漏斗时间 2～3s、净浆水粉比小于 0.85 的配合比参数下，相同设计强度等级的混凝土可显著降低水泥用量。

使用不同粉煤灰配制的 HSCC 配合比（单位：kg/m³）　　　　表 4.2-8

编号	水泥	粉煤灰	中砂	5～20mm 小石	水	外加剂
2 号	105	388	822	760	175	6.65
9 号	138	315	822	760	198	6.42
10 号	147	298	822	760	202	7.33
11 号	174	251	822	760	215	8.06

标准养护条件下混凝土立方体抗压强度（单位：MPa）　　　表 4.2-9

编号		3d	7d	28d	90d
2 号	F1	6.0	10.1	15.0
9 号	F2	6.2	9.7	15.1
10 号	F3	5.4	8.1	14.4
11 号	F4	5.3	7.9	14.1

4.2.5　粗骨料超径率对 HSCC 工作性能的影响

《胶结颗粒料筑坝技术导则》SL 678—2014 中规定，配制高自密实性能混凝土应采用最大粒径不超过 20mm 的粗骨料，但在实际生产过程中通常存在一定数量的超径率。在中低强度等级高自密实性能混凝土中，骨料粒径对混凝土强度及耐久性能并无显著影响，因此本试验仅检测骨料最大粒径对混凝土工作性能的影响。由于 V 漏斗出口尺寸为 65～75mm，当骨料粒径大于出口尺寸时必然无法通过漏斗，因此本试验选用粒径在 20～25mm 范围内碎石作为粗骨料中的超径颗粒。超径颗粒的品种、来源均与 5～20mm 碎石相同。混凝土配合比参数见表 4.2-10，不同超径含量配合比的 HSCC 工作性能检测见表 4.2-11 和图 4.2-3。

由图表结果可知，当粗骨料超径量不断增加时，相同用量下粗骨料颗粒数量、比表面积不断降低；混凝土中粗骨料表面润湿水不断减少，砂浆流动性增加，同时混凝土在无障碍自由流动过程中粗骨料颗粒碰撞的几率降低，综合这两点因素导致混凝土流动性呈现出小幅增大的趋势。但由于混凝土中大粒径颗粒数量增多，自密实砂浆无法对较大粒径颗粒进行包裹润滑，因此在 V 漏斗试验过程中混凝土通过间隙、障碍时，得不到砂浆包裹、润滑的粗骨料相互碰撞，导致流动阻力增加，延长了 V 漏斗通过时间，在极端情况下还可能出现堵塞。因此，随着石子超径率的不断增加，混凝土坍落度有减小趋势，扩展度、V 漏斗时间不断增加，整体表现为间隙通过性显著降低、流动性小幅提高，骨料外露情况显著增多。当粗骨料超径不超过 20％时，不会对高自密实性能混凝土的工作性能造成负面影响，但该结论仅限于最大粒径不大于 25mm 时。

混凝土配合比参数　　　表 4.2-10

水粉比	水泥掺量（％）	砂率（％）	粗骨料用量（L/m³）	外加剂掺量（％）
0.8	15	42	280	1.35

混凝土工作性能检测结果　　　表 4.2-11

配合比编号	超径含量（％）	坍落度（mm）	扩展度（mm）	V 漏斗时间（s）
2 号	0	270	715	16.05
12 号	10	260	720	13.54
13 号	20	260	700	17.22
14 号	40	255	740	22.47
15 号	60	255	765	41.70

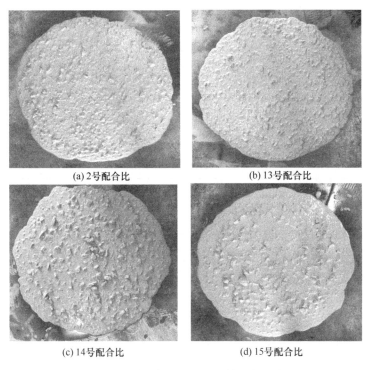

(a) 2 号配合比　　　　　　　　　　(b) 13 号配合比

(c) 14 号配合比　　　　　　　　　　(d) 15 号配合比

图 4.2-3　不同配合比的混凝土扩展度试验照片

4.2.6　粗骨料逊径率对 HSCC 工作性能的影响

试验采用与 5~20mm 碎石的品种、来源均相同，粒径在 2.5~5mm 范围的颗粒，作为粗骨料逊径颗粒进行试验。相关试验数据见表 4.2-12、表 4.2-13。由表可知，虽然石子逊径与超径类似，不会对混凝土硬化性能产生明显影响。但与超径不同的是，随着粗骨料中逊径颗粒的增加，混凝土流动性能、间隙通过性能均出现显著下降，且下降幅度大于超径对混凝土性能的影响。产生性能劣化的主要原因是随着逊径率的提高，相同用量下骨料颗粒数量、比表面积增加，粗骨料对表面润湿水、包裹砂浆数量要求增多，在流动过程中颗粒碰撞增多，因此导致混凝土自密实性能下降。结合数据显示，建议粗骨料的逊径含量不应大于 8%。

混凝土配合比参数　　　　　　　　　　　　　　　　　表 4.2-12

水粉比	水泥掺量（%）	砂率（%）	粗骨料用量（L/m³）	外加剂掺量（%）
0.8	15	42	280	1.35

混凝土工作性能检测结果　　　　　　　　　　　　　　　表 4.2-13

配合比编号	逊径含量（%）	坍落度（mm）	扩展度（mm）	V 漏斗时间（s）
2 号	0	270	715	16.05
16 号	5	265	700	16.11
17 号	10	260	660	20.43
18 号	15	255	610	33.19
19 号	20	250	585	堵塞

4.2.7 粗骨料针片状含量对 HSCC 性能影响

采用相同母材与级配但针片状含量不同的 4 种碎石，作为混凝土粗骨料。采用 2 号配合比参数试拌 4 组混凝土，检测混凝土工作性能及立方体抗压强度，具体检测数据见表4.2-14、表 4.2-15。由表中数据可知，随着粗骨料的针片状含量提高，混凝土 V 漏斗通过时间呈现增长趋势；当针片状含量达到 10％后，虽然在抗压强度方面并未造成显著影响，但混凝土 V 漏斗性能显著降低。

混凝土工作性能检测结果　　　　　　　　　　　　　表 4.2-14

配合比编号	针片状含量（％）	坍落度（mm）	扩展度（mm）	V 漏斗时间（s）
新 3	0.0	265	720	14.39
2	5.2	270	715	16.05
新 4	10.0	260	670	24.39
新 5	15.0	255	640	57.14
新 6	20	245	580	堵塞

混凝土抗压强度检测结果　　　　　　　　　　　　　表 4.2-15

配合比编号	3d	7d	28d	90d
新 3	5.1	10.4	16.1	21.7
2	6.0	10.1	15	21.2
新 4	6.3	8.6	13.5	20.8
新 5[*]	5.7	9.4	15.5	19.9
新 6[*]	5.2	10.0	14.1	19.2

注：[*] 表示采用振动成型，保证试件密实度。

4.2.8 细骨料 MB 值对 HSCC 性能影响

以基准人工砂（满足 2 区中砂）为基础，通过向砂中掺入适量泥土，模拟不同亚甲蓝（MB）值的人工砂，并进行试验检测混凝土工作性能及立方体抗压强度，相关试验数据如表 4.2-16～表 4.2-18 所示。

不同人工砂 MB 值检测结果　　　　　　　　　　　　表 4.2-16

砂编号	1 号	2 号	3 号	4 号
MB 值	0.25	0.75	1.2	2.0

混凝土配合比参数及自密实性能检测结果（不同砂 MB 值）　　表 4.2-17

砂编号	水粉比	砂率（％）	石子用量（L/m³）	外加剂掺量（％）	坍落度（mm）	扩展度（mm）	V 漏斗通过时间（s）
1 号基准砂				1.35	270	715	16.05
2 号				1.41	270	720	15.03
3 号	0.80	42	280	1.70	265	695	17.33
4 号				2.19	265	680	22.03

标准养护混凝土立方体抗压强度（单位：MPa）　　　表 4.2-18

砂编号	3d	7d	28d	90d
1 号基准砂	6.0	10.1	15.0	21.2
2 号	5.0	9.9	16.4	22.0
3 号	5.9	11.4	14.9	20.6
4 号	5.1	8.9	13.7	18.2

由表中数据可知，随着 MB 值不断增加，混凝土外加剂用量显著提高，同时采用 4 号砂配制的混凝土黏性增加，混凝土 V 漏斗时间延长。抗压强度方面，除采用 4 号砂配制混凝土的强度略低外，其余 3 组强度相近，表明 MB 值按照规范要求不大于 1.4 时，对混凝土抗压强度不会造成明显影响。

4.2.9 细骨料细度模数对 HSCC 配合比影响

为研究不同细度模数的细骨料对混凝土性能影响，配制了两种细度模数分别为 2.0、3.4 的人工砂，与 1 号基准砂进行对比，检测配制混凝土的各自性能。由于细骨料级配对混凝土水粉比、粗骨料用量以及外加剂掺量均有影响，故分别采用 3 种砂进行满足 HSCC 性能要求的混凝土配合比设计试验，分析不同细度模数的细骨料对混凝土配合比的影响，相关数据见表 4.2-19 和表 4.2-20。

由表可知，与基准砂相比，采用细度模数 2.0（细砂）的 5 号砂，其配合比中水粉比较大、砂率降低，但粗骨料掺量较高；5 号细砂混凝土虽然粉体用量最少，但水泥用量、外加剂用量最高，配合比经济性最差，混凝土水化温升也高。相对地，采用细度模数 3.4（粗砂）的 6 号砂，混凝土砂率较高但粗骨料用量较低，外加剂掺量与基准组相近；6 号粗砂混凝土的粉体用量及总骨料用量，与 1 号基准砂相似。粗砂比基准砂配制混凝土的 V 漏斗时间略大，细砂比基准砂配制混凝土的外加剂掺量高。考虑到贵州地区大多料场产砂的含粉量均大于 10%，粉体总量可低至 400kg 以内，其粗砂混凝土的配合比经济性还有很大的优化空间。

混凝土配合比参数及自密实性能检测结果（不同砂细度模数）　　表 4.2-19

砂编号	水粉比	水泥掺量（%）	砂率（%）	石子用量（L/m³）	外加剂掺量（%）	坍落度（mm）	扩展度（mm）	V 漏斗时间（s）
1 号基准砂	0.80	15%	42	280	1.35	270	715	16.05
5 号细砂	0.95	26%	40	320	1.55	260	700	17.21
6 号粗砂	0.80	15%	44	240	1.38	260	695	19.19

三种不同砂细度模数对应的混凝土配合比（单位：kg/m³）　　表 4.2-20

砂编号	水泥	粉煤灰	砂	石	水	外加剂
1 号基准砂	105	388	822	760	175	6.65
5 号细砂	164	300	738	869	187	7.26
6 号粗砂	107	393	910	651	179	7.00

注：本次试验所用砂的含粉量等体积替代粉煤灰的折算系数为 5%。

4.2.10 原材料试验小结

对上述原材料性能指标试验的相关数据进行汇总分析，研究提出适用于 HSCC 配合比优化设计的原材料性能指标区间，汇总结果如表 4.2-21 所示。

基于 HSCC 配合比优化设计的原材料性能指标试验总结　　表 4.2-21

编号	原材料	试验研究方向	试验结论	推荐适用 HSCC 的性能指标区间
1	水泥	不同水泥强度对混凝土水泥用量的影响	P.O 42.5 水泥混凝土的单方水泥用量及材料成本显著低于 P.S.A 32.5 水泥	普硅 P.O42.5
2		同强度等级不同水泥用量对混凝土抗压强度的影响	抗压强度随着水泥用量不断增大而增大	
3	石粉	石粉取代粉煤灰对混凝土立方体抗压强度的影响	当石粉对粉煤灰取代量不超过粉煤灰原有掺量的 50% 时，不会对混凝土的各龄期混凝土立方体抗压强度产生显著影响	取代量不超过粉煤灰原有掺量的 50%
4	粉煤灰	粉煤灰品质对混凝土水泥用量的影响	1. 至少采用Ⅱ级及以上等级的原状粉煤灰；2. 现有规范不能完全体现粉煤灰对浆体黏性的影响；3. 建议增加粉煤灰净浆试验，在 V 漏斗时间 2~3s、净浆水粉比小于 0.85 的配合比参数下，相同设计强度等级的混凝土可显著降低水泥用量	粉煤灰净浆的水粉比不大于 0.85，V 漏斗时间 2~3s
5	粗骨料	粗骨料超径率对 HSCC 工作性能的影响	随着石子超径率的增加，混凝土间隙通过性显著降低、流动性小幅提高，骨料外露情况显著增多	超径率不超过 20%；逊径率不大于 10%；针片状含量不大于 10%
6		粗骨料逊径率对 HSCC 工作性能的影响	随着石子逊径颗粒的增加，混凝土流动性能、间隙通过性能均出现显著下降	
7		针片状含量对 HSCC 工作性能的影响	随着粗骨料针片状含量提高，虽然在抗压强度方面并未造成显著影响，但混凝土 V 漏斗性能显著降低	
8	细骨料	MB 值对 HSCC 性能影响	随着 MB 值不断增加，外加剂用量显著提高，混凝土黏性增加、V 漏斗时间延长；MB 值不超过 2.0 时对混凝土抗压强度影响有限	中粗砂，细度模数范围 2.4~3.2（适当放宽），含粉量范围 10%~18%，超径率不大于 10%，MB 值不大于 2.0
9		细度模数对 HSCC 配合比影响	细砂混凝土配合比经济性最差，混凝土水化温升最高；粗砂混凝土配合比经济性有很大的优化空间	

4.3 砂岩堆石料及混凝土组合骨料研究与应用

4.3.1 依托工程与研究背景

堆石混凝土的堆石料一般要求质地坚硬，但也有利用软岩和在软岩基础上修建堆石混凝土坝的成功案例，如红层地区四川省七一水库（重力坝，35.8m，完建）、贵州省沙千水库（拱坝，66m，蓄水）。在软岩基础上建设大坝，最大的问题是坝基应力和抗滑稳定性，坝基垫层混凝土一般设置更厚。软岩作堆石料的前提是优化开采爆破参数、严格控制入仓块石粒径，石料饱和抗压强度不小于 25MPa。此外，沙千水库首次在 HSCC 配合比中，采用了石英砂岩制小石子、石灰岩制砂的组合骨料，充分利用当地材料。沙千水库工程现场生产试验、RFC 大试件试验和钻孔取芯（图 4.3-1）的结果表明，软岩在堆石混凝土中的应用是可行的。

图 4.3-1 软岩筑坝成功案例——沙千堆石混凝土拱坝

沙千水库位于贵州省赤水市境内，是一座堆石混凝土单曲拱坝，最大坝高 66m，工程为Ⅳ等小（1）型水库。坝体堆石混凝土总用量 12 万 m^3，其中，高自密实性能混凝土用量约 5.6 万 m^3。坝址出露地层为白垩系上统夹关组下段（K_2j^1）及第四系地层，夹关组下段第一层地层 K_2j^{1-1} 和夹关组下段第二层 K_2j^{1-2}。出露岩性主要为中厚至巨厚层钙质岩屑石英砂岩、岩屑石英砂岩夹粉砂岩、泥岩。堆石料通过料场自采砂岩运输至坝前冲洗后塔机入仓，堆石平均饱和抗压强度 53.3MPa，大坝采用不分横缝、全断面整体上升的方式浇筑混凝土。沙千水库基于红层地区的坝址特性，分别采用了砂岩作为堆石料，以及砂岩机制组合骨料两项材料创新技术。

（1）砂岩堆石料。沙千水库所在的赤水市红层地区缺乏灰岩料，如果修建堆石混凝土坝时堆石料采用灰岩，则需要从 75km 外的习水县外运，运输成本较高，大大增加了工程投资。因此，在项目前期工作时，结合相关规范开展了砂岩作为堆石料的系列研究，经过严格论证后获得了项目可研及初步设计批复。

（2）混凝土组合骨料。初步设计审批时，沙千坝体堆石混凝土的砂石骨料方案为外购习水县城东面采石场的灰岩料加工，运输距离长达 75km。项目开工后，一方面由于环保问题，习水县周边大多料场关停，导致料源供不应求，沙千水库建设用料得不到保障；另一方面，工程所在地至习水县之间的官渡大桥配套公路迟迟未完建，运输条件受限，部分原材料被迫绕道运输，运距增大、成本增加。因此，最终选择了充分利用当地材料，用石英砂岩制小石子、石灰岩制砂的组合骨料。

4.3.2 砂岩堆石料试验研究

沙千工程于 2019 年 4 月获得初步设计批复，前期设计时主要根据《堆石混凝土筑坝技术导则》NB/T 10077—2018 第 3.1 节、《水利水电工程天然建筑材料勘察规范》SL 251—2015 第 6.3 节要求，选择堆石混凝土筑坝材料的堆石料。前者导则 NB/T 10077—2018 规定，堆石宜选用完整、质地坚硬的石料，堆石的饱和抗压强度宜满足表 4.3-1 的要求；堆石宜使用块石或漂石，不宜使用片状、板状岩块；堆石的最小粒径不宜小于 300mm，最大粒径不应超过结构断面最小边长的 1/4，也不宜大于浇筑层厚；堆石表面含泥量不应大于 0.2%等。后者规范（SL 251—2015）规定，堆石料原岩的适用性应根据质量技术指标、设计要求及工程经验进行综合评价，质量技术指标宜符合表 4.3-2 的规定。

堆石的饱和抗压强度要求（NB/T 10077—2018）　　　　表 4.3-1

堆石混凝土强度等级	$C_{90}10$	$C_{90}15$	$C_{90}20$	$C_{90}25$	$C_{90}30$	$C_{90}35$
堆石的饱和抗压强度（MPa）	≥30	≥40		≥50	≥60	≥70

堆石料原岩质量技术指标（SL 251—2015）　　　　表 4.3-2

序号	项目	指标	备注
1	饱和抗压强度	>30MPa	可视地域、设计要求调整
2	软化系数	>0.75	
3	冻融损失率（质量）	<1%	
4	干密度	>2.4g/cm³	

按照沙千水库料场的石料岩性，划分为钙质石英砂岩、岩屑石英砂岩、长石岩屑石英砂岩三种（图 4.3-2）。对料场开采出的堆石料随机抽样，选择了 9 组砂岩样品，开展其物理和力学性能检测试验，主要包括块体密度（干、自然、饱和状态）、饱和抗压强度、软化系数、波速等指标，试验检测结果见表 4.3-3。由表中数据可知，9 组砂岩的平均干抗压强度为 65.67MPa，平均自然抗压强度为 60.37MPa，平均饱和抗压强度为 52.23MPa，远远大于表 4.3-1 中的 40MPa 要求和表 4.3-2 中的 30MPa 要求，满足堆石料的强度要求。砂岩的软化系数测得为 0.80，大于表 4.3-2 中规定的 0.75 要求；砂岩的干密度平均值约为 2.55 g/cm³，大于表 4.3-2 中规定的 2.4g/cm³。根据试验结果，发现部分长石岩屑石英砂岩的表面含泥量偏高（图 4.3-2），可能大于 0.2%

的要求；长石砂岩的饱和抗压强度离散性较大，选作堆石料时要认真挑选。因此，最终沙千水库的堆石料，选用了满足规范要求的钙质石英砂岩、岩屑石英砂岩及质量良好的长石岩屑石英砂岩。图 4.3-3 为沙千堆石混凝土拱坝施工现场的仓面堆石料，解决了红层地区堆石料源缺乏的问题。

图 4.3-2 沙千水库料场石料分类与选择

沙千砂岩的物理和力学性能检测指标结果　　　　表 4.3-3

编号	取样部位	块体密度（g/cm³）			抗压强度（MPa）			波速（m/s）	软化系数	高径比
		干	自然	饱和	干	自然	饱和			
1	料场		2.55	2.56			52.1		0.80	2：1
2	料场		2.53	2.54			51.8			
3	料场		2.55	2.55			52.8			
4	料场	2.54	2.56		64.6					2：1
5	料场	2.57	2.59		65.5					
6	料场	2.55	2.57		66.9					
7	料场		2.55			61.9		4100		2：1
8	料场		2.54			60.5		4400		
9	料场		2.56			58.7		4300		

4.3.3 组合骨料检测试验研究

（1）试验原材料

由于料场主要出露白垩系上统夹关组（$K_2j^{1-1-1} \sim K_2j^{1-1-2}$）石英砂岩夹粉砂岩，故砂石骨料方案的调整同时考虑了石英砂岩及粉砂岩，并研究其可行性，其余原材料情况见表 4.3-4。

图 4.3-3　沙千水库仓面堆石料（砂岩）

沙千水库原材料特性统计　　　　　　　　　　表 4.3-4

原材料	规格/性能	厂家/产地/品牌
水泥	普通硅酸盐水泥 P.O 42.5	习水赛德水泥有限公司，表观密度 3100g/cm³
粉煤灰	F 类 Ⅱ 级	二郎电厂粉煤灰开发有限公司，表观密度 2200g/cm³
砂	人工砂	灰岩（外购）；粉砂岩（料场自产）、石英砂岩（料场自产）
砂岩	5～20mm 碎石	灰岩（外购）；粉砂岩（料场自产）、石英砂岩（料场自产）
外加剂	聚羧酸高性能减水剂（缓凝型）	北京华石纳固科技有限公司，型号 HSNG-T（常规、新型）

（2）粉砂岩母岩

考虑到石英砂岩夹粉砂岩，首先研究了粉砂岩加工成骨料的可行性，从而决定是否纳入后续试验研究。粉砂岩加工成细骨料、粗骨料的性能检测数据分别见表 4.3-5 和表 4.3-6。由表可知，沙千水库采用料场粉砂岩加工成粗、细骨料后，各项性能检测指标基本不满足规范要求。

粉砂岩加工细骨料性能检测数据　　　　　　　表 4.3-5

母岩材质	细度模数	MB 值	石粉含量（%）	表观密度（g/cm³）	超径含量（%）	饱和面干吸水率（%）
粉砂岩	2.0	3.1	29.2	2510	2.9	2.7
规范要求	2.4～3.2	≤1.4	12～18	≥2500	≤2	≤2
结论	不满足	不满足	不满足	满足	不满足	不满足

粉砂岩加工粗骨料性能检测数据　　　　　　　表 4.3-6

母岩材质	表观密度（g/cm³）	压碎指标（%）	饱和面干吸水率（%）
粉砂岩	2490	18	2.4
规范要求	≥2550	≤16	≤1.5
结论	不满足	不满足	不满足

（3）石英砂岩母岩

针对沙千水库砂石骨料的调整，进一步确定了以下两种方案：方案一为纯石英砂岩骨料，即坝体堆石混凝土粗骨料和细骨料均采用料场自采的石英砂岩作为母岩；方案二为组合骨料，即坝体堆石混凝土粗骨料采用料场自采的石英砂岩加工，细骨料维持习水县外购灰岩加工。根据拟定方案，将石英砂岩母岩及加工后的粗、细骨料委托给有资质的检测单位进行检测试验，相应结果见表 4.3-7、表 4.3-8。

石英砂岩加工细骨料的性能检测数据统计 表 4.3-7

母岩材质	细度模数	MB 值	石粉含量（%）	表观密度（g/cm³）	超径含量（%）	饱和面干吸水率（%）
石英砂岩	2.4	1.8	20	2670	0	1.0
规范要求或建议值	2.4~3.2	≤1.4	12~18	≥2500	≤2	≤2
结论	满足	不满足	不满足	满足	满足	满足

石英砂岩加工粗骨料的性能检测数据统计 表 4.3-8

原材料类别	指标	单位	检测值	规范要求（SL 251—2015）	结论
母岩	饱和抗压强度	MPa	51.8~52.8	>40	均满足要求
	软化系数	—	0.8	>0.75	
	干密度	g/cm³	2.54~2.57	>2.4	
	冻融损失率（质量）	%	0.10~0.13	<1%	
	碱活性（快速砂浆棒法）	%	0.07（14d）	<0.1%（14d）	
	硫酸盐及硫化物含量	%	0.25	<1%	
加工成石子	表观密度	kg/m³	2670	≥2550	
	含泥量	%	0.6	≤1%	
	吸水率	%	1.4	≤1.5	
	针片状含量	%	2	≤8%	
	泥块含量	—	0	不允许	
	超径含量	%	0	≤5%	
	逊径含量	%	0	≤10%	
	压碎指标	%	16	≤16	

根据细骨料的各项检测数据可知，若采用石英砂岩作为高自密实性能混凝土细骨料，亚甲蓝指标 MB 值和石粉含量不满足要求。而根据粗骨料各项检测数据可知，若采用石英砂岩作为高自密实性能混凝土粗骨料，各项检测指标均满足规范要求。由于亚甲蓝指标 MB 值主要反映小于 0.075mm 细粒中泥质含量，而高自密实混凝土中掺入一定量的石粉可以取代部分粉煤灰用量，上述指标可通过增加外加剂用量以促使达到高自密实混凝土性态。但是，考虑到加工过程中细骨料的泥质含量难以控制，同时增加外加剂用量也会带来成本的增加。因此，最终选定了更为经济可靠、节省工期的组合骨料方案，即石英砂岩粗骨料＋灰岩细骨料。

4.3.4 组合骨料对 HSCC 影响研究

（1）组合骨料对高自密实混凝土配合比的影响

表 4.3-9 为采用不同骨料方案的沙千水库高自密实性能混凝土配合比。方案 1 为粗、细骨料均采用石英砂岩；方案 2 为上述组合骨料方案，即细骨料为灰岩、粗骨料为石英砂岩；方案 3 为粗、细骨料均采用灰岩。由表中数据可知，采用组合骨料时的各原材料用量与纯灰岩料方案相近，同时水泥用量和外加剂用量明显低于纯砂岩料方案，因此，混凝土水化热和材料成本得到进一步降低。

沙千水库坝体高自密实混凝土配合比（单位：kg/m³）　　　表 4.3-9

序号	细骨料	粗骨料	水泥	砂	石子 （一级配）	水	粉煤灰	外加剂 HSNG-T
1	石英砂岩	石英砂岩	156	1011	641	184	265	8.1
2	灰岩	石英砂岩	134	1044	641	178	278	6.6
3	灰岩	灰岩	132	1023	675	181	274	6.6

（2）组合骨料对高自密实混凝土力学性能及耐久性的影响

由室内及现场试验结果可知，坝体高自密实混凝土采用组合骨料方案，满足 C₉₀15 高自密实混凝土的相关物理力学指标及耐久性要求（表 4.3-10）。

坝体高自密实混凝土试块力学性能指标及耐久性检测值　　　表 4.3-10

砂石骨料方案	试块类别	抗压强度（MPa）				抗渗等级	抗渗等级
		7d	20d	28d	90d		
组合骨料	室内试验	11.0	‰	21.7	25.6	W6	F50
	现场试验	‰	14.8	16.9	21.2	（90d）	（90d）

（3）组合骨料对高自密实混凝土性态的影响

由沙千水库现场的自密实混凝土检测试验结果可知，若高自密实混凝土采用组合骨料，其各项工作性能指标满足《堆石混凝土拱坝技术规范》DB52/T 1545—2020 相关要求（表 4.3-11）。

坝体高自密实混凝土性能指标检测值　　　表 4.3-11

项目	坍落扩展度（mm）	V 漏斗通过时间（s）
现场测值	700～720	10～11
规范要求	650～720	10～22

（4）组合骨料对线膨胀系数的影响

混凝土随环境温度变化而产生的膨胀或收缩变形称为温度变形。除外界气温影响外，混凝土温度变形主要取决于混凝土的线膨胀系数，而混凝土温度变形是产生裂缝的主要原因。因此，降低混凝土温度变形同样需要重点关注混凝土线膨胀系数。根据试验数据可知，采用组合骨料可有效降低混凝土线膨胀系数，且与纯灰岩骨料线膨胀系数相接近（表 4.3-12）。

（5）组合骨料对绝热温升的影响

根据《混凝土拱坝设计规范》SL 282—2018，混凝土绝热温升公式简化为：

$$\theta(\tau) = \theta_0 \times (1 - e^{-m\tau}) \tag{4.3-1}$$

不同骨料自密实混凝土线膨胀系数检测值　　　　表 4.3-12

序号	细骨料	粗骨料	线膨胀系数（℃⁻¹）
1	石英砂岩	石英砂岩	10×10^{-6}
2	灰岩	石英砂岩	6.86×10^{-6}
3	灰岩	灰岩	6.75×10^{-6}

利用最小二乘法拟合出自密实混凝土绝热温升指数公式，再结合堆石混凝土的非均质材料特性，进一步推导出了堆石混凝土绝热温升公式如下：

$$\theta_{SCC} = 29.2\times(1-e^{-0.442\tau'}) \tag{4.3-2}$$

$$\theta_{RFC} = \frac{1}{1+\dfrac{V_{rock}\rho_{rock}C_{rock}}{V_{scc}\rho_{scc}C_{scc}}}\theta_{SCC} \tag{4.3-3}$$

式中，θ_{RFC} 和 θ_{SCC} 分别为堆石混凝土和自密实混凝土的绝热温升值（℃）；τ 和 τ' 为自密实混凝土的龄期（单位分别为 d 和 h）；V_{rock}、V_{scc} 分别为堆石和自密实混凝土的体积（m³）；ρ_{rock}、ρ_{scc} 分别为堆石和自密实混凝土的密度（kg/m³）；C_{rock}、C_{scc} 分别为堆石和自密实混凝土的比热容 [kJ/（kg·℃）]。

根据施工配合比和各种材料热力学参数，按质量权重计算得出高自密实混凝土的热力学参数，由计算结果绘制出采用灰岩作为砂石骨料母岩和采用组合骨料两种情况的绝热温升过程线，如图 4.3-4 所示。由图可知，采用组合骨料后高自密实混凝土的绝热温升较灰岩砂石骨料方案略有增加（约 0.8 ℃），主要是由于沙千工程的砂岩料比热容低于灰岩料，使得堆石在高自密实混凝土放热过程中吸热效果略有降低的原因。但总体上，堆石混凝土的绝热温升在 15 ℃ 以内。

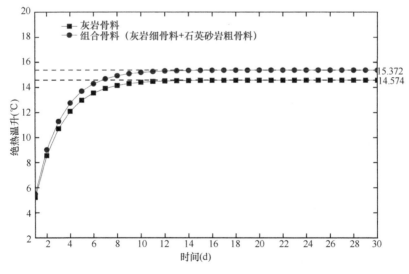

图 4.3-4　不同骨料类型堆石混凝土绝热温升过程

（6）组合骨料对投资成本的影响

根据自密实混凝土配合比，综合考虑运距、剥采比、占地等综合因素，计算不同骨料方案的自密实混凝土综合单价见表 4.3-13。对比组合骨料方案与原审批外购灰岩料加工砂石骨料方案，发现采用组合骨料较后者方案的材料成本更低，单方材料约降低了43.8元。

坝体高自密实混凝土综合单价对比 表 4.3-13

骨料	材料规格	水泥	砂	石子	水	粉煤灰	外加剂	综合单价（元/m³）
灰岩粗、 细骨料	配合比（kg/m³）	132	1023	675	181	274	6.6	
	小计（元/m³）	78.56	122.90	82.14	0.14	65.76	52.80	402.30
组合 骨料	配合比（kg/m³）	134	1044	641	178	278	6.6	
	小计（元/m³）	79.75	125.43	33.67	0.13	66.72	52.80	358.50

注：表中单价按照当前季度价格测算。

通过上述高自密实混凝土配合比、物理与力学性能、高自密实混凝土工作性态、线膨胀系数与绝热温升、投资成本等方面的综合分析，并结合大量试验研究，证明了沙千水库坝体堆石混凝土采用组合骨料（石英砂岩粗骨料＋灰岩细骨料）在技术上是可行的，且满足各项规范要求。砂岩堆石料和组合骨料在沙千水库的成功运用，节省了工程投资和工期，有力确保了 2022 年的度汛节点计划。该项目组合骨料的类型在国内堆石混凝土坝中尚属先例，对类似工程，特别是红层地区混凝土骨料就地取材提供了参考，具有一定的经济价值和借鉴意义。

4.4 堆石混凝土大尺寸试件试验

4.4.1 大试件试验研究背景

遵义绿塘水库是国内首座不分横缝和应用混凝土预制块模板的堆石混凝土拱坝，筑坝材料的抗拉强度等性能对拱坝结构的受力稳定性起主要作用。堆石混凝土是由堆石料与自密实混凝土构成的非均质复合材料，材料力学性能决定了坝体结构的应力应变状态，决定了大坝的强度安全与承载能力。由于实际堆石粒径过大，通常较难开展堆石混凝土的原型尺寸性能研究，故采用缩尺的材料开展室内试验研究。为了深入研究与复核整体浇筑堆石混凝土拱坝的设计成果，依托绿塘拱坝开展了堆石混凝土大尺寸试件的系列性能研究，通过得到的材料物理和力学性能指标，使后续的堆石混凝土理论计算参数取值等更加合理，为堆石混凝土坝结构稳定计算与仿真分析提供理论支撑，为堆石混凝土拱坝的应用推广奠定基础。

堆石混凝土大尺寸试件试验研究，根据设计要求和实际试验条件主要完成了三项性能检测试验：抗压强度、劈裂抗拉强度、静力弹性模量。在绿塘拱坝施工现场，采用与坝体混凝土相同的 $C_{90}15W6F50$ 等级自密实混凝土，按大坝实际生产配合比与相同的原材料进行混凝土浇筑，试验仓尺寸为 2200mm×2200mm×2200mm。自密实混凝土原材料采用 P.O42.5 普通硅酸盐水泥、Ⅱ级粉煤灰、粒径 5～20mm 连续级配碎石（细度模数 2.9）、聚羧酸高效减水剂 HSNG-T（减水率 28%）以及施工现场用水，堆石料采用粒径大于 300mm 的石灰岩块石（表观密度 2.63g/cm³），试验仓内随机堆放。将浇筑硬化后的堆石混凝土切割成大试件，运往实验室开展抗压强度、劈裂抗拉强度、静力弹性模量等材料性能参数（含物理性能、力学性能、断裂性能等）的检测试验研究。

4.4.2　复合材料理论基础

针对堆石混凝土大尺寸试件，将其考虑为由堆石体、HSCC、二者硬化水泥胶体粘结面随机组成的复合材料三相介质。通过开展堆石混凝土大尺寸试件的性能检测试验，观察堆石混凝土在荷载作用下的应力发展和裂缝扩展破坏过程，获取堆石、SCC 和胶结面的各项力学性能参数，为后续推导堆石混凝土复合材料的本构关系模型奠定数据基础，支撑堆石混凝土拱坝结构设计与安全评估评价。

理论上，非均质复合材料在受力时，材料中的高弹性、高模量介质（如堆石料）承受大部分荷载，低弹性、低模量介质（如早期的新拌自密实混凝土）主要作为媒介传递和分散荷载。各相材料的性能关系如下：

$$\sigma_c = k_1[\sigma_f\phi_f + \sigma_m(1-\phi_f)] = k_1(\sigma_f\phi_f + \sigma_m\phi_m) \tag{4.4-1}$$

$$E_c = k_2[E_f\phi_f + E_m(1-\phi_f)] = k_2(E_f\phi_f + E_m\phi_m) \tag{4.4-2}$$

式中，σ_f、E_f 为高弹性、高模量介质的强度和弹性模量；σ_m、E_m 为低弹性、低模量介质的强度和弹性模量；ϕ_f 为高弹性、高模量介质的体积分数，堆石混凝土中一般 ϕ_f 为 55%；ϕ_m 为低弹性、低模量介质的体积分数；k_1、k_2 为常数，与界面强度有关，与堆石和 SCC 粘结界面的粘结强度、排列分布方式、断裂形式有关。

堆石混凝土复合材料抗压试验数据的处理按下式计算：

$$f_t = \frac{P}{A} \tag{4.4-3}$$

式中，f_t 为材料抗压强度；P 为破坏荷载；A 为试件的承压面积。

堆石混凝土的劈裂抗拉强度试验数据处理按下式计算：

$$f_{ts} = \frac{2P}{\pi A} = 0.637\frac{P}{A} \tag{4.4-4}$$

式中，f_{ts} 为材料劈裂抗拉强度；P 为破坏荷载；A 为试件的承压面积。

堆石混凝土的弹性模量试验数据处理按照下式进行计算：

$$E_c = \frac{P_2 - P_1}{A}\frac{L}{\Delta L} \tag{4.4-5}$$

式中，E_c 为静力抗压弹性模量（MPa）；P_1 是应力为 0.5MPa 时的荷载（N）；P_2 是 40% 的极限破坏荷载（N）；L 为测量变形的标距（mm）；ΔL 是应力从 0.5MPa 增加到 40% 破坏应力时试件的变形值（mm）；A 为试件的受压面积（mm^2）。

4.4.3　堆石混凝土大试件制作

如图 4.4-1 所示，选用同材料、同环境、同工艺，水库料场爆破开采的大块石，以及实际的自密实混凝土配合比，按实际施工工艺在绿塘水库施工现场浇筑 2200mm×2200mm×2200mm 的试验仓。与坝体同样环境条件下养护，到 90d 龄期用绳式切割机对大试件进行切割，然后运送到贵阳的石材加工厂按照要求的几何尺寸和精度进行切割和打磨，开展抗压强度、劈裂抗拉强度、静力弹性模量试验。

通过将堆石混凝土试验仓切割成各种尺寸的大试件（图 4.4-2），如 450mm×450mm×450mm 立方体、450mm×450mm×900mm 棱柱体（表 4.4-1），开展相应的力学性能检测试验。堆石混凝土大试件的力学性能试验参照《水工混凝土试验规程》SL/T 352—2020、《堆石混凝土筑坝技术导则》NB/T 10077—2018 等规范规程，大试件的压力加载在贵州大学土木工程学院实验室完成。压力加载设备为 1000t 压力机，即国内某测试仪器有限公司生产的 10000kN 微机控制电液伺服压力试验机，额定压缩荷载为 10000kN，试验荷载准确度为 ±1%。

大试件加载方案为将大试件放在试验机上的压板中间，在试件上下分别放置钢质垫板，大试件的承压面与成型时的底面相平行；开动试验机，当垫板与压板即将接触时，如有明显偏斜，应调整球铰支座使试件受压均匀。试验机以规定的速度连续而均匀地加载，直至试件破坏，并记录破坏荷载。试验结束后，将破坏的混凝土试块砸开，观察内部的破坏情况。

(a) 现场试验仓　　　　　　　　　　　(b) 绳式切割机

(c) 绳式切割机切割试验仓　　　　　　(d) 试验仓切割后原始剖面

图 4.4-1　绿塘拱坝现场切割堆石混凝土试验仓

堆石混凝土大试件试验内容及尺寸　　　　　　　　　　　表 4.4-1

试验项目	试验内容及尺寸
堆石混凝土大试件试验	立方体抗压强度（450mm×450mm×450mm 立方体，90d 龄期）
	抗压弹性模量（450mm×450mm×900mm 棱柱体，90d 龄期）
	劈拉强度（450mm×450mm×450mm，90d 龄期）

通过试验仓切割加工成型的堆石混凝土大试件，表面能清晰地观察到堆石料、自密实混凝土及其界面过渡区，如图 4.4-3 所示，还可以清晰地看到自密实混凝土中一粒粒的粗骨料。经过观察可发现至少有 4 块堆石料的轮廓，堆石 1 可能存在内部微裂缝，堆石 2 的

| (a) 试验仓加工立方体 | (b) 立方体分解 | (c) 试验仓加工棱柱体 | (d) 棱柱体分解 |

图 4.4-2　试验仓加工立方体及棱柱体大试件设计图

层节理纹路清晰；自密实混凝土的颗粒均匀分布在堆石空隙里，基本完全填充堆石间空隙；堆石与自密实混凝土的交界面，沿着堆石外表面轮廓紧密地粘结在一起，除局部二者有微间隙外，胶结良好，说明堆石混凝土有较高的填充密实性。

图 4.4-3　堆石混凝土大试件截面的材料分析图

随机抽取部分堆石混凝土大试件，检查复合材料断面情况，发现切割后的大试件主要存在以下少量缺陷（图 4.4-4）：（1）大试件边角有"掉块"现象，块石与自密实混凝土粘结不牢。（2）堆石料本身有节理（层状）结构，可能是一个薄弱面；堆石体搭接处空隙较大，填充不密实容易形成孔洞。以上现象可能是在石材加工厂精细加工的过程中，盘刀操作容易造成试件中 HSCC 与包裹堆石的剥离，形成许多不完整的成型试件。（3）硬化后的 HSCC 中有少量气泡孔洞，可能是由于堆石空隙体积小，而混凝土浇筑速度快造成气泡不能及时排出。（4）堆石和 HSCC 之间的界面胶结部分不紧密，虽闭合但粘结不牢容易形成"隐缝"，主要出现在堆石密集或堆石粒径过小的局部区域，HSCC 不能完全填充堆石间的空隙。

4.4.4　抗压强度试验及结果

堆石混凝土大试件开展立方体抗压强度试验的过程见图 4.4-5。在 1000t 压力机的加载作用下，刚开始大试件表面无明显裂缝，加载后试件表面沿高度方向出现可见竖向裂缝，并随荷载增加裂缝不断加宽；试件其他部位出现局部短斜裂缝，临近破坏时缝宽度加大并贯穿试件表面；部分大试件出现较多竖向裂缝及少量斜裂缝，部分块石被剪断，部分

(a) 堆石密集部位或堆石粒径 过小局部区域，SCC不能完 全填充堆石间空隙

(b) 堆石较少，自密实混凝土 中可见较多气泡

(c) 堆石体有节理，堆石 与SCC界面有间隙缝

图 4.4-4　堆石混凝土大试件断面特征及存在缺陷

块石掉出，但试件最终破坏主要是块石和 HSCC 胶结面的薄弱处裂缝发展所致。

(a) 叉车搬运大试件准备试验

(b) 抗压大试件和千吨压力机

(c) 大试件在压力机下破坏过程

(d) 堆石体有节理，发生剪切破坏

图 4.4-5　大试件立方体抗压强度试验过程

　　由试验结果可知，抗压强度试件大部分破坏属于纵向破坏，裂缝沿石块与 HSCC 胶结面周边斜向发展或穿过 RFC 中的石块，堆石体与 HSCC 粘结处裂缝最宽。RFC 抗压大试件中如果堆石有节理，则堆石体沿着节理处首先被剪切破坏，其中有 1 个抗压大试件在试验中达到极限受力状态，突然发生碎裂破坏。立方体大试件的内部裂纹主要沿着堆石与 HSCC 胶结界面发展，当承载力增大、试件裂纹发育更多，且胶结界面与裂纹逐步相互连通。当承载力增大到某个值时，RFC 试件内部裂纹把试件分成若干部分，继续加载到极限强度的 100%，大试件破坏。

　　大试件受压破坏后，观察试件断裂面的局部破坏形式，部分断裂面平整，部分存在块石裂缝，被剪断块石分布较为分散，而大部分剪切滑移断裂面位于 HSCC 和块石的胶结界面处。堆石混凝土是 HSCC 和堆石料的复合材料，从微观上看试件内部存在原始微裂缝，且微裂缝沿着大粒径堆石的表面，也就是与自密实混凝土的交界面上，堆石的空间随机性使交界面处于受力最不利位置。抗压强度试验过程中，堆石体以脆性破坏为主，堆石体与自密实混凝土胶结面的破坏是以脆性破坏为主，自密实混凝土的破坏具有离散性，既有脆性破坏也有塑性破坏。

大试件立方体抗压强度约为 20.7～51.1MPa（表 4.4-2），轴心抗压强度约为 8.9～19.8MPa（表 4.4-3），抗压强度与轴心抗压强度的平均值分别为 31.7MPa 和 14.1MPa（表 4.4-4），其中抗压强度 30～40MPa 的试件占比约 53.8%，20～30MPa 的试件占比 38.5%（图 4.4-6）。由图 4.4-7 可以看出，堆石混凝土大试件的抗压强度和轴心抗压强度试验结果离散性都较大，二者标准差分别为 6.3MPa 和 3.16MPa，试件强度很大程度上取决于切割随机性，部分大试件可能堆石含量多，部分大试件可能几乎无堆石，因此检测出的抗压强度差别较大。值得说明的是，由于试验仓切割的大试件可能存在一定初始缺陷，如堆石料分布不均匀或存在层间裂

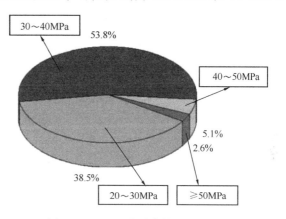

图 4.4-6　RFC 大试件抗压强度统计

隙、堆石体面一面接触等，大试件检测出的抗压强度值要小于实际工程中坝体堆石混凝土的抗压强度。绿塘拱坝工程的堆石混凝土设计等级为 $C_{90}15W6F50$，也就是设计抗压强度为 15MPa，堆石混凝土大试件的平均抗压强度试验值为 31.7MPa，是设计抗压强度的 2.11 倍，满足坝体堆石混凝土的抗压强度规范要求。

RFC 大试件抗压强度力学指标　　　　　　表 4.4-2

试验序号	抗压强度（MPa）	试验序号	抗压强度（MPa）	试验序号	抗压强度（MPa）	试验序号	抗压强度（MPa）
1	36.96	11	41.46	21	30.87	31	29.86
2	22.44	12	39.44	22	25.52	32	35.24
3	27.63	13	51.11	23	31.13	33	36.60
4	34.02	14	31.44	24	21.86	34	33.71
5	33.91	15	27.63	25	20.74	35	24.84
6	38.12	16	32.97	26	28.10	36	28.56
7	30.12	17	36.00	27	22.73	37	32.13
8	33.38	18	26.30	28	29.17	38	34.79
9	33.55	19	22.94	29	41.25	39	24.76
10	35.19	20	39.18	30	32.51		

试验序号	轴心抗压强度（MPa）	试验序号	轴心抗压强度（MPa）	试验序号	轴心抗压强度（MPa）
1	17.8	6	14.8	11	13.9
2	9.8	7	18.5	12	16.8
3	8.9	8	15.8	13	11.7
4	12.0	9	19.8	14	12.6
5	12.5	10	13.6	15	12.5

RFC 大试件轴心抗压强度力学指标 表 4.4-3

RFC 大试件抗压强度、轴心抗压强度指标（单位：MPa） 表 4.4-4

项目	平均值	标准差	最大值	最小值
1 抗压强度	31.7	6.3	51.1	20.7
2 轴心抗压强度	14.1	3.16	19.8	8.9

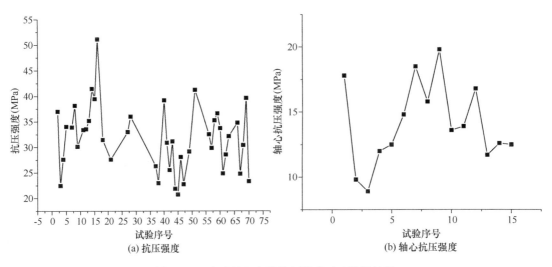

图 4.4-7　大试件立方体抗压强度试验数据结果

4.4.5　劈裂抗拉试验及结果

堆石混凝土大试件劈裂抗拉试验如图 4.4-8 所示。劈裂抗拉试验类似常规混凝土情况，试件大部分破坏属于纵向破坏。劈裂抗拉大试件在受到线性劈裂荷载作用下，侧面首先产生裂缝，裂缝沿堆石体与 HSCC 粘结面周边发展或斜向穿过 RFC 中的堆石体。大试件劈裂抗拉试验破坏存在局部应力集中，且呈斜向 45°；堆石体被剪切与碎裂的局部破坏现象，大试件堆石体中部剪切破坏及沿堆石体节理发生破坏现象，堆石体和 HSCC 脱离破坏现象。由于堆石体的随机性堆放，使得堆石混凝土在荷载作用时会存在偏心受力情况。大试件劈裂抗拉强度试验结果显示，大试件在发生劈裂破坏后，部分断裂面平整，部分可见堆石裂缝，大部分裂缝位于堆石和 HSCC 的粘结界面处。

混凝土的拉应力指标通常有三个：劈裂抗拉、轴心受拉和弯曲受拉，数值往往各不相同，堆石混凝土拱坝设计采取哪种拉应力指标是值得研究的问题。由劈裂抗拉试验结果

(a) 劈裂大试件和500t压力机

(b) 局部斜向45°破坏情况

(c) 内部石材剪切及碎裂的局部破坏

(d) 劈裂大试件内部破坏情况

图 4.4-8　RFC 大试件劈裂抗拉试验

（图 4.4-9）可知，19 组堆石混凝土大试件的立方体劈裂抗拉强度值约为 1.76～4.87MPa（表 4.4-5），平均值为 3.09MPa，标准差为 0.82MPa（表 4.4-6）。堆石混凝土大试件的平均劈裂抗拉强度，是现场取样的专用 HSCC 立方体标准试件（150mm 立方体）劈裂抗拉强度 2.39MPa 的 1.29 倍，但需考虑不同试件试验的尺寸效应。堆石体空间分布不均匀，大试件多数存在初始缺陷，但从试验结果数据及破坏机理来看，总体上堆石混凝土大试件劈裂抗拉强度值与常规混凝土水平相当。

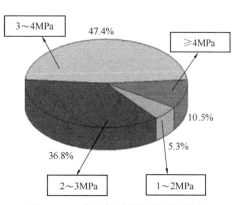

图 4.4-9　大试件劈裂抗拉强度统计

RFC 大试件劈裂抗拉强度试验结果　　　　　　　　　　表 4.4-5

试验序号	劈拉强度（MPa）	试验序号	劈拉强度（MPa）	试验序号	劈拉强度（MPa）	试验序号	劈拉强度（MPa）
1	2.38	6	3.16	11	4.47	16	2.97
2	1.76	7	3.28	12	2.06	17	3.42
3	3.19	8	3.86	13	3.17	18	2.57
4	2.86	9	2.16	14	4.87	19	3.04
5	3.97	10	3.42	15	2.12		

RFC 大试件劈裂抗拉强度力学指标（单位：MPa） 表 4.4-6

项目	平均值	标准差	最大值	最小值
劈拉强度	3.09	0.82	4.87	1.76

4.4.6　静力弹性模量试验及结果

堆石混凝土大试件静力弹性模量试验如图 4.4-10 所示，试验测量得到的堆石混凝土弹性模量约为 28.65～38.52 GPa（表 4.4-7），平均值为 34.01 GPa（表 4.4-8），实测值与复合材料理论中的上下限值非常接近（图 4.4-11）。《水工混凝土结构设计规范》SL 191—2008 中 C15 对应的标准值为 22.0GPa，堆石混凝土大试件弹性模量是规范标准值的 1.55 倍，数值较高，可作为堆石混凝土坝相关结构计算的参考值。

(a) 单个弹性模量大试件　　(b) 大试件与千吨压力机　　(c) 45°受力局部破坏情况

图 4.4-10　大试件静力弹性模量试验

根据《混凝土拱坝设计规范》SL 282—2018 中规定，考虑混凝土徐变等影响，拱坝应力分析应采用坝体混凝土持续弹性模量进行计算，坝体混凝土持续弹性模量可采用混凝土试件瞬时弹性模量的 0.6～0.7 倍。由于静力弹性模量试验测得的是瞬时弹性模量，因此，堆石混凝土计算弹性模量取值为静力弹性模量值的 0.6～0.7 倍，即取值范围为 20.4～23.8GPa，通常取 20GPa。

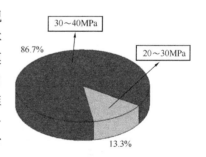

图 4.4-11　大试件弹性模量值统计

RFC 大试件弹性模量试验参数（单位：GPa） 表 4.4-7

试验序号	静力抗压弹性模量	试验序号	静力抗压弹性模量	试验序号	静力抗压弹性模量
1	28.65	6	34.08	11	37.01
2	36.49	7	37.27	12	34.88
3	29.77	8	38.52	13	34.27
4	32.89	9	30.99	14	35.37
5	31.03	10	32.96	15	36.69

RFC 大试件弹性模量分布情况（单位：MPa）　　　　　　表 4.4-8

项目	平均值	标准差	最大值	最小值
弹性模量	34.01	3.00	38.52	28.65

4.4.7　超声回弹综合法试验及结果

声波速度是岩体及其大体积混凝土物理力学性质的重要指标，声波速度不仅取决于堆石体与混凝土本身的强度，而且还与混凝土和堆石料的粘结程度、堆石混凝土内部密实度、有无孔洞等有着密切的关系。因此，利用超声波检测堆石混凝土，可以很好地反映堆石混凝土的强度与密实度指标。

堆石混凝土大试件超声回弹综合法使用声波检测仪进行测量，该仪器具有多功能、智能化、采样速度快、记时精度高、数据存储和传输方便等特点，可利用标准接口输入到计算机。声波探头可采用单发单收换能器，可直线进行数据采集，记录距离即为两个接收换能器对应距离，从而形成声波连续波速曲线。为消除系统观测误差，可按规定进行声速校准，以保证检测标的物可进行重复观测。

在绿塘水库现场对两个 2.2m 的超大试件试验仓，开展超声回弹检测试验。数据显示第 1 块大试件的波速均匀正常、波形完整，综合法检测指标满足要求；第 2 块大试件的回弹数值满足要求，但是波速局部数值偏低，无法检测到完整的波形（图 4.4-12），推测第 2 块超大试件中可能存在局部孔洞缺陷。

超声回弹综合法检测出堆石混凝土的波速值见表 4.4-9 和表 4.4-10，由表中数据可知，堆石混凝土的波速在 3.82～5.00km/s 范围内的占全部测点的 69.7%，平均波速为 4.04km/s。其余波速在 5.00km/s 以上、3.04～3.82km/s、3.04km/s 以下的测点，分别占全部测试点的 3%、19.7%、10.6%。堆石混凝土介质波速相对均匀稳定，无明显跳跃，无大范围波动，说明堆石混凝土均质性较好，强度有保证。

由超声回弹综合法测得的混凝土强度推定值，数值分布相对离散，强度推定值在 50MPa 以上的占全部测试点的 28.8%，回弹强度推定值在 40～50MPa、30～40MPa、20～30MPa 范围内的测点，分别占全部测点的 22.7%、36.4%、12.1%，且没有回弹强度推

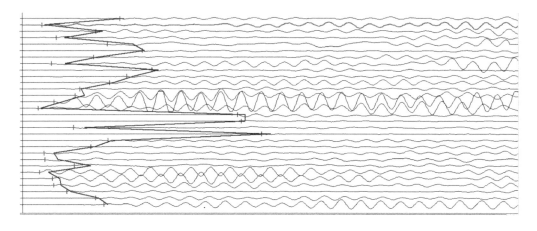

图 4.4-12　超声回弹综合法检测试验仓存在缺陷部位波形图

定值在 20MPa 以下的测点。综合法混凝土强度推定值的平均值为 43.7MPa，最大值和最小值分别为 75.7MPa、25.1MPa（表 4.4-10）。

超声回弹综合法检测 RFC 试验数值 　　　　　　表 4.4-9

试验序号	强度推定值(MPa)	声速推定值(km/s)	试验序号	强度推定值(MPa)	声速推定值(km/s)	试验序号	强度推定值(MPa)	声速推定值(km/s)
1	26.3	4.27	23	36.9	4.44	45	37.8	4.39
2	29.0	3.48	24	55.9	4.43	46	34.3	3.87
3	25.9	3.90	25	49.0	3.83	47	47.3	2.78
4	26.3	4.25	26	28.3	4.42	48	49.8	3.82
5	25.1	4.07	27	30.7	3.73	49	54.9	5.17
6	32.1	4.39	28	53.3	4.54	50	45.8	3.74
7	34.9	3.79	29	67.3	4.93	51	48.0	4.14
8	40.2	3.84	30	43.3	3.91	52	45.6	3.79
9	27.8	4.36	31	48.9	3.02	53	43.1	4.29
10	57.4	3.71	32	56.3	4.34	54	34.8	3.26
11	30.6	4.64	33	49.5	4.32	55	41.2	3.84
12	36.2	4.51	34	35.5	4.51	56	63.9	4.54
13	63.0	3.89	35	54.5	2.8	57	75.7	4.81
14	51.6	4.44	36	39.8	4.58	58	49.0	2.73
15	52.7	5.31	37	35.5	3.98	59	54.4	3.19
16	38.9	3.9	38	37.4	4.69	60	36.3	3.86
17	36.3	4.45	39	37.4	3.56	61	69.0	4.88
18	32.7	1.97	40	38.0	4.45	62	38.3	4.70
19	29.4	3.04	41	41.0	4.18	63	52.3	3.34
20	46.5	4.58	42	35.4	2.88	64	73.8	4.78
21	32.1	4.53	43	75.1	3.69	65	47.8	2.76
22	42.7	4.59	44	39.3	4.10	66	34.2	4.43

超声回弹综合法检测 RFC 试验数值 　　　　　　表 4.4-10

项目	平均值	标准差	最大值	最小值
综合法混凝土强度推定值（MPa）	43.7	12.4	75.7	25.1
声速推定值（km/s）	4.04	0.65	5.31	1.97

第5章 堆石混凝土拱坝温度监测试验研究

5.1 堆石混凝土温度监测研究背景

堆石混凝土是由大块堆石（≥300mm）和高自密实性能混凝土组成的非均质材料，前者是大粒径散粒体颗粒介质，体积占比约为 55%，后者主要含粗骨料、细骨料、掺合料和水泥浆，堆石体和 HSCC 骨料的尺寸与空间分布是随机的。堆石混凝土的水化温升低，坝体温度场的非均匀性分布特征显著，尤其是在混凝土浇筑后的早龄期，高自密实性能混凝土的胶凝材料发生水化反应释放热量，不发热的堆石体辅助吸收热量，与自密实混凝土快速地发生着热量交换，之后二者共同温升、温降但存在着导热性能差异。堆石混凝土这种非均质材料的特性，使得其温度变化与传统混凝土有着较大差异，非均质筑坝材料带来的温度应力影响不可忽略。由于堆石混凝土的特殊性，大块堆石必须是原型的尺寸而非试验室尺度，决定了原型试验是无法替代的，开展现场温度监测试验是直接手段。

拱坝是空间超静定结构，温度荷载是拱坝尤其通仓浇筑拱坝需特别关注的重要荷载，温度变化引起的坝块变形受岩基或下层混凝土约束（施工期）、两岸岩体约束（封拱后），形成约占 1/3～1/2 拱坝径向变位的温度荷载。拱坝的施工方式如是否分坝段、横缝间距、横缝开度等，直接影响着大坝封拱温度和残余温度应力大小，温度应力超标是混凝土开裂的主要原因。堆石混凝土的入仓温度、水化温升、散热系数、导热系数等是研究大坝温度仿真计算的重要输入参数。绿塘水库等几座整体浇筑拱坝的坝体应力分析除拱梁分载法外，还可通过更细致的有限元温度仿真计算来复核，精确的仿真计算离不开原型试验的监测数据，比如工地局域气温（边界条件）、堆石体与自密实混凝土的入仓温度（初始条件）、分层浇筑施工过程（计算步骤）、水化温升与温度变化（验证计算结果正确性）。

早期堆石混凝土施工期的温度监测试验研究，大多通过将传感器布置在堆石体空隙，以自密实混凝土的温度变化代替堆石混凝土的温升变化，而很少关注堆石体的温度变化。对于整体浇筑拱坝而言，拱圈厚度较薄且坝轴线长，堆石混凝土非均质筑坝材料差异会更显著，因此在绿塘水库、龙洞湾水库、风光水库、沙千水库，同时开展了堆石体与自密实混凝土的温度监测，通过在堆石体内部钻孔预埋传感器获取不同深度的温度。试验涵盖多个典型仓、不同季节、多种施工工况，积累了包括不同材料的入仓温度、测点位置、堆石粒径、外界气温、混凝土液面线变化等大量数据。通过对数据深入总结与分析，得出了整体浇筑堆石混凝土拱坝施工期浇筑仓内的温度分布特征与时空变化规律。本章重点介绍这4 个工程的施工期温度监测试验与仿真计算研究成果。

5.2 绿塘拱坝施工期温度监测

绿塘大坝是第一座不分横缝、整体浇筑的堆石混凝土拱坝，地处气候温和的贵州省遵义市，是整体浇筑拱坝"试点工程"。工程所在区域属亚热带季风区，气候温和湿润，雨量丰沛，光水热同季。据邻近的绥阳县气象站系列资料统计：多年平均气温 15.7℃，逐月平均气温如表 5.2-1 所示，多年平均降水量 1134.7mm，多年平均无霜期 287d，多年平均日照 1115h，平均相对湿度 80%。绿塘拱坝最大坝高 53.5m，堆石混凝土浇筑方量约 5.8 万 m³，大坝混凝土于 2017 年 12 月 16 日开始浇筑，2018 年 11 月 29 日完成浇筑，坝体施工仅用了 8 个月时间，极大地提升了堆石混凝土拱坝的施工速度。堆石混凝土施工层厚为 1.28m，堆石粒径约 300～900mm，实际估算的堆石率约 53%。为深入研究堆石混凝土浇筑过程中 HSCC 和堆石的温度变化规律及二者之间的联系，2018 年 10 月 25 日开始，在高程 823.08～826.92m 的连续 3 层堆石混凝土开展了施工期临时温度监测，试验的 3 仓浇筑时间分别为 2018 年 10 月 27 日、2018 年 11 月 5 日和 2018 年 11 月 12 日。

绿塘水库所在坝址区月平均气温统计值												表 5.2-1
月份	1	2	3	4	5	6	7	8	9	10	11	12	年均
气温(℃)	4.2	5.5	11.1	16.3	20.2	23.0	26.3	25.8	22.0	16.3	11.1	6.5	15.7

5.2.1 温度监测试验布置

除自密实混凝土外，绿塘拱坝首次通过钻孔在堆石体内部也布设了温度计。自密实混凝土的温度监测通过在堆石体空隙布置温度传感器，当混凝土浇筑后流动到传感器位置，与其接触包裹后即可测量到 HSCC 的温度。相对地，堆石温度通过钻孔在堆石内部不同深度埋入传感器（图 5.2-1），即从仓面已堆放好的堆石中挑选合适位置的堆石，从堆石表面用钻机钻孔到规定深度，然后将温度传感器放入孔内，再用钻孔产生的石粉填充孔内剩余孔隙，使传感器探头被石粉包裹且固定，然后封孔。试验所采用的是热电阻温度传感器，温度传感器型号为 BGK3700，测温范围−50～200℃，精度为±0.1℃，采用自动监测，每小时读数 1 次。

图 5.2-1 绿塘拱坝堆石内部埋设温度传感器

试验选取了 3 个典型仓的某一监测截面，该截面位于离右岸坝肩约 15m 的断面上，分别在该断面的上游侧、坝体中部与下游侧布置了共 27 个测点，测点布置如图 5.2-2 所示。图中，实心圆代表堆石内部测点，空心圆代表 HSCC 测点。监测试验第 1 仓所选的堆石粒径约 300mm，为方便对比，在第 2 仓上游侧选择了一块粒径约 700mm 的大堆石，分别在孔内 50mm、100mm 和 150mm 处埋设温度计（测点 M9、M10、M11）。第 1 仓的各测点距离仓面顶部约 200mm，第 2 仓的各测点位于仓面不同高度，第 3 仓各测点距离仓面底部约 200mm。其中，第 2 仓为重点监测仓面，布置了较多温度传感器，其中堆石内部测点除 M9、M10、M11 以外，M14、M15 钻孔深度为 50mm，M16、M17 钻孔深度为 100mm，其余各堆石内部测点钻孔深度均为 150mm，近似在堆石内部中心位置。

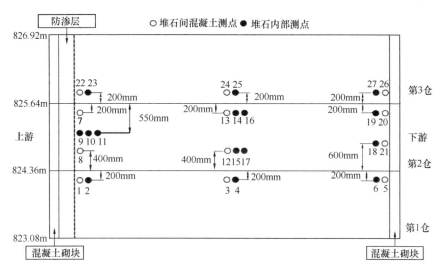

图 5.2-2　绿塘拱坝典型仓的坝体温度计布设图

需要说明的是，M18、M19 两个测点由于在混凝土浇筑过程中受到损坏，11 月 6 日 18：00 以后无数据。原型监测试验以获取堆石混凝土中自密实混凝土和堆石的温度变化数据为主要目标，同时尽可能地搜集浇筑时间、入仓温度、混凝土液面线、外界气温等数据。为了监测气温，采用相同的传感器型号布置在坝头拌合楼一层监测室外，称之为气温传感器，认为其露天条件下测得的气温与仓面局域气候相近。但需说明，由于传感器遮蔽条件不同，受日光直射时长不同，气温传感器监测到的气温数据与仓面不同位置的气温仍有一定差异，但在可接受范围内。

除了上述临时性温度监测传感器外，绿塘拱坝还在坝体内部不同高程拱圈布设了永久性温度传感器，如图 5.2-3 所示，这些传感器同时也监测到部分施工期温度。根据大坝安全监测设计，绿塘拱坝在高程 790.0m 拱圈的 3 个监测断面分别设置了 T10～T12、T13～T15、T16～T18 共 3 组 9 支温度计，每组温度计的编号沿靠近上游面防渗层、坝体中部、下游面递增编号。采用类似的温度计布置方式，在高程 805.0m 和高程 820.0m 两个拱圈还分别设置了 T19～T27 和 T28～T39 等温度计。

5.2.2　堆石混凝土入仓温度分析

实际上，施工单位记录了施工日早、中、晚三个时刻的温度资料，但缺失数据较多。为准确估计日平均气温，首先对所有浇筑日早、中、晚气温监测值齐全的数据进行分析，取平均值得到这些浇筑日的日平均气温，如图 5.2-4 所示。计算日平均气温

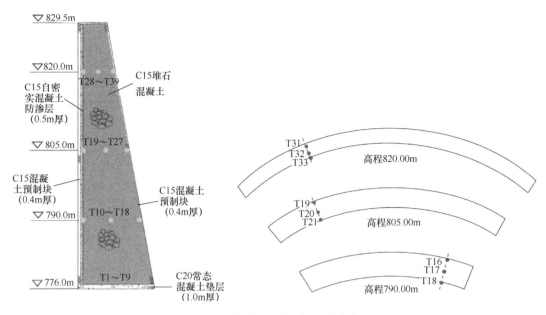

图 5.2-3　绿塘拱坝的永久性温度计布设图

与早、中、晚气温的比值分别为 1.156、0.870、1.044，再利用这个比值对早、中、晚气温测值缺失的施工日平均气温进行估算，有两个测值的，取其平均值作为气温估计值。同时，收集施工期间遵义市气温历史数据的日最高气温、日最低气温，对于超过当日气温历史数据的最高、最低气温值的气温估计值进行适当修正，得到的日平均气温值如图 5.2-4 所示。由图可看到，不同渠道获得的气温数据比较接近，说明得到的施工日平均气温值合理可信。

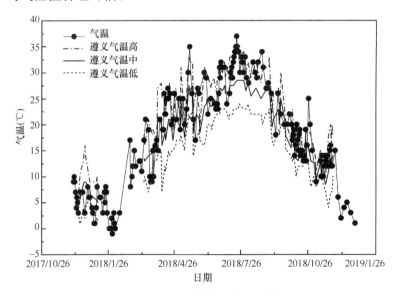

图 5.2-4　日平均气温分析成果

大坝施工过程中，施工单位对拌合站水温、HSCC 出机口温度及入仓温度都进行了测量与记录。图 5.2-5 为施工单位记录的 HSCC 入仓温度与拌合用水温度，HSCC 入仓温度比拌合水温度高出 6～8℃，说明水泥等原材料的温度较高。其中，夏季 HSCC 入仓温度高达 30～35℃，特别是 7 月、8 月，HSCC 平均入仓温度达 33.5℃，比多年月平均气温 26℃高 7.5℃左右；4 月、10 月 HSCC 平均入仓温度为 25.3℃，比多年月平均气温 16.3℃高 9℃左右；3 月、11 月 HSCC 平均入仓温度为 22℃，比多年月平均气温 11.1℃高 11℃左右。

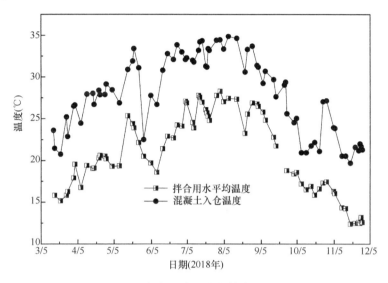

图 5.2-5　材料入仓温度与拌合用水温度

相应地，对比 2018 年 10 月 27 日—11 月 12 日期间进行的第 3 仓施工期温度监测数据，施工单位记录的 HSCC 入仓温度为 27.0℃、24.0℃和 20.6℃，施工期临时监测推算的 HSCC 入仓温度分别在 24℃、20℃和 18℃左右，大约有 3℃的差异，可能反映了 HSCC 浇筑填充流动过程中，不断与堆石体发生温度交换。可以认为，施工单位记录的 HSCC 入仓温度结果是可信的。根据施工单位记录推算的日平均气温分别是 19℃、13℃和 11℃，相应施工期临时监测的堆石温度在 17℃、15℃和 13℃，差异在 2℃左右。因此，考虑到日变幅和日光直射等诸多影响因素，浇筑前的堆石入仓温度可以认为与日平均气温接近。

HSCC 比热高于堆石，可给出堆石混凝土入仓温度 T_{RFC} 的简易计算公式：

$$T_{RFC} = r \times T_{Rock} + (1-r) \times T_{HSCC} \tag{5.2-1}$$

式中，T_{Rock} 为堆石入仓温度，可以认为是日平均气温；T_{HSCC} 为 HSCC 入仓温度；r 为堆石混凝土的堆石率，绿塘水库的实测堆石率约为 53%。

按照式（5.2-1）计算了堆石混凝土入仓温度的变化过程，见图 5.2-6。可以看到，采用前述分析方法得到的日平均气温与实际测量的 HSCC 入仓温度高度相关，夏季 HSCC 入仓温度为 30～35℃，相应的堆石混凝土入仓温度在 27～32℃，大约低 3～4℃。冬季 HSCC 入仓温度会降低到 20℃以下，相应堆石混凝土入仓温度会降到 10～15℃，大约低 6～8℃。

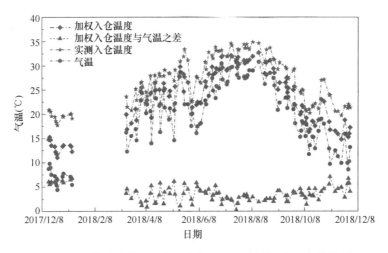

图 5.2-6　堆石混凝土入仓温度与 HSCC 实测入仓温度的关系

5.2.3　混凝土浇筑过程中温度变化

如表 5.2-2～表 5.2-4 所示，为永久监测测点的施工期温度数据，其中混凝土覆盖后的温度体现了 HSCC 与堆石的温度交换，可以近似认为代表了堆石混凝土的入仓温度。表 5.2-2 中，高程 790.0m 拱圈施工时的 HSCC 入仓温度为 28.0℃，相应日平均气温为 20.6℃，堆石混凝土计算入仓温度为 24.2℃，而混凝土覆盖后温度为 24.8℃，仅相差 0.6℃，吻合较好。表 5.2-3 中，2018 年 6 月 24 日，高程 805.0m 右拱圈施工的日平均气温为 24.9℃，堆石混凝土计算入仓温度为 28.2℃，而混凝土覆盖后的温度为 28.5℃，非常吻合，仅相差 0.3℃；2018 年 7 月 10 日，处于盛夏，高程 805.0m 左拱圈施工的当日最高气温 32℃，日平均气温 26.1℃，堆石混凝土计算入仓温度为 29.0℃，永久温度监测的气温 31℃，应该是接近中午时刻的气温，覆盖后温度 29.0℃，相差 0℃，吻合很好。表 5.2-4 中，2018 年 10 月 5 日和 6 日，高程 820.0m 右拱圈施工的日平均气温分别为 18.5℃ 和 18.2℃，相应堆石混凝土入仓温度为 21.8℃ 和 21.5℃，永久监测气温为 17℃ 和 18℃，覆盖后温度为 20.3℃ 和 19.4℃，分别相差 1.5℃ 和 2.1℃，吻合较好。2018 年 10 月 17 日，高程 820.0m 左拱圈施工的日平均气温 15.4℃，堆石混凝土入仓温度 18.6℃，与覆盖后温度 18.4℃ 吻合非常好，仅差 0.2℃。

高程 790.0m 拱圈永久温度计监测的温度值（单位：℃）　　　　表 5.2-2

传感器编号	T10	T11	T12	T13	T14	T15	T16	T17	T18	平均值
浇筑日期	2018/4/13									
覆盖前气温	23	23	23	23	23	23	23	23	23	23
覆盖前温度	24.7	25.0	23.6	25.4	24.3	23.5	23.9	23.2	25.6	24.4
覆盖后温度	24.1	24.4	23.2	26.7	25.3	23.8	25.0	24.3	26.9	24.8
覆盖 10d 内最高温度	30.2	27.9	23.9	32.2	28.3	30.7	30.7	29.1	28.5	29.1

续表

传感器编号	T10	T11	T12	T13	T14	T15	T16	T17	T18	平均值
温升值	6.1	3.5	0.7	5.5	3	6.9	5.7	4.8	1.6	4.3
最高温度发生时间/d	3	10	10	3	4	1	1	4	1	

高程 805.0m 拱圈永久温度计监测的温度值（单位:℃）　　　　表 5.2-3

传感器编号	T19	T20	T21	平均值	T23	T25	T26	T27	平均值
浇筑日期	2018/6/24				2018/7/10				
覆盖前气温	23	23	23	23	31	31	31	31	31
覆盖前温度	26.6	27.9	25.7	26.7	30.2	29.7	28.4	28.4	29.2
覆盖后温度	28.0	29.7	27.8	28.5	28.8	27.2	30.1	30.1	29.0
覆盖 10d 内最高温度	37	35.3	34	35.4	36.7	40.2	37.6	35.5	37.5
温升值	9	5.6	6.2	6.9	7.9	13	7.5	5.4	8.5
最高温度发生时间/d	3	3	3		10	3	10	3	

高程 820.0m 拱圈永久温度计监测的温度值（单位:℃）　　　　表 5.2-4

传感器编号	T28	T29	T30	均值	T31	T32	T33	均值	T34	T35	T36	T37	T38	T39	均值
浇筑日期	2018/10/5				2018/10/6				2018/10/17						
覆盖前气温	17				18				16						
覆盖前温度	19.5	19.0	18.1	18.9	18.1	18.1	17.4	17.7	16.8	17.7	17.5	18.8	18.7	18.1	17.9
覆盖后温度	20.5	20.2	20.2	20.3	19.2	19.5	19.4	19.4	18.5	18.9	17.3	18.8	18.9	17.7	18.4
覆盖 10d 内最高温度	23.2	22.0	22.7	22.6	22.7	23.3	22.9	23.0	25.3	24.5	25.1	25.4	24	22.2	24.4
温升值	2.7	1.8	2.5	2.3	3.5	3.8	3.5	3.6	6.8	5.6	7.8	6.6	5.1	4.5	6
最高温度发生时间/d	1	1	1		1	1	1		3	10	1	3	4	4	

同时，进一步分析各月的堆石混凝土入仓温度，将所有根据施工监测数据推算的月平均气温、HSCC 入仓温度和堆石混凝土入仓温度汇总于表 5.2-5。其中，4 月、6 月、7月、10 月的堆石混凝土入仓温度的平均值，分别为 21.8℃、27.0℃、29.7℃和 19.8℃，与永久监测的施工期温度也具有较好的相关性。通过这些数据的相互对比，验证了前述建议的堆石混凝土入仓温度估计方法的准确性，该方法基本反映了堆石混凝土实际浇筑情况。

通过表 5.2-2 可知，高程 790.0m 上游侧的 T10、T13、T16 因为靠近自密实混凝土防渗层，而防渗层内无堆石，水化热温升较高，故 T10、T13、T16 测点的温升较高。T11、T14、T17 位于坝体中部，散热条件较差，所以温升比 T10、T13、T16 测点略低。T12 和 T18 靠近下游面，散热条件好，故水化热温升较低。T15 也靠近下游面，水化热温升较高，比较异常，可能与该测点附近堆石少，埋设位置离下游面较远有关，尚需进一步分析。分析表 5.2-3 可知，上游侧与自密实混凝土防渗层接近的测点 T19 和 T25，水化热温升分别达到 9 和 13℃，比坝体中部的 T20、T23、T26 水化热温升 5.6℃、6.9℃ 和 7.5℃，以及靠近下游侧的 T21 和 T27 水化热温升 6.2℃ 和 5.4℃ 都显著偏高，说明由于上游防渗层没有堆石，其水化热较堆石混凝土明显偏高。上部拱圈变薄，中部与下游侧散热条件差异的影响要小于防渗层材料水化热高的影响。分析表 5.2-4 可知，上游侧与防渗层相近的测点 T28、T31、T34 和 T37 水化热温升分别为 2.7℃、3.5℃、6.8℃ 和 6.6℃，靠近下游侧的 T30、T33、T36 和 T39 化热温升为 2.5℃、3.5℃、7.8℃ 和 4.5℃，可以看到上部拱圈较薄，散热条件好，这两仓的温升相对平均，所以综合考虑可以用两仓总体平均值代表整体的水化热温升值，为 4.5℃。将永久监测温度计测到的水化热温升值与施工期温度临时监测结果对比，除第 1 仓测点均在表面，水化热温升缺乏代表性以外，第 2 仓、第 3 仓的内部测点水化热温升与 4.5℃ 的数值大致等价，可以相互验证。

月平均气温、入仓温度与水化温升（单位：℃）　　　　　　表 5.2-5

月份	1	2	3	4	5	6	7	8	9	10	11	12
月平均气温	4.2	5.5	11.1	16.3	20.2	23.0	26.3	25.8	22.0	16.3	11.1	6.5
HSCC 入仓温度	19.9		22.6	27.4	29.5	31.1	33.1	33.6	29.1	23.3	21.7	19.6
HSCC 入仓温度高于气温的差值	15.7		11.5	11.1	9.3	8.1	6.8	7.8	7.1	7.0	10.6	13.1
估算的堆石混凝土入仓温度	12.1		16.8	21.8	24.9	27.0	29.7	29.7	25.5	19.8	16.4	13.1
估算堆石混凝土入仓温度高于气温的差值	7.9		5.7	5.5	4.9	4.0	3.4	3.9	3.5	3.5	5.3	6.6
估算的堆石混凝土水化温升	5		5	5	6	7	8	8	7	6	5	5
堆石混凝土建议入仓温度	12		17	22	25	27	30	30	25	20	16	13
堆石混凝土峰值温度估计	17		22	27	31	34	38	38	32	26	21	18

注：2 月没有施工。

5.2.4　HSCC 浇筑后的温度变化

根据绿塘拱坝 3 个典型仓的临时施工期温度监测结果，绘制温度变化曲线如图 5.2-7

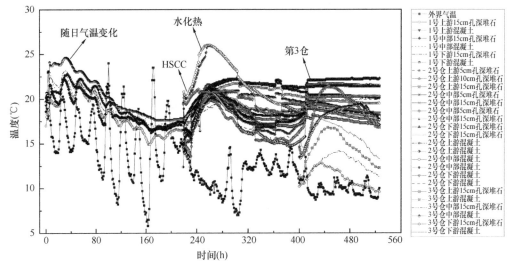

图 5.2-7　绿塘拱坝典型施工期的温度监测数据

所示。第 1 仓混凝土入仓时，气温约 20℃，随后几日的气温日变幅较大，最高气温日变幅接近 20℃，第 1 仓测点接近堆石混凝土的上表面，浇筑以后，前 3d 测点温度与气温密切相关，且有一定滞后。随后测点温度变幅日趋减少，与后仓开始堆石改变了上表面边界条件有关。堆石入仓时，各测点温度与气温相近，HSCC 入仓后温度急剧上升，说明 HSCC 入仓温度明显高于气温和堆石温度，温度差别在第 2 仓时达到 5℃左右。另外，还可以观察到后仓堆石混凝土浇筑时，前仓测点明显温度上升，特别是散热较快且埋设深度较浅的测点，受后仓混凝土浇筑影响大，温度上升幅度大，甚至超过其自身的水化热温升幅度。

为了更清晰地表示堆石混凝土浇筑后早龄期温度变化，图 5.2-8（a）给出了第 1 仓浇筑后前 140h 的施工期临时监测温度变化过程。浇筑开始以后，HSCC 入仓温度较高，温度测值迅速上升，能够看到 HSCC 测点上升 3～4℃，堆石内部测点上升 1～2℃。因测点传感器埋设较浅，受外界气温影响，进入夜间后，温度测值下降或小幅升温，测点温度变化均比气温有 2～3h 的滞后。浇筑 5d 以后，堆石温度与 HSCC 温度已趋向均匀，表面温度测点散热条件好，水化热温升很小。为对比施工期临时监测与永久监测结果，相互验证测量可靠性，分析了高程 820.0m 拱圈永久监测测点 T28、T29、T30，它们离第 1 仓施工期临时监测测点距离近，浇筑时间也相近。

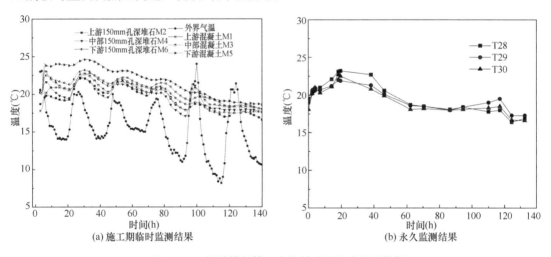

图 5.2-8　绿塘拱坝第 1 仓浇筑后的温度监测数据

对比图 5.2-8（b）中的永久监测点数据可以看到，永久测点观测次数较少，从刚浇筑时的每日 2～3 次到每日 1～2 次，不能准确给出施工期温度的快速变化细节，但两组测点总体趋势相近，浇筑前温度测值相近，均在 18～20℃；浇筑后永久监测数据有迅速上升，对比施工期监测数据，可以判断这是由于 HSCC 入仓温度较高带来的。永久监测测点的水化温升为 2℃左右。

图 5.2-9（a）给出了第 2 仓所有测点的数据。浇筑开始前，堆石温度与气温相近，随着入仓温度较高的 HSCC 到达监测点，温度有明显上升，并且受堆石吸热影响，HSCC 温度随后会略有降低。图 5.2-9（b）给出了第 2 仓 HSCC 测点数据。浇筑过程中 HSCC 有两次显著的覆盖过程，第一次覆盖时，埋设深度大的 3 个 HSCC 温度监测点 M8、M12、M21 首先被覆盖，这些测点埋设深度较深，且 M8 离上游防渗层较近，与中部 M12 一样，散热条件差，水化热温升较大，可达到 6℃左右；M21 靠近下游面，散热条

件略好，水化热温升不到 2℃。埋设深度较浅的 M20、M13、M7，受气温影响，初始温度较低，首次覆盖时有温度上升，但随后仍然受气温影响，在第二次覆盖时，才完全被混凝土覆盖，温度快速上升到 18℃左右，特别是上游侧测点 M7 明显在第二次覆盖时温度才开始上升，与当时仓面宽度较小，从仓面中部开始浇筑的施工记录吻合。图 5.2-9（c）为第 2 仓堆石内部监测数据，同一位置不同深度的堆石温度有一定差异，但温度差异一般在 1～2℃，总体差异较小。其中，300mm 粒径的堆石内部不同深度温度差异小于 1℃，700mm 粒径的堆石差异在 2℃左右，符合一般认知。

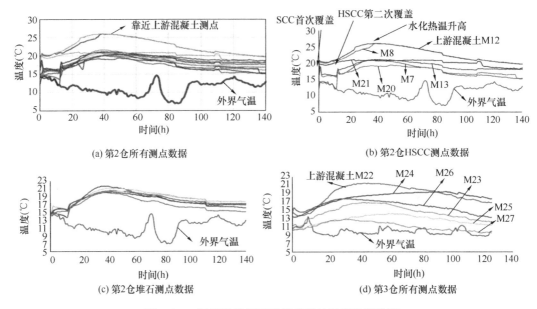

图 5.2-9　绿塘拱坝 HSCC 浇筑后的温度监测数据

图 5.2-9（d）给出了第 3 仓监测温度。堆石内部的测点温度仍然与气温相近，约 11℃。由于 HSCC 到达监测点后才开始测量，HSCC 测点显示入仓温度约 14℃，比气温高 4℃左右，入仓后与温度较低的堆石产生热交换，温度略有降低。第 3 仓所有测点埋设较深，其中上游侧 M22 点临近防渗层，水化热温升在浇筑 2d 后达到峰值，温升约 6℃。随后缓慢下降，中部的 M24 测点温升也接近 5℃，但最高温升发生时间略延后 2d 左右，下游的 M26 点接近下游面，散热较好，温升约 3℃。堆石内部的温度初始温度较低，但水化温升的规律类似，上游 M23 点温升约 5℃，中部 M25 点温升约 3℃，但时间延后，下游 M27 点温升仅 2℃。堆石内部的温度与相邻的 HSCC 测点温升规律相同，但温升幅度略小。经过 5d 左右，堆石内部温度与 HSCC 温度仍有 5℃左右的差别，但有明显趋于均匀的趋势。

通过绿塘整体浇筑堆石混凝土拱坝的温度监测试验结果，深入分析得到的主要结论有：（1）绿塘拱坝堆石混凝土水化热温升低，最高水化温升大都发生在浇筑后 3～4d，春秋季节浇筑的堆石混凝土水化热温升约 4.5℃，夏季浇筑的堆石混凝土水化热温升约为 7～8℃。（2）绿塘拱坝处于气候温和地区，完全不采取温控措施，堆石入仓温度接近于日平均气温，高自密实性能混凝土入仓温度显著高于气温，应与水泥等原材料温度较高有关。（3）堆石混凝土入仓温度可以根据 HSCC 入仓温度与气温加权平均得到，因此，夏季施工时，可适当采取措施降低水泥等原材料温度，从而降低堆石混凝土入仓温度，有助于降低坝体温度应力。目前，绿塘拱坝已建成，但受移民影响尚未蓄水。分析永久温度监测数据，经过 2 个冬天，坝体温度已接近稳定温度场。在验收时对大坝开展了全面的质量检测，未发现裂缝，钻孔取芯的结果也表明堆石混凝土质量良好，绿塘堆石混凝土拱坝采取不分横缝整体浇筑，是成功的创新实践，可以在气温温和地区推广应用。

5.3　绿塘整体浇筑拱坝温度仿真计算分析

5.3.1　有限元模型构建

根据绿塘整体浇筑拱坝的特点，对大坝和基岩结构特征、材料分区、浇筑层厚等进行有限元精细建模，考虑了基岩主要断层、基岩强弱风化分区、垫层混凝土和坝顶溢流表孔等。绿塘拱坝的混凝土材料分区如图 5.3-1 所示，坝体材料采用 $C_{90}15$ 一级配堆石混凝土，上游预留 0.5m 的防渗层，采用同强度等级的自密实混凝土一体化浇筑；上、下游面均采用 C15 混凝土预制块（长×宽×高＝0.5m×0.4m×0.3m）砌筑，形成厚度 0.4m 的永久模板；坝基设置 1.0m 厚的二级配 C20 常态混凝土垫层，坝肩有 1.0m 厚的 C15 自密实混凝土垫层。

绿塘水库堆石混凝土拱坝-地基三维有限元网格模型如图 5.3-1 所示，大坝厚度方向共切分 15 层，高度方向每 0.5～0.7m 切分一层，模型共有单元 317270 个，结点 357958 个，有限单元主要为 8 节点六面体单元，含有少量棱柱体单元和四面体单元。本节温度仿真计算采用中国水利水电科学研究院研发的结构多场仿真与非线性分析软件 SAPTIS 计算，横缝单元采用无厚度接触单元（即两个重叠的面）模拟，可设置抗拉及抗剪强度。缝的开闭状态受缝单元强度及受力大小影响，当未屈服时缝单元处于粘结状态；当应力超过缝强度时发生张拉破坏或剪切屈服，缝处于张开状态时不能传递拉应力。

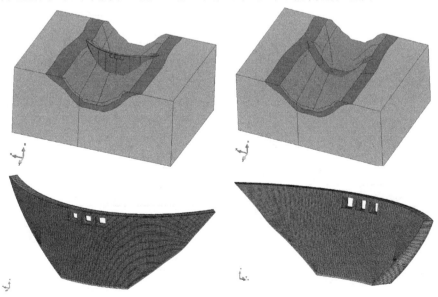

图 5.3-1　堆石混凝土拱坝—地基整体有限元模型

5.3.2 温度仿真计算参数

考虑坝体材料分区、环境温度变化、混凝土水化反应等，模拟绿塘整体浇筑拱坝施工期的分层拱圈浇筑全过程。基于绿塘大坝的温度监测数据，不断反演得到合理的材料和基岩热学参数，从而分析坝体温度在时间和空间域的场分布特征。有限元计算中整体模型底面施加全约束，侧面施加法向约束；大坝上下游面、裸露层面及地基表面，采用月平均气温边界条件（表 5.2-1）。经过 2 年多监测发现，坝基温度在地温、环境温度和上覆混凝土温度的共同作用下，后续稳定在多年平均温度约 18℃。堆石入仓温度取日平均气温，自密实混凝土入仓温度为每仓实测温度，则堆石混凝土入仓温度取二者的加权平均值，采用式（5.2-1）计算。

自密实混凝土的水化温升过程采用单指数模型来模拟，即

$$\theta(\tau) = \theta_0(1 - e^{-m\tau}) \tag{5.3-1}$$

式中，θ_0 为等效堆石混凝土的最终绝热温升；m 为绝热温升参数；τ 为混凝土龄期。

参照设计资料与试验成果，初步确立坝体混凝土和基岩的参数取值如表 5.3-1 所示。考虑了上游预制混凝土块对防渗层的吸热（热学）和约束（力学）作用，但其本身无水化反应过程。

坝体混凝土和基岩材料的设计参数取值　　　　表 5.3-1

类型	弹性模量 E(GPa)	重度 γ (kg/m³)	泊松比 υ	线膨胀系数 α(1/℃)	比热 c (kJ/kg·℃)	导热系数 λ (kJ/m·h·℃)	绝热温升 θ_0(℃)	绝热温升参数 m
自密实混凝土	7.6(28d)	2300	0.167	1×10^{-5}	0.96	10.6	27.0~30.2	0.27~0.443
堆石混凝土	7.6(28d)	2467	0.2	0.7×10^{-5}	0.87	12.6	13.5~15.1	0.27~0.443
常态混凝土	7.6	2400	0.167	1×10^{-5}	0.96	10.6	22	0.27
预制混凝土块	7.6	2400	0.167	1×10^{-5}	0.96	10.6	—	—
基岩	5.0	2600	0.250	0.7×10^{-5}	0.842	15.036	—	—

绿塘整体浇筑堆石混凝土拱坝每个拱圈的施工工序为：上、下游混凝土预制块模板砌筑→堆石入仓（预制块初凝后）→自密实混凝土浇筑（砌筑砂浆强度≥50%后）。自密实混凝土通过溜筒输送至大坝下游右岸坡 798.00m 高程处，再采用泵送入仓；堆石料运至上游集中冲洗后，均采用塔吊入仓。大坝采取分层浇筑，结合混凝土预制块的砌筑工艺，确定分层高度为 4 个预制块厚度（含砂浆厚度）约 1.28m。绿塘拱坝施工期共浇筑 64 仓堆石混凝土，典型浇筑节点与高程见表 5.3-2。

绿塘整体浇筑拱坝的典型浇筑时间节点与对应高程　　　　表 5.3-2

序号	高程（m）	入仓温度（℃）	浇筑开始时间	序号	高程（m）	入仓温度（℃）	浇筑开始时间
1	783.40~784.68	23.20	2018/3/16	6	809.00~810.28	34.45	2018/8/2
2	788.52~789.80	24.20	2018/4/8	7	814.12~815.40	31.30	2018/9/2
3	794.92~796.20	28.45	2018/5/4	8	817.96~819.24	24.55	2018/10/3
4	801.32~802.60	26.55	2018/6/9	9	824.36~825.64	23.95	2018/11/5
5	802.60~803.88	33.00	2018/7/1	10	828.20~829.50	21.50	2018/11/28

5.3.3　温度应力计算方法

SAPTIS 软件采用多种仿真模型模拟了混凝土硬化过程，包括弹性模量硬化模型、自生体积变形模型、徐变模型等。混凝土弹性模量采用指数形式，即

$$E(\tau) = E_0 + E_1(1 - e^{-\beta_1 \tau^{\beta_2}}) \tag{5.3-2}$$

式中，$E(\tau)$ 为龄期 τ 时的弹性模量；E_0 为与龄期无关的弹性模量部分；E_1 为与龄期相关的弹性模量部分；β_1、β_2 为弹性模量增长率参数。混凝土弹性模量的 28d 设计值取为 7.6GPa，随龄期变化的弹模增长系数在 7d、90d、365d 分别取为 70%、122%、146%。

堆石混凝土的徐变公式为

$$C(t,\tau) = \left(A_1 + \frac{A_2}{\tau} + \frac{A_3}{\tau^2}\right)(1 - e^{-k_1(t-\tau)}) + \left(B_1 + \frac{B_2}{\tau} + \frac{B_3}{\tau^2}\right)$$

$$(1 - e^{-k_2(t-\tau)}) + De^{-k_3\tau}(1 - e^{-k_3(t-\tau)}) \tag{5.3-3}$$

式中，$C(t,\tau)$ 为在 τ 时刻的荷载到 t 时刻时的徐变度。

5.3.4　整体浇筑拱坝温度仿真分析

根据绿塘水库实际温度监测试验发现，堆石混凝土的实际温升约 3～10℃，上游侧自密实混凝土温升幅度稍大，最大约 13.1℃。根据设计绝热温升参数（表 5.3-1）与实测温度，通过温度仿真计算的不断反馈分析，选取堆石混凝土的绝热温升 θ_0 值为 14℃，m 值取 0.27。图 5.3-2 为绿塘整体浇筑拱坝的不同浇筑月份温度场分布，仿真过程采用"生死单元法"逐层拱圈分层加载，预先划分的横缝不允许张开。可看到低温季节浇筑的拱圈温度明显较低，高温季节浇筑的拱圈温度较高，夏季 8 月坝内最高温度约 38.6℃，主要集中在坝体中部高程的混凝土浇筑；绿塘拱坝混凝土封顶时处于冬季，坝体表面温度较低约 10℃ 以下。

图 5.3-3 为不同高程平切面的最高温度分布图，以及大坝横剖面的最高温度包络图。图 5.3-4 为大坝监测点 T16～T21 和 T31～T33 的温度时程曲线，各温度传感器的布设位置如图 5.3-1 所示，结果显示仿真计算温度与实测温度的变化规律总体一致。以高温季节浇筑的混凝土（2018 年 7 月，805m 高程）为例，混凝土采用自然入仓，入仓温度超过 30℃；浇筑后上游面采用预制混凝土无绝热温升，混凝土温度随着气温做周期性变化；下游面按堆石混凝土考虑绝热温升，但是热量及时被空气带走，因此下游面也随气温做周期性变化。坝体内部混凝土考虑绝热温升，由于无通水冷却措施，混凝土温度早期持续升高，绿塘大坝在施工期坝体内部的最高温度约 36.12℃，防渗层内（纯自密实混凝土）的温度早期更高约 38.42℃；随着混凝土水化进程结束，坝体内部温度逐渐降低并向稳定温度过渡。由于该拱圈上下游方向只有 10m 厚，因此内部也会一定程度受气温影响，考虑相位差影响内部混凝土温度变化滞后于表面温度。堆石混凝土的实测与模拟温升幅度均较小，约 5～8℃，能达到的最高温度主要取决于入仓温度的大小。

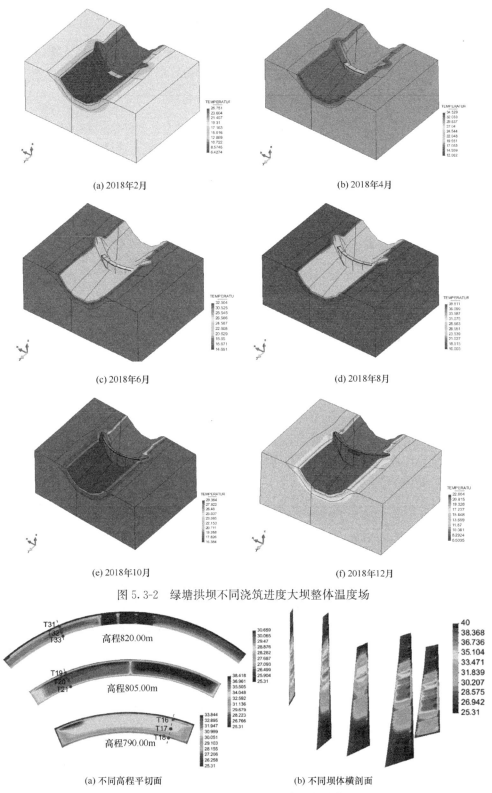

(a) 2018年2月

(b) 2018年4月

(c) 2018年6月

(d) 2018年8月

(e) 2018年10月

(f) 2018年12月

图 5.3-2　绿塘拱坝不同浇筑进度大坝整体温度场

(a) 不同高程平切面

(b) 不同坝体横剖面

图 5.3-3　绿塘拱坝不同截面最高温度分布图

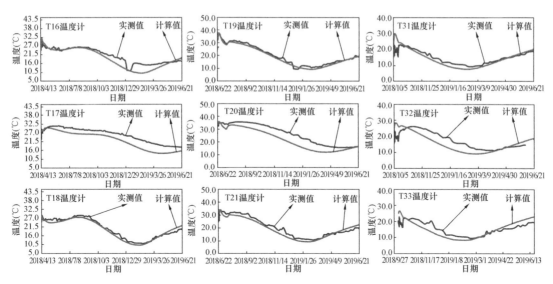

图 5.3-4　绿塘拱坝混凝土实测与仿真温度对比曲线

5.3.5　温度应力分析与横缝影响

通过温度与应力耦合计算得到绿塘大坝施工期的温度应力，图 5.3-5 为大坝的上下游面拱向应力包络图、横切面拱向应力包络图和高程 805m 拱向应力包络图。由图可知，上游自密实混凝土防渗层部位的应力明显较大，与水化温升高且受上游预制混凝土模板的约束有关，上游面局部区域应力达到 1.5MPa，坝体内部应力普遍小于 0.8MPa。从大坝高程上来看，低温季节浇筑的拱圈应力较小，高温季节浇筑的拱圈应力较大，如高程 802.60～814.12m 的混凝土是在 2018 年 7 月、8 月浇筑的，应力水平明显高于其他季节浇筑的混凝土，高程 805m 拱向应力最大约 1.0MPa。除局部角点外，绿塘大坝的施工期拉应力水平整体小于 1.5MPa，在允许应力标准的范围内。此外，自密实混凝土部位存在竖向拉应力，最大竖向应力出现在拱冠梁坝踵处，约 1.41MPa。时间上，拱向、顺河向

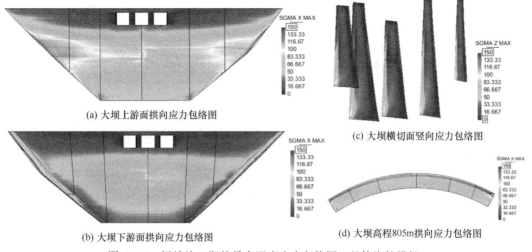

(a) 大坝上游面拱向应力包络图

(b) 大坝下游面拱向应力包络图

(c) 大坝横切面竖向应力包络图

(d) 大坝高程805m拱向应力包络图

图 5.3-5　绿塘施工期的最大温度应力包络图（整体浇筑拱坝）

和竖向均为高温季节受压程度大、低温季节受压程度小或受拉。高程790m的上下游面低温季节最大拉应力约0.7MPa，中部应力较小。高程805m与820m的坝体厚度较小，同时约束也越来越小，顺河向和竖向应力值普遍较小，最大拉应力不超过0.4MPa。

如图5.3-6所示，以高温季节浇筑的高程805m混凝土为例，混凝土浇筑后到当年的冬季（2019年1月），混凝土表面温降幅度大（27℃→5℃），而内部混凝土从入仓温度26℃历经1个月升高到36℃，再降低到16℃，相当于温降仅10℃。由于温升产生压应力、温降产生拉应力，而内外温差较大导致表面产生较大拉应力，约1.05MPa；随着混凝土内部温度逐渐向稳定温度过渡，内部温度持续降低而产生拉应力增量，对外部产生压应力增量，表面拉应力会逐渐减小，如2020年1月时表面最大拉应力降低到0.9MPa。通常施工期结束后的第一个冬季是最容易产生裂缝的，当大坝运行若干年后到达稳定温度时，内部应力达到最大状态，而表面应力水平会显著下降。由图可知，第一个冬季最大拉应力约1.0MPa，坝体应力满足温控防裂要求，不分缝或少分缝在拱坝设计中是可行的。

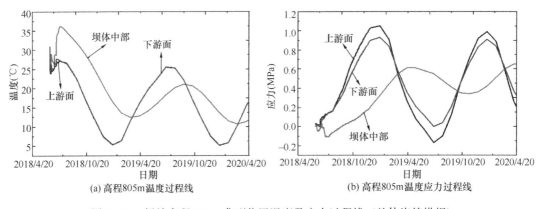

(a) 高程805m温度过程线　　　　　　　　(b) 高程805m温度应力过程线

图5.3-6　绿塘高程805m典型位置温度及应力过程线（整体浇筑拱坝）

绿塘大坝为不分横缝的整体浇筑拱坝，为了对比分析，构建模型时预先设置横缝，缝单元有3种状态，即张开、闭合滑动、粘结。整体浇筑拱圈不考虑分缝时，通过设置非常大的缝强度（如100MPa），从而不允许横缝张开。横缝灌浆的模拟方法为灌浆前接缝单元可受压、但不能受拉，灌浆后增加接缝单元的单轴抗拉强度、黏聚力、摩擦系数，接缝单元可受压、受拉且受剪，实际上拱坝常选择在坝体稳定且较低温度时进行封拱灌浆。整体浇筑堆石混凝土拱坝在施工期就已经整体成拱，虽然坝身泄水孔两侧会分开混凝土浇筑，但也整体成拱（不预设横缝），而分缝拱坝的混凝土结构尺寸较小，封拱灌浆后才形成整体拱结构。

图5.3-7为假设划分5条横缝的绿塘拱坝施工期温度应力包络图。对比整体浇筑拱坝的图5.3-5可发现，分横缝的堆石混凝土拱坝整体应力水平相对低，在每个横缝处应力得到一定释放，改善了坝体拱向应力分布状态；而整体浇筑堆石混凝土拱坝的上下游面拱向应力都是连续的，在靠近两岸边坡中部高程区域有局部高应力区。划分横缝后，对上游防渗层大体积混凝土的应力改善较为明显，由整体浇筑拱坝的约1.5MPa降低到0.6MPa。坝体内部由于是堆石混凝土，本身水化温升较低，因此分缝与不分缝对应力状态的改善不是很明显。鉴于此，若采用整体浇筑堆石混凝土拱坝形式，建议上游防渗层设置短缝、避开高温季节浇筑，来减少上游面的温度应力。本节采用设置超大弹性模量的缝单元可以模

拟不分缝拱坝的施工过程，由于堆石混凝土本身绝热温升低，大粒径堆石具有吸纳混凝土热量的能力，而且拱坝体型薄、散热快，即使坝轴线中心位置的混凝土温升也不高。后续研究还可分析非均质堆石混凝土给整体浇筑拱坝带来的拱圈温度不均匀性，以及模拟上游设置短缝、夏季高温采取温控措施后的应力改善效果。

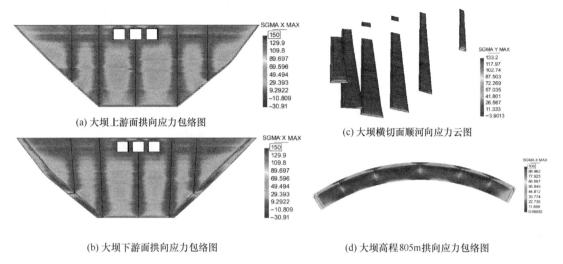

(a) 大坝上游面拱向应力包络图

(b) 大坝下游面拱向应力包络图

(c) 大坝横切面顺河向应力云图

(d) 大坝高程 805m 拱向应力包络图

图 5.3-7　绿塘大坝施工期最大温度应力包络图（假设分 5 条横缝）

5.4　龙洞湾拱坝施工期温度监测

5.4.1　温度监测试验布置

龙洞湾水库坝址多年平均气温 15.5℃，年均降雨量 1271.7mm，年均无霜期 280d，日照率年平均为 23%。大坝主体材料采用 $C_{90}15$ 一级配堆石混凝土，上游面预制块后设置厚 0.5m 的 $C_{90}15$ 一级配自密实混凝土防渗层。龙洞湾拱坝不设横缝，采用通仓整体浇筑的方式，且取消了温控措施。该拱坝每个浇筑层厚度为 1.3m，经研究计算上下游的预制块每层 4 块较安全，中间约有 10cm 的水泥砂浆砌筑。堆石粒径在 300～1300mm 区间随机分布，满足最大粒径不超过层厚要求。

龙洞湾拱坝温度监测采用有线温度传感器与配套的数据采集仪，型号为 BGK-3700 的热敏电阻温度传感器，其本身不易受导线长度干扰，不锈钢外壳尺寸为 $\phi12mm \times 60mm$，标准量程为 $-30～+70℃$。为了减少坝肩垫层以及基岩对温度监测的影响，绝大多数测点被布设在了距离坝肩较远的地方，传感器引线长度可能在 20m 以上。温度传感器为埋入式设计，外观如图 5.4-1（a）所示。在正式开展现场试验前，对温度传感器与自动化采集装置的性能进行了试验室检验率定，如图 5.4-1（b）所示，结果显示温度测值在 0～50℃的环境中与标准高精度水银温度计的整体误差约为 $\pm0.2℃$，满足试验精度要求。

为了研究堆石混凝土中堆石与自密实混凝土的温度传导规律，针对龙洞湾拱坝开展了夏季晴天和持续降雨两个工况下详细的施工期温度监测工作。工程现场的试验设备连接及数据传输示意图如图 5.4-2 所示，浇筑仓附近也布设了气温监测站与雨量站，用于记录现

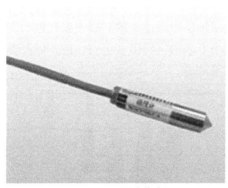

(a) BGK-3700温度传感器　　　　　　(b) 传感器与自动采集仪的率定试验

图 5.4-1　埋入式热敏电阻温度传感器

场施工环境下局域小气候的变化。试验所采用的数据采集仪由微控制单元完成数据的自动化采集，通过 GPRS 传输至云端数据库，可以远程召唤传感器模块进行实时监测，采集频率为 10min 一次。试验要尽量减少对现场施工的影响，在保证仪器设备正常运行的同时还要获取较为全面的信息数据。试验设有自密实混凝土温度、堆石温度两种类型的测点，其中堆石内测点的布设需要通过钻孔实现。整个试验的具体步骤如下：

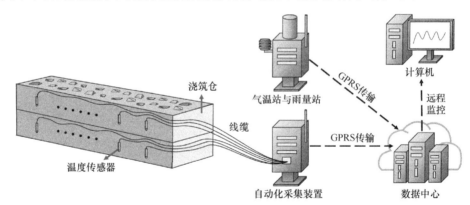

图 5.4-2　试验设备连接及数据传输示意图

（1）安装自动化采集仪器。自动化采集仪器需要长期使用，为确保其不干扰施工，且能持续供电，要在坝肩附近寻找合适的平台进行仪器的安装固定，随后连接温度传感器进行远程召测，检测信号是否正常稳定。气象站的安装过程类似。

（2）堆石钻孔及摆放。堆石一旦被运至浇筑仓内，就难以对位于仓底的堆石进行钻孔，因此需在堆石骨料场进行预先钻孔。选择粒径在 600～900mm 的堆石作为监测堆石，利用钻孔机对监测堆石进行钻孔，孔的直径为 40mm 左右。随后将监测堆石运送至仓内预先设计的位置，周围其他堆石随机堆放。

（3）布设温度传感器（图 5.4-3）。对于堆石测点，首先将传感器放入堆石孔内指定深度，浅表测点深约 10cm，中心测点深约 30cm。随后用钻孔产生的石粉回填孔并压实来固定传感器，在孔口留出约 3cm 深的空间，利用硅酮发泡胶进行封孔以保证石粉紧密不漏，减小钻孔带来的温度误差。对于自密实混凝土测点，需要在浇筑前利用钢筋等材料进行固定，确保其悬空而不与堆石接触。

(a) 堆石预钻孔　　　(b) 孔内石粉回填，硅酮发泡胶封口　　　(c) 测量孔深

(d) 固定自密实混凝土测点　　(e) 布设好的自密实混凝土测点　　(f) 测量自密实混凝土测点位置

图 5.4-3　现场温度传感器的埋设以及布设位置的测量

（4）测点位置信息记录。对各测点的空间位置和施工信息进行了详细测量及记录，包括测点到上游面、仓底、坝肩的距离；堆石内测点的孔内埋深；堆石的大致粒径及形状，以及测点周围的堆石情况。

（5）巡测任务的建立。在采集系统上建立温度巡测任务，查看有无异常。

（6）自密实混凝土液面变化记录（图 5.4-4）。自密实混凝土在堆石空隙内的流动属于比较隐蔽的过程，为重现浇筑期间自密实混凝土的液面变化过程，通过标尺测量和视频录制结合的方式，对监测区域开展了自密实混凝土液面高度的记录。同时记录了浇筑管口

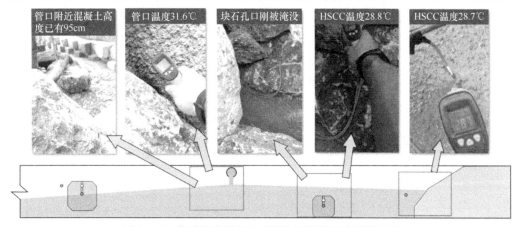

管口附近混凝土高度已有95cm　　管口温度31.6℃　　块石孔口刚被淹没　　HSCC温度28.8℃　　HSCC温度28.7℃

图 5.4-4　传感器布设各点测温和 HSCC 流动情况记录

位置及 HSCC 入仓温度，HSCC 流动过程中的温度变化。

龙洞湾拱坝从 2020 年 8 月 23 日起连续进行了 4 个多月的温度监测。试验选择了高程 906.3～908.9m 间的连续两层浇筑仓，浇筑层厚度为 1.3m，研究区域设置在靠近左坝肩 10m 以内的范围。两仓温度传感器的布设位置如图 5.4-5 所示，每层 6 个测点，共计 12 个测点；每层在坝肩基岩附近设有一个自密实混凝土测点，并在远离基岩处设置另一个自密实混凝土测点进行对比；混凝土测点附近设有监测堆石，堆石中有浅层与深层两个测点，用于研究堆石与自密实混凝土的热交换现象。需要注意的是，位于近坝肩处的混凝土测点 T6、T15 周围不设堆石，在浇筑时周围为纯 HSCC。图中对监测堆石的轮廓进行了简化，但粒径接近实际情况。温度测点在仓内的具体布设位置见表 5.4-1，如 T12 距离仓底 1000mm，比较靠近仓表面；T10 距离上游面 1500mm，离自密实防渗层位置较近。

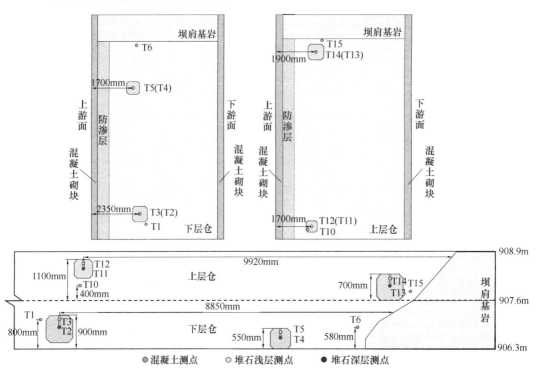

图 5.4-5　温度传感器布设位置示意图（上图为两仓的俯视图，下图为正视图）

温度监测测点在仓面的具体布设位置　　　　　　　　　　表 5.4-1

测点编号	测点类型	孔内埋深（mm）	堆石粒径（mm）	到仓底距离（mm）	到上游面距离（mm）
T1	混凝土测点	—	—	800	2650
T2	堆石测点	300	700	600	2350
T3	堆石测点	100	700	800	2350
T4	堆石测点	250	500	300	1700
T5	堆石测点	100	500	450	1700
T6	混凝土测点	—	—	580	2180

测点编号	测点类型	孔内埋深（mm）	堆石粒径（mm）	到仓底距离（mm）	到上游面距离（mm）
T10	混凝土测点	—	—	400	1500
T11	堆石测点	250	500	850	1700
T12	堆石测点	100	500	1000	1700
T13	堆石测点	300	700	400	1900
T14	堆石测点	100	700	600	1900
T15	混凝土测点	—	—	250	2200

5.4.2 HSCC 浇筑前温度变化

试验的下层仓浇筑时间为 2020 年 8 月 25 日，上层仓浇筑时间为 2020 年 9 月 5 日，图 5.4-6 给出了施工期间前 25d 的温度变化情况。首先分析 HSCC 浇筑前两仓内不同测点的温变情况，表 5.4-2 给出了浇筑前各测点测值与气温的差值。

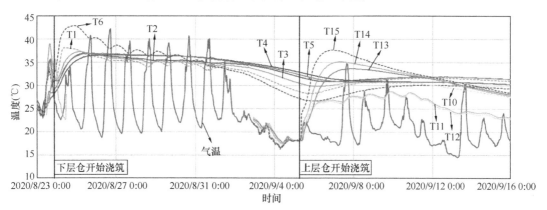

图 5.4-6　龙洞湾施工期温度监测数据变化曲线

龙洞湾浇筑前测点温度与气温的差值　　　　　　　　　　　表 5.4-2

测点编号	浇筑前 10h 平均测值与平均气温的差值（℃）	测点编号	浇筑前 3d 平均测值与平均气温的差值（℃）
T1^S	−1.5	T10^S	0.3
T2	−4.7	T11	0.8
T3	0.7	T12	0.6
T4	−4.4	T13	0.7
T5	−4.2	T14	0.7
T6^S	−1.8	T15^S	−0.1

由于试验条件所限，下层仓在浇筑前 10h 才开始进行所有测点的监测，上层仓在浇筑前 2d 便开始了所有测点的监测。图 5.4-7（a）给出了下层仓浇筑前测点的温度变化过程，图 5.4-7（b）给出了上层仓浇筑前测点的温度变化过程，图中虚线为混凝土测点、实线为堆石内测点。

由图 5.4-7（a）可知，下层仓浇筑当天日照充足，最高气温达到了 35.7℃，平均气

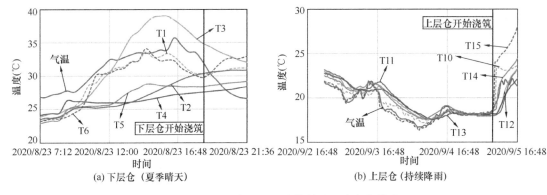

(a) 下层仓（夏季晴天）　　　　　　　　　　(b) 上层仓（持续降雨）

图 5.4-7　龙洞湾 HSCC 浇筑前的温度变化情况

温 28℃。可以看到 T1、T3、T6 在浇筑前与气温高度相关，这是由于 T1、T3 距离仓顶较近，上方无堆石，直接受到太阳直射所致，而 T6 所处位置不堆放堆石，同样受太阳直射影响较大。远离坝肩处的监测堆石内，T2 位于堆石深处，外界环境对其温度的影响具有一定滞后性。靠近坝肩处的监测堆石位于仓底，上方堆石起到一定遮阳作用，因此 T4、T5 温度变幅整体较低。

结合表 5.4-2 可看到，下层仓在浇筑前堆石体内部的温度普遍比气温低 4℃ 左右，被太阳直射的堆石以及基岩表面能达到与气温相近甚至更高的温度，考虑到堆石体上表面受太阳辐射的影响温度可能较高，可以认为堆石体整体入仓温度较气温低约 3℃。因此，在浇筑开始时刻测得气温为 33.5℃，基于以上论述可以推断此时堆石体的整体温度应在 30.5℃ 左右。

由图 5.4-7（b）可知，上层仓浇筑前的 3d 当地持续下雨，气温持续下降，3d 内最高气温 21.9℃，平均气温 19.2℃。对暴露在空气中的混凝土测点进行分析，结合表 5.4-2 可知，混凝土测点 T10、T15 在浇筑前 3d 内的平均温度较气温相差 0.5℃ 以内，表明堆石体内部空隙中的温度与外部气温差异不大。位于堆石内的测点 T11、T12、T13、T14 浇筑前较气温高 0.6～0.8℃，温度变化较气温有 2～6h 的滞后性，变化趋势非常一致。虽然 T13、T14 所处的堆石位于仓底，但摆放于堆石体与坝肩之间，其周边都不再设堆石，与外界环境接触面较大，因此其温度变幅与位于仓顶的 T11、T12 所处监测堆石较为一致。

整体看来，上层仓的堆石以及堆石体空隙中的温度与气温的差异在 1℃ 左右，差异较小，可大致认为在阴雨天内堆石体的整体温度等同于同时刻气温。实际浇筑开始时刻测得气温为 19℃，因此堆石体整体温度应在 19℃ 左右。

5.4.3　HSCC 浇筑后温度变化

为确定 HSCC 的入仓温度，试验中利用红外测温仪测量了入仓管口 HSCC 的表面温度，以及混凝土测点被淹没时周围 HSCC 的表面温度。下层仓中，在 T1、T6 接触到 HSCC 后，红外测温仪对测点周围 HSCC 的表面温度进行了测量，测值分别为 28.7℃ 和 28.9℃，同一时刻对应温度传感器的测值为 30.3℃ 和 29.8℃，传感器测值较红外测温仪高 1℃ 左右，这是因为红外测温仪测量的是 HSCC 的表面温度，测值可能会受外界环境影响有所误差。

因此，可通过该差值对入仓管口的 HSCC 温度进行修正，来获取 HSCC 的真实入仓温度。比如下层仓浇筑当天利用红外测温仪测得的不同时刻 HSCC 入仓温度有 31.3℃、31.6℃、32.6℃，修正后可认为当天 HSCC 入仓温度约为 32.8℃。对于上层仓，采用同样的方法确定 HSCC 的入仓温度，T10、T15 的两次测值结果显示红外测温仪较温度传感器的测值要低 4.6℃左右，这与下层仓 1℃的误差有所不同，分析可能是浇筑当天气温较低使得 HSCC 表面温度冷却更快，增大了测量误差，因此在上层仓的浇筑中，应利用新差值对 HSCC 的入仓温度进行修正，修正后当天的 HSCC 入仓温度约为 24.2℃。

为了更清楚地分析 HSCC 浇筑后各测点的温度变化情况，并与浇筑前的温变情况做对比，图 5.4-8、图 5.4-9 分别给出了下、上层仓浇筑后各类型测点的温变情况，表 5.4-3 集中统计了各测点的入仓温度和温升情况。为了比较远坝肩处与近坝肩处混凝土测点的温变情况，引入了代表两者之差的变量 $\Delta_{上层仓}$、$\Delta_{下层仓}$，相关计算公式如下（t 为监测中的某一时刻）：

$$\Delta_{下层仓_t} = T6_t - T1_t \tag{5.4-1}$$

$$\Delta_{上层仓_t} = T15_t - T10_t \tag{5.4-2}$$

图 5.4-8（a）给出了下层仓浇筑前后共 12d 的温度变化情况。图 5.4-8（b）显示 HSCC 浇筑后混凝土测点 T1、T6 达到的最高温度分别为 38.2℃ 和 42.9℃，对应的水化热温升为 5.4℃ 和 10.1℃，可以看到 T6 要比 T1 的温升幅度更高，高约 5℃，这是因为 T1 周边堆石较多，T6 周边几乎为纯 HSCC，而 HSCC 的用量更大所产生的水化热就更大。

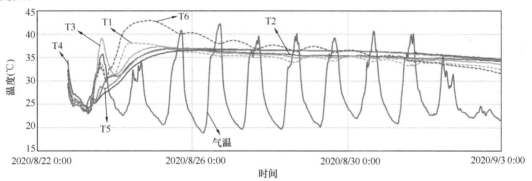

(a) 下层仓浇筑前后12d内温度变化情况

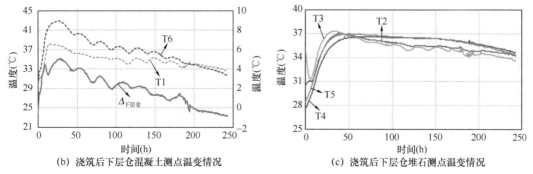

(b) 浇筑后下层仓混凝土测点温变情况　　　(c) 浇筑后下层仓堆石测点温变情况

图 5.4-8　龙洞湾浇筑后下层仓各类型测点的温变情况

此外，观察图 5.4-8（c）可以发现，堆石内 4 个测点在浇筑后的第三和第四天内达到了最高温度，最高温度均在 37℃ 左右，堆石整体温升幅度约为 6.5℃，说明堆石在施工过程中起到了吸收混凝土水化热的作用。对于单个堆石可看到，T2、T3 所处堆石的温升幅度约 5℃，T4、T5 所处堆石的温升幅度约 8.6℃，显然后者在混凝土释放水化热的过程中吸收了更多的热量，由于两堆石所达到的最高温度十分接近，因此影响两者温升幅度差异的主要因素为堆石的入仓温度，表 5.4-3 显示 T2、T3 的入仓温度要高于 T4、T5，结合前述分析可知，这是由于 T2、T3 所处的堆石上方无堆石遮光，所受太阳辐射较强所致。

龙洞湾测点入仓温度和温升情况

表 5.4-3

测点编号	入仓温度（℃）	最高温度（℃）	温升幅度（℃）	最大温升所用时长（h）	测点编号	入仓温度（℃）	最高温度（℃）	温升幅度（℃）	最大温升所用时长（h）
T1^S	32.8	38.2	5.4	11	T10^S	24.2	30.7	6.5	70
T2	30.7	37.2	6.5	36	T11	18.2	28.7	10.5	105
T3	33.8	37.3	3.5	30	T12	18.4	28.6	10.2	105
T4	27.8	36.7	8.9	87	T13	18.2	33.7	15.5	58
T5	28.7	37.1	8.4	32	T14	18.5	35.2	16.7	45
T6^S	32.8	42.9	10.1	28	T15^S	24.2	37.7	13.5	36
T7	25.6	29.3	3.7	177	T16	24.6	26.9	2.3	94
T8	27.5	32.3	4.8	72	T17	22.1	28.9	6.8	69
T9	33.3	33.7	0.4	25	T18	20.9	26.9	6	108

通过图 5.4-8 下层仓的试验结果分析，可得出相比较于纯混凝土浇筑，如果采用堆石混凝土浇筑的方法，可以一方面减少混凝土用量、减少水化热，另一方面堆石自身也可以吸收混凝土释放的水化热，降低混凝土内的温升幅度。在太阳辐射较强的天气里可以考虑采用遮光布等措施，来降低堆石的入仓温度，使其能够在混凝土浇筑后吸收更多的水化热。

图 5.4-9（a）给出了上层仓浇筑前后共 12d 的温度变化情况。图 5.4-9（b）显示近坝肩处混凝土测点 T15 的最大温升幅度，比远坝肩处测点 T10 高约 7℃，这一现象与下层仓一致，同样是因为近坝肩处混凝土更多，水化热更大，且缺少堆石的吸热所致。图 5.4-9（c）给出了上层仓浇筑后堆石测点的温变情况，可以看到由于该仓堆石的入仓温度较低，浇筑后堆石的温升幅度非常大，最大温升幅度均超过了 10℃，远坝肩处堆石的最大温升幅度要低于近坝肩处堆石，分析可能是两方面原因造成：一是近坝肩处堆石周边混凝土更多，吸收水化放热更多；二是远坝肩处堆石接近仓顶，散热条件较好，而外界环境温度较低，因此堆石在吸热温升后会将部分热量传递给外界，而不会进一步温升。

通过龙洞湾整体浇筑堆石混凝土拱坝的原型温度监测试验，分析自密实混凝土、堆石、环境气温等监测数据，可得出以下结论：

（1）在夏季晴天施工时，堆石与基岩的入仓温度整体较气温低 3℃ 左右，在阴雨天内，堆石的入仓温度与气温较接近。由于堆石所能达到的最高温度不会高于混凝土的温度，因此堆石吸收热量的大小主要取决于入仓温度。

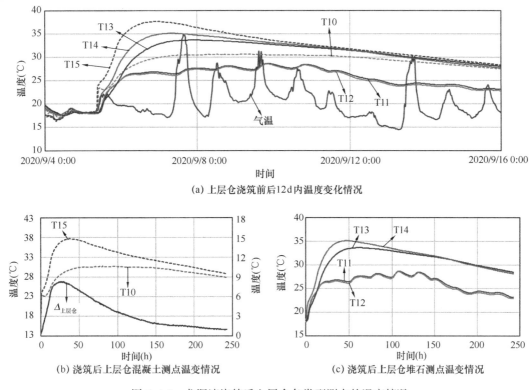

(a) 上层仓浇筑前后12d内温度变化情况

(b) 浇筑后上层仓混凝土测点温变情况

(c) 浇筑后上层仓堆石测点温变情况

图 5.4-9　龙洞湾浇筑后上层仓各类型测点的温变情况

（2）堆石在接触到自密实混凝土后能迅速吸热升温，堆石的使用能够降低混凝土用量，从而降低混凝土的整体水化热。同时，在自密实混凝土胶凝材料水化反应的过程中，由于二者存在温差，会有明显的热传导过程，堆石吸热能够有效降低混凝土的温升幅度，抑制温度裂缝的产生。

（3）在夏季晴天施工时由于太阳辐射较强，需要对仓内堆石体进行一定的遮光处理，如适当采用遮光布等方式防止堆石被阳光直晒，以降低堆石的入仓温度，避免堆石温度过高影响其吸热效果。在阴天内则不需要额外的遮光处理。

（4）拱坝坝肩处由于混凝土用量较大，混凝土温升幅度也会更高，在确保工程安全的前提下，可考虑在坝肩处堆放更多的堆石来降低局部温升幅度。

5.5　风光拱坝施工期温度监测

5.5.1　温度监测试验布设方案

风光水库是一座堆石混凝土双曲拱坝，位于贵州省正安县，设计坝高 48.5m，坝顶高程 691.0m，堆石混凝土强度等级为 $C_{90}15$。堆石料为石灰岩，统计平均堆石率约 55%，上游面设置 0.3m 厚自密实混凝土防渗层，上下游面均采用尺寸为 0.3m×0.3m×0.5m 的混凝土预制块作为永久模板。坝址位于亚热带季风气候区，气候温和，雨量充沛，年平均气温白天为 20.9℃，夜晚 13.8℃。

风光拱坝为不分横缝整体浇筑的堆石混凝土拱坝，工程于 2020 年 4 月中旬开始浇筑堆石混凝土，2022 年竣工蓄水，运行状况良好。为揭示该通仓浇筑堆石混凝土拱坝内部温度演化规律，2020 年 11 月 21 日至 2021 年 1 月 8 日开展了现场温度监测，共采集了施工期 1136h（约 47.3d）高程 676.4～679.0m 两仓堆石混凝土的温度数据。试验整体布设情况如图 5.5-1 所示，监测区域平面为 7.3m×1.0m，狭长且与坝轴线垂直，中心距右坝肩约 10.0m。试验采用的温度传感器为铜电阻温度传感器，型号 BGK-3700，尺寸 ϕ12mm×60mm，量程−30～+70℃，精度±0.2℃，数据采集频率为 10min/次。

风光温度监测试验共使用 34 个温度传感器，其中 28 个布设于高程 676.4～679.0m 两仓堆石混凝土内，6 个布设于右坝肩岩体。布设过程中测量埋设传感器与上游坝面、该仓仓顶距离及堆石内部埋深，传感器在仓中相对位置见图 5.5-2、图 5.5-3 与表 5.5-1。传感器位置整体靠近上游面，每仓布设 17 个传感器，3 个位于右坝肩岩体内，8 个位于堆石内，6 个用于测量 SCC 温度，堆石与自密实混凝土测点的布设过程见图 5.5-4。对于堆石，首先选择体积相对较大的堆石，使用电钻在选定堆石上提前钻孔，每一个堆石孔中放置 2 个传感器，间距 150～200mm，孔中回填石粉并密封，然后将该堆石搬运至仓内指定地点堆积；对于自密实混凝土，使用胶带将传感器固定在聚丙烯管上，然后将该管垂直放于仓内指定位置；右坝肩的传感器布设方式与堆石中布设方法类似。

风光温度传感器测点在仓中的相对位置 表 5.5-1

传感器编号	钻孔深度（m）	距仓顶（m）	距上游面（m）	传感器编号	钻孔深度（m）	距仓顶（m）	距上游面（m）
A1	0.13	0.44	2.75	A4	0.13	0.49	2.90
A2	0.38	0.65	2.75	A5	0.45	0.76	2.90
A3	0.78	0.99	2.75	A6	0.78	1.05	2.90
R1	0.13	0.70	0.87	R9	0.13	0.85	0.83
R2	0.30	0.90	0.95	R10	0.33	0.90	1.03
R3	0.11	0.10	1.60	R11	0.13	0.15	1.00
R4	0.29	0.30	1.60	R12	0.36	0.35	1.00
R5	0.12	0.60	3.36	R13	0.15	0.75	3.25
R6	0.30	0.75	3.46	R14	0.33	0.90	3.25
R7	0.12	0.00	3.50	R15	0.15	0.15	2.80
R8	0.27	0.10	3.59	R16	0.26	0.30	2.80
S1	—	1.10	1.60	S6	—	1.10	2.95
S2	—	0.70	1.60	S7	—	0.70	2.95
S3	—	1.10	3.60	S8	—	1.10	1.50
S4	—	0.70	3.60	S9	—	0.70	1.50
S5	—	0.30	3.60	S10	—	0.30	1.50
S11	—	0.61	2.75	S12	—	0.77	2.90

(a) 风光水库试验区域的俯视图　　　　　　(b) 风光水库采集设备安装平台的情况

图 5.5-1　风光拱坝的试验区域及试验设备布置情况

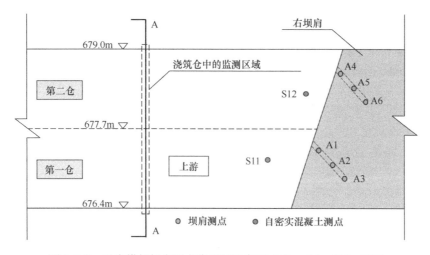

图 5.5-2　风光拱坝坝肩测点位置的示意图（A1～A6，S11～S12）

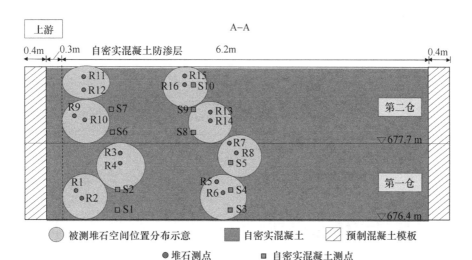

图 5.5-3　风光拱坝仓内测点位置的示意图（S1～S10，R1～R16）

(a) 堆石钻孔   (b) 测量堆石孔深   (c) 石粉回填硅胶泡沫封口

(d) 聚丙烯固定传感器   (e) SCC测点垂直固定于堆石空隙中   (f) 测量测点位置

图 5.5-4 风光水库堆石与 SCC 中布设温度传感器图

5.5.2 两仓温度长期变化趋势

图 5.5-5 显示了 34 个测点共 1136h（约 47.3d）的实测温度数据，期间经历了四仓堆石混凝土的浇筑，但重点关注前两仓堆石混凝土的温度演化趋势。图中 τ 表示时间（h）；$T_R^{L1}(\tau)$ 与 $T_R^{L2}(\tau)$ 分别表示第一仓（L1）与第二仓（L2）堆石温度变化；$T_{SCC}^{L1}(\tau)$ 与

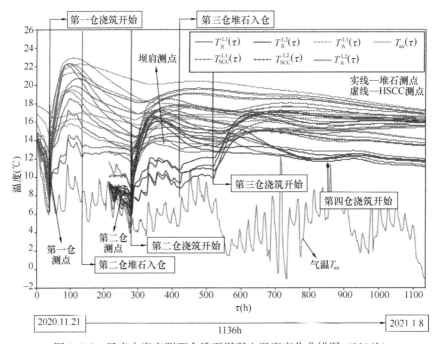

图 5.5-5 风光水库实测两仓堆石混凝土温度变化曲线图（1136h）

$T_{\text{SCC}}^{\text{L2}}(\tau)$ 分别代表第一、二仓自密实混凝土温度变化；$T_{\text{A}}^{\text{L1}}(\tau)$ 与 $T_{\text{A}}^{\text{L2}}(\tau)$ 分别代表第一、二仓右坝肩温度变化；$T_{\text{air}}(\tau)$ 代表气温。图 5.5-5 中可观察到堆石混凝土特有的多种温度变化，其一为自密实混凝土与堆石的热交换作用，具体表现在自密实混凝土温度曲线的骤降与陡升。新鲜浇筑的自密实混凝土覆盖堆石后，由于二者入仓温度差异而产生热传导过程，使自密实混凝土温度先骤降；二者温度相对混合均匀后，因自密实混凝土水化放热，堆石体与自密实混凝土共同温度升高，期间堆石辅助吸收混凝土的水化热量。其二为堆石体的保温作用，具体表现为第二仓堆石入仓后，第一仓仓顶测点温度受气温影响变小，温度曲线变得平坦；其他特征包括可根据曲线对气温变化的敏感程度，区分传感器在仓面中大致位置，以及上下相邻两仓间的热传导影响，但第三仓对第一仓已几乎无影响。

为更清晰地对比第一仓与第二仓温度变化，绘制两仓温度包络曲线如图 5.5-6 所示，其中 $\overline{T}^{\text{L1}}(\tau)$ 与 $\overline{T}^{\text{L2}}(\tau)$ 分别为两仓平均温度变化曲线。可明显看出，第一仓温度水平高于第二仓，这主要是由于两仓自密实混凝土入仓温度差异较大，且气温有所区别。第一仓自密实混凝土入仓温度为 17.5℃，第二仓则为 13.8℃；相应地，第一仓浇筑时平均气温为 7.7℃，而第二仓则为 6.4℃。然而，尽管两仓在浇筑后温度水平存在差异，但由于与周围环境持续对流换热，一个月后两仓温度基本一致。第二仓混凝土的浇筑，明显引起了第一仓堆石混凝土的二次温升，大约升高了 2℃；同样地，第二仓混凝土也受上仓浇筑影响，有约 2℃ 的二次温升。

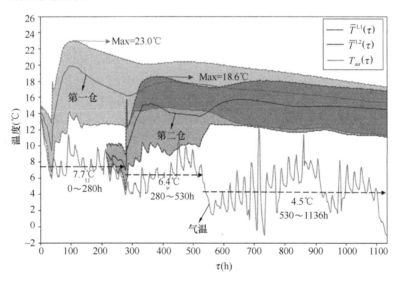

图 5.5-6　风光水库实测两仓堆石混凝土温度变化包络图

5.5.3　坝肩测点温度分析

风光拱坝的坝肩岩体为石灰岩，坝肩测点的预埋相对位置见图 5.5-2，测点编号为 A1～A6，距离坝肩较近的位置对照设置了 2 个自密实混凝土测点，编号为 S11、S12。图 5.5-7 为从 A1～A6 与 S11、S12 温度变化图，由图可知，浇筑前坝肩内测点温度随气温变化，孔中相邻测点温差约 1℃，埋深越大受气温影响越小。孔中测点最大埋深为 0.78m（A3 和 A6），第一仓浇筑前气温骤降 8℃，但 A3 和 A6 测点温度仅下降约 1℃；第二仓浇筑前气温变化温和，两个测点温度几乎不受影响。因此推测，埋深 1.0m 及以上的坝肩岩体，可能受气温与坝体混凝土水化温升影响较小。坝体混凝土浇筑后，埋深低于 1m 的岩体也起着吸收水化热量的作用。

由图 5.5-7 可知，靠近坝肩的两个自密实混凝土测点 S11 和 S12 的水化温升较高，分别为 12.8℃ 和 13.5℃。实际工程中，由于坝肩岩体表面不规整，靠近坝肩部位的堆石率往往较低，自密实混凝土用量高。风光温度监测试验布设的 S11 和 S12，周围几乎无堆石，因此监测到的水化温升较高。

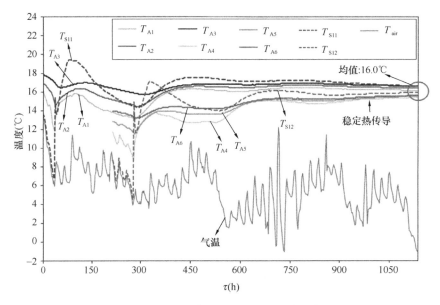

图 5.5-7　风光水库实测坝肩测点温度变化图

5.5.4　浇筑前仓内温度分析

仓内堆石测点 R1～R16 与自密实混凝土测点 S1～S10 浇筑前温度变化见图 5.5-8。其

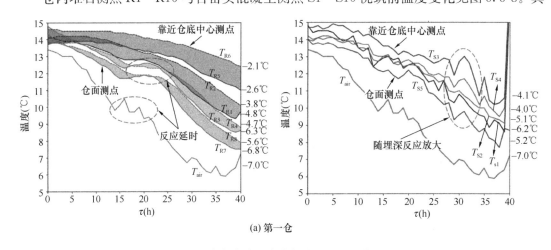

(a) 第一仓

图 5.5-8　风光水库仓内测点浇筑前温度变化曲线图（一）

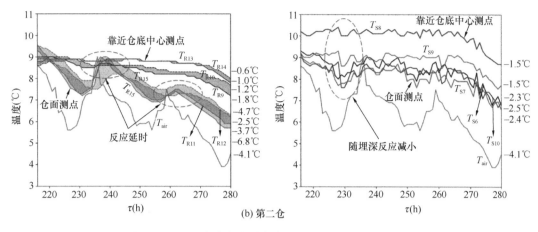

图 5.5-8　风光水库仓内测点浇筑前温度变化曲线图（二）

中，第一仓浇筑前温度变化时间区间为 0～40h，第二仓为 216～280h。图中最明显特征为浇筑前仓内为堆石体温度场，主要受气温与堆石体堆积厚度影响。首先，位于堆石孔内测点 R1～R16，靠近仓底中心测点温度略高于其他位置测点，受到气温影响最小，层高 1.3m 仓底中心堆石体温度高气温约 4.5℃，仓顶堆石温度高气温约 2.0℃。而位于堆石体孔隙中测点 S1～S10，呈现温度变化趋势与堆石内测点相似，但位于孔隙内的测点与空气直接接触，对气温变化更为敏感。

5.5.5　浇筑后仓内温度分析

仓内堆石测点 R1～R16 与自密实混凝土测点 S1～S10 浇筑后温度变化见图 5.5-9，其中，第一仓浇筑后温度变化时间区间为 37～280h，第二仓为 278～530h。由图可知，总结堆石混凝土浇筑后温度场特征如下：（1）浇筑后短期内，自密实混凝土的温度迅速先降后升，主要是由于堆石体的温度比自密实混凝土入仓温度低，二者由于温差迅速发生热交换，以达到相对温度均匀的状态。（2）浇筑后约 2d 内，堆石与自密实混凝土的温度都在同步升高，混凝土发生水化反应放热，堆石辅助吸收热量。这也说明堆石体作为"负热汇"，起着协助平衡坝体温度的作用。（3）后续的温降过程，下降速率与测点位置有关，可明显看出测点位置距离仓顶越小，温降段的斜率越陡、温度下降越快。

统计每个测点浇筑初始温度、最高温度及最大水化温升，如图 5.5-10 所示，自密实混凝土测点的温升幅度在 0.6～9.5℃ 之间，在平均气温分别为 7.7℃ 与 6.4℃ 的环境下，最大水化温升分别为 12.9℃ 与 9.5℃，堆石混凝土的水化温升明显比传统常态混凝土、碾压混凝土低。由于堆石初始温度低，大多堆石测点的温升幅度高于自密实混凝土，此外堆石比热容低于自密实混凝土，同等热量下温度升高的幅度更大。温度监测试验中，两仓最高温度测点均为自密实混凝土测点，第一仓为 23.0℃（S1）仓，第二仓为 18.6℃（S8）。

5.5.6　自密实混凝土上升液面线

风光堆石混凝土拱坝不分横缝，采用整个拱圈通仓浇筑模式，通常需要 12h 左右才能浇满一仓混凝土。在此期间，入仓的自密实混凝土水化放热、与周围热交换持续进行。为

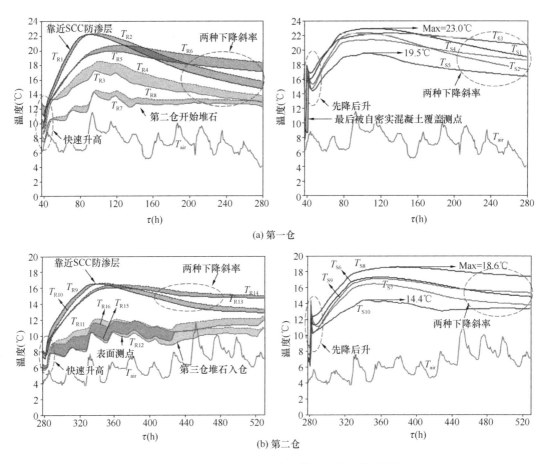

(a) 第一仓

(b) 第二仓

图 5.5-9 风光水库两仓测点浇筑后温度变化曲线图

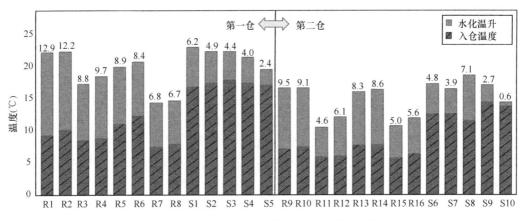

图 5.5-10 风光水库浇筑后测点温度与温升幅度统计图

了后续更真实地重建堆石混凝土温度场变化，试验过程中监测了自密实混凝土在堆石空隙中的液面线上升过程。试验采用钢尺垂直测距（见图 5.5-11），每隔 1h 在监测区域固定测点位置测量自密实混凝土液面高度，通过多点位置绘制出自密实混凝土的大致液面形状，如图 5.5-12 所示。可看出两仓均需 4h 填满整个监测区域范围，图中显示了自密实混凝土在隐蔽堆石结构中的流动填充过程，得到的自密实混凝土液面线可用于后续的分层填充过程数值模拟。

图 5.5-11　风光水库自密实混凝土液面高度测量示意图

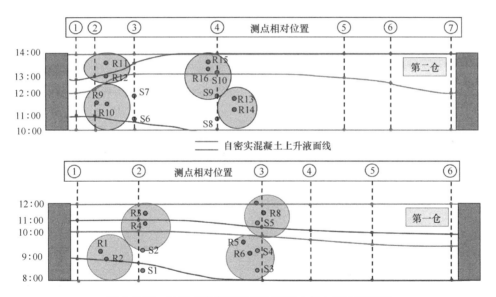

图 5.5-12　风光水库实测自密实混凝土每小时液面线图

5.6　多个工程的温度监测结果规律分析

5.6.1　温度监测点分组

对龙洞湾拱坝、风光拱坝温度监测结果整理，为对比分析，增加了采用钢模板的石坝河堆石混凝土重力坝。试验共 5 个浇筑仓，跨越了夏、秋、冬三个季节。将温度传感器划分成不同的测点分组，涵盖了浇筑仓的防渗层、中部、下游处、仓顶和仓底等不同区域

（图 5.6-1）。每个监测组有自密实混凝土测点、堆石表层测点、堆石中心测点各 1 支，共计 45 支温度传感器，分组信息如表 5.6-1 所示。除监测组 G4、G7 位于坝肩外，大部分监测组都距离坝肩 10m 左右。比较特殊的是 G3 中的下游处仓顶自密实混凝土测点 M7 位于钢模板下方，周围几乎无堆石，与防渗层类似；坝肩仓底测点 M19-21 所处位置堆石较少，自密实混凝土用量很大。

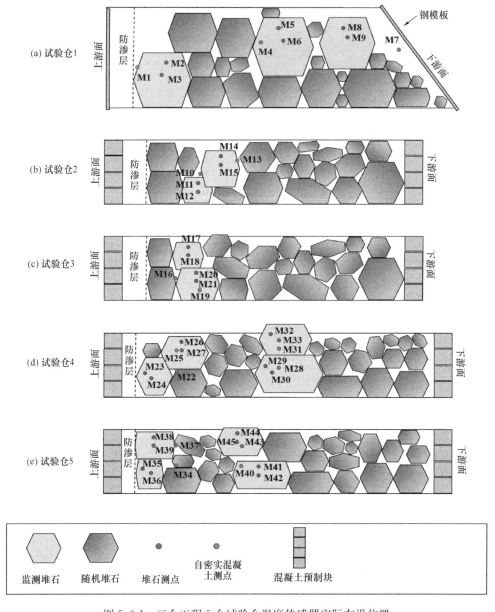

图 5.6-1　三个工程 5 个试验仓温度传感器实际布设位置

三座工程堆石混凝土中的堆石料均为灰岩，堆石率均 53%～55%，采用的 $C_{90}15$ 一级配自密实混凝土配合比如表 5.6-2 所示。自密实混凝土中的胶凝材料以水泥为主，水泥中的熟料矿物在与水拌和后会发生水化反应，并释放出大量热量。由表可知，三座工程单位体积的水泥用量差异不大。此外，水化热热量的传导主要与大坝的材料有关，三座大坝的堆石材料相同、堆石率接近，材料的热传导特性基本相似，引起不同坝段温度场差别的主要原因是施工季节、外界气温等外部因素。

不同工程温度监测点分组信息　　　　　　　　　　　　　　表 5.6-1

编号	组内测点	所属工程	监测季节	埋设位置	编号	组内测点	所属工程	监测季节	埋设位置
G1	M1～M3	石坝河水库	夏	防渗层仓底	G9	M25～M27	风光水库	冬	防渗层仓顶
G2	M4～M6	石坝河水库	夏	中部仓顶	G10	M28～M30	风光水库	冬	中部仓底
G3	M7～M9	石坝河水库	夏	下游处仓顶	G11	M31～M33	风光水库	冬	中部仓顶
G4	M10～M12	龙洞湾水库	夏	坝肩仓底	G12	M34～M36	风光水库	冬	防渗层仓底
G5	M13～M15	龙洞湾水库	夏	中部仓顶	G13	M37～M39	风光水库	冬	防渗层仓顶
G6	M16～M18	龙洞湾水库	秋	中部仓顶	G14	M40～M42	风光水库	冬	中部仓底
G7	M19～M21	龙洞湾水库	秋	坝肩仓底	G15	M43～M45	风光水库	冬	中部仓顶
G8	M22～M24	风光水库	冬	防渗层仓底					

不同工程自密实混凝土配合比（单位：kg/m³）　　　　　　表 5.6-2

工程	水泥	粉煤灰	砂子	石子	水	外加剂
石坝河水库	135	270	1080	570	186	6.5
龙洞湾水库	148	265	1054	621	185	6.5
风光水库	145	331	1042	567	180	6.4

5.6.2　堆石体温度场的时空非均匀分布

图 5.6-2 为自密实混凝土浇筑前的堆石温度变化，图中标注了每个测点到堆石体顶部表面的距离 h（大致等于测点到试验仓顶的距离），需要注意的是 M23、M24 上方过于空旷，受外界环境的影响程度实际上类似于仓顶堆石，因此两测点的距离 h 取为测点到该堆石顶部的距离，试验仓 1 在浇筑前的监测时间过短遂不讨论。

在空间上，岩石暴露表面受太阳辐射、空气对流等影响较大，其表面温度会伴随太阳辐射的增强而同步升高，这使得体积较大的单个堆石中心处与浅表处存在一定的温差，这种差异在夏季尤为明显，如同一堆石内的 M14、M15 测点，两者最大温差能达到 11℃。在宏观上，可将一整仓石视作具有多孔介质的"等效堆石体"。可以看到堆石体的温度场在夏季高温、冬季寒潮时的空间非均匀性分布最为明显，仓顶堆石和仓底堆石的最大温差能达到 13℃。而在秋季、冬季的普通阴雨天里，不论是单个堆石还是堆石体在空间上的温度差异都比较小，约 0～3℃。

在时间上，堆石体在不同季节具有"冬暖、夏凉、秋平"的温度分布特征，即：冬季堆石温度都高于气温，具有明显的保温效果；夏季除仓顶堆石表面外，堆石温度大都低于气温；而在秋季，堆石体的温度分布相对均匀，与气温接近。针对上述浇筑前堆石体的温度分布特点，可以考虑在炎热夏季施工中对堆石表面设置遮阳布，降低其入仓温度，提高

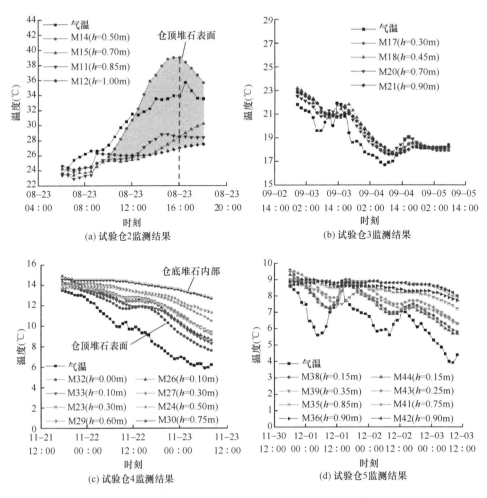

图 5.6-2　不同季节、不同深度处的堆石温度变化情况

堆石体对自密实混凝土水化热的吸收能力。

　　试验结果显示，堆石体的温度变化相对于气温有一定的相位滞后，这与已发表的结果一致。堆石体作为大体积物体，其温度对气温的变化响应并不快，但可能与前一段时间气温变化的累积量有关。选择周期性较明显的试验仓3和5研究堆石体温度的相位滞后。通过加权平均计算获得了两仓堆石的整体温度变化数据，然后将温度数据归一化到区间［0，1］以便于比较，相位滞后由波峰或波谷的拐点来判断，如图 5.6-3 所示。对8组延迟比较点进行分析，发现气温的拐点主要出现在凌晨和午后，堆石体对应的拐点主要出现在上午和下午，堆石体温度与气温之间的趋势滞后约为3h。因此，为了更准确地预测堆石的温度，需要考虑气温的累积效应，例如建立堆石温度与前3h平均气温的关系。

　　选择测点较多的试验仓4、5进行气温影响深度的研究。根据朱伯芳的研究，由于散热/对流系数，物体的表面温度不等于空气温度。为探讨气温对堆石体温度场的影响深度，将温度每小时变化的绝对值相加比较累计变化值：

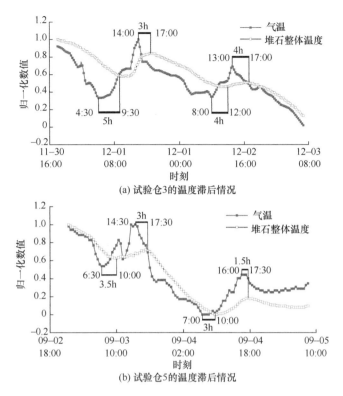

(a) 试验仓3的温度滞后情况

(b) 试验仓5的温度滞后情况

图 5.6-3　堆石温度相对于气温的滞后

$$
\begin{cases}
A_{\mathrm{a}} = \displaystyle\sum_{1}^{n} |\Delta T_{ai}| \\[2mm]
A_{\mathrm{r}} = \displaystyle\sum_{1}^{n} |\Delta T_{ri}|
\end{cases}
\tag{5.6-1}
$$

式中，A_{a} 和 A_{r} 分别是气温和堆石温度的累计变化值；n 为累计时间；ΔT_{ai}、ΔT_{ri} 分别为第 i 小时气温和堆石温度的变化量。在监测期间，试验仓 4 和 5 的 A_{a} 分别为 11.4℃ 和 17.3℃，而堆石体中不同深度的 A_{r} 是不同的，图 5.6-4 给出了试验仓的等效堆石体轮

(a) 试验仓4

(b) 试验仓5

图 5.6-4　等效堆石体轮廓以及测点的位置

廓以及测点的位置，并将上游防渗层（标记为 I）附近和堆石体中部（标记为 K）的测点进行了区分。

从图 5.6-5 中可看到，不论是在防渗层还是在堆石体中部，A_r/A_a 与 h 之间近似成线性关系，表明在防渗层附近或堆石体中部，气温对堆石体温度的影响都是随着堆石体深度 h 的增加而线性下降的。堆石体顶面（$h = 0 \sim 0.1\text{m}$）受气温的影响幅度约为 55%，而在 $h = 0.9\text{m}$ 时影响已经小于 10%。因此，在数值模拟中可假定短期内气温对等效堆石体温度的影响深度约为 0.9m。

在温度仿真计算中通常要先估算堆石的入仓温度，再按 55% 的堆石率估计堆石混凝土的入仓温度，前述研究中有通过气温估算堆石入仓温度的。基于 4 个试验仓的测点数据，包括夏季 19 个、秋季 22 个、冬季 21 个温度数据，绘制了堆石整体温度 T_{Rock}、仓顶堆石温度 T_{Rockt}、仓底堆石温度 T_{Rockb} 与前三个小时平均气温 T_{a3} 的散点图，如图 5.6-6 所示，两者具有较强的线性关系。通过气温的函数拟合来粗略估算堆石体温度，经验公式如下式，对不同季节具有一定的适用性。

$$\begin{cases} T_{\text{Rock}} = 0.83 T_{a3} + 3.6 \\ T_{\text{Rockt}} = 0.93 T_{a3} + 1.9 \\ T_{\text{Rockb}} = 0.72 T_{a3} + 5.3 \end{cases} \qquad (5.6\text{-}2)$$

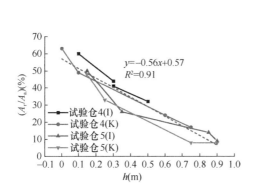

图 5.6-5　气温对等效堆石体温度的影响衡量指标 A_r/A_a 随深度的变化情况

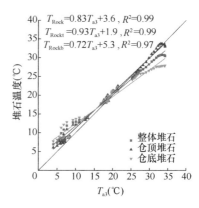

图 5.6-6　堆石温度与前 3h 平均气温的关系

5.6.3　不同季节自密实混凝土与堆石入仓温度规律

由于分组 G4 中的自密实混凝土测点与堆石测点距离过大，因此 G4 不参与浇筑后的温度变化讨论。针对 5 个试验仓中的 14 个监测组，按照不同施工季节的特点，分别研究了堆石浅表、中心测点和自密实混凝土测点在浇筑前后的温度变化。将测点被淹没的时刻作为初始时刻，即 $t = 0$，将该时刻自密实混凝土和堆石体的温度作为入仓温度，记作 T_{s0} 和 T_{r0}，气温为 T_{at}，此外还计算了堆石体和自密实混凝土的温升幅度变化 ΔT_{st} 和 ΔT_{rt}，其中 $\Delta T_{st} = T_{st} - T_{s0}$，$\Delta T_{rt} = T_{rt} - T_{r0}$。

图 5.6-7 为自密实混凝土和堆石体的入仓温度统计，在 3 个工程中，除了砂石骨料堆设有遮阳棚外，拌和用水以及拌和过程均未设冷却措施。该图显示了从夏季到秋季再到冬

季，自密实混凝土和堆石体的入仓温度都呈现递减现象，说明在没有降温措施的情况下，2 种材料的入仓温度均受气温影响较大。夏季入仓温度符合"堆石表面温度＞自密实混凝土入仓温度＞堆石中心温度"的规律。秋季与冬季的入仓温度总体符合"自密实混凝土入仓温度＞堆石中心温度≈堆石表面温度"的规律。其中，秋季自密实混凝土的入仓温度比堆石高约 5℃，冬季自密实混凝土的入仓温度较堆石高 6～10℃。通过对现场骨料温度的监测分析，造成自密实混凝土入仓温度较高的原因是胶凝材料、拌和用水的温度较高，罐装水泥或粉煤灰里的采样温度能达到近 70℃，且不易从容器罐里散热。

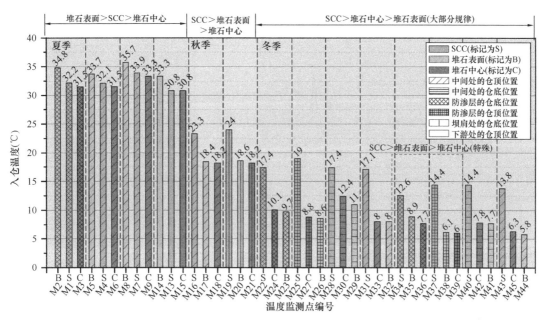

图 5.6-7　自密实混凝土和堆石的入仓温度统计

5.6.4　浇筑初期 24h 内自密实混凝土与堆石的热交换

图 5.6-8、图 5.6-9、图 5.6-10 分别绘制了夏季、冬季、秋季施工期间，不同仓面的各测点和气温（T_{st}、T_{rt}、T_{at}）在浇筑后 250h 内的温度变化，并给出了温升幅度变化 ΔT_{t}。

夏季共有 4 个监测组 G1、G2、G3、G5。由图 5.6-8 可知，在未经冷却处理的情况下，自密实混凝土的入仓温度要高于气温 5～10℃，但仍低于吸收太阳辐射热较多的堆石表面。因此，在自密实混凝土浇筑后的初期，堆石表面受自密实混凝土的冷却影响出现了约 5～7h 的短暂温降现象，同时自密实混凝土温度缓慢上升，直至堆石内外温度接近后，在第 8h 左右堆石温度（含浅表和中心）开始受自密实混凝土水化热的影响而逐渐温升，吸收自密实混凝土的水化放热。

冬季共有 8 个监测组 G8～G15，冬季试验是在 2020 年 11～12 月完成的，期间当地气温在 4～11℃之间变化，尚未达到 0℃以下的情况。由图 5.6-9 可知，冬季自密实混凝土的入仓温度高于堆石约 6～10℃。在自密实混凝土浇筑后的初期，所有冬季监测组均出现了自密实混凝土温度骤降、附近堆石温度缓慢上升的现象（图 5.6-9），直至自密实混凝土

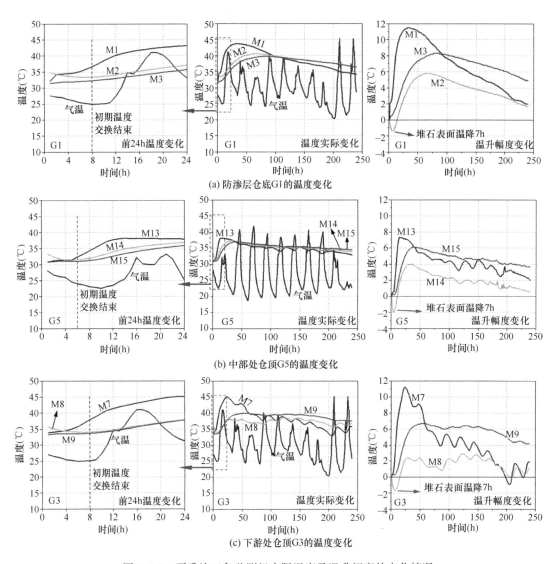

(a) 防渗层仓底G1的温度变化

(b) 中部处仓顶G5的温度变化

(c) 下游处仓顶G3的温度变化

图 5.6-8　夏季施工各监测组实际温度及温升幅度的变化情况

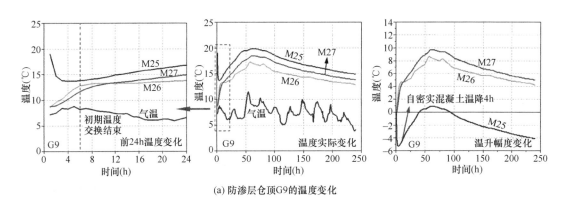

(a) 防渗层仓顶G9的温度变化

图 5.6-9　冬季施工各监测组实际温度及温升幅度的变化情况（一）

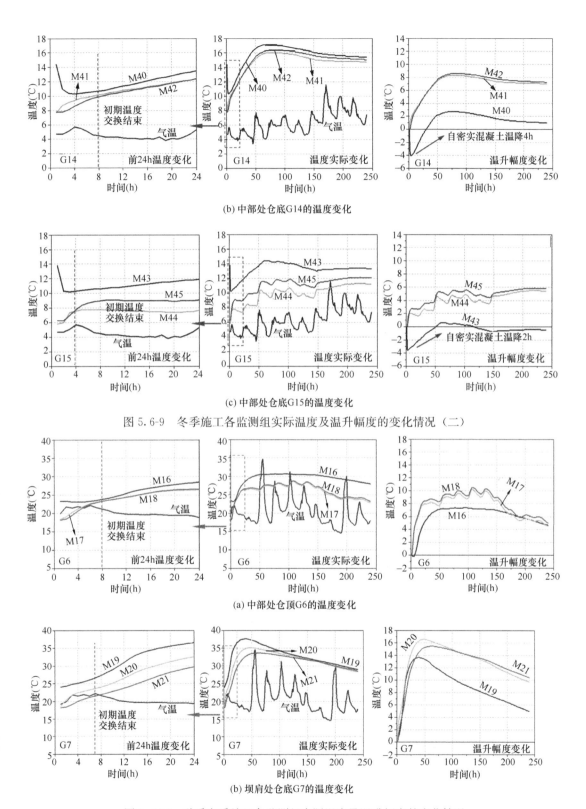

(b) 中部处仓底G14的温度变化

(c) 中部处仓底G15的温度变化

图 5.6-9　冬季施工各监测组实际温度及温升幅度的变化情况（二）

(a) 中部处仓顶G6的温度变化

(b) 坝肩处仓底G7的温度变化

图 5.6-10　秋季冬季施工各监测组实际温度及温升幅度的变化情况

与堆石温度接近，这一温度交换过程持续 2～7h。自密实混凝土温降过程主要是受堆石、气温的冷却影响，两者的冷却作用大于自密实混凝土本身水化热的作用，其中仓顶自密实混凝土降温速度比仓底的更快，随后，自密实混凝土受自身水化影响更大而开始温升。

秋季 2 个监测组 G6 和 G7 在浇筑后的 24h 内，没有测点发生明显的温度下降过程（图 5.6-10），均是受自密实混凝土的水化热影响而持续升温。对于在浇筑仓中间且靠近顶部的 G6：浇筑后的 7～8h 内堆石有一个较快速的温升过程，直至自密实混凝土与堆石温度接近，整仓温度开始快速上升，这与冬季类似，但自密实混凝土温度较为稳定而非冬季产生骤降，这是因为自密实混凝土与堆石、气温间的温度差异较冬季更小，堆石及气温的冷却作用与 SCC 水化温升作用基本持平。

5.6.5　浇筑后 10d 内的温度变化规律

图 5.6-11 统计了不同季节测点的最高温度，结果表明，不同季节自密实混凝土能达到的最高温度基本上都比堆石高，其中夏季自密实混凝土最高温度能达到 45.1℃（M7）。值得说明的是，M7 测点靠近下游钢模板，由于钢模板具有较强的吸收辐射热能力，夏季表面温度极高，现场试验时具有"灼手烫感"，因此靠近钢模板的混凝土测点还受模板的间接加热作用，且斜模板下方容易形成难以堆石的"三角区域"，自密实混凝土用量高，故 M7 测点温度非常高。对比而言，整体浇筑堆石混凝土拱坝均采用了预制混凝土块模板，其属于 28d 龄期硬化后的混凝土，不具有较强的吸收辐射热能力，相反却具有吸收自密实混凝土的水化反应热量的能力，且直立砌筑预制模板，不会形成上述"三角区域"。

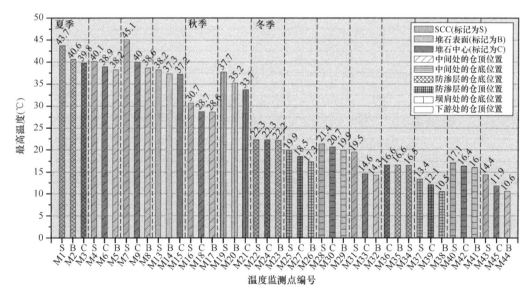

图 5.6-11　自密实混凝土和堆石的最大温度峰值（M7 靠近下游钢模板）

由图可知，堆石最高温度不超过 41℃，单个堆石达到最高温度时其浅表层和中心处的温差通常很小，在 2℃ 以内。整体来看，夏季、秋季、冬季浇筑时的最大温度峰值比气温分别高约 15℃、17℃、13℃。最高温度一般出现在堆石较少的地方，如靠近上游防渗层、下游钢模板下方、坝肩处等，这些地方自密实混凝土体积占比更大，水泥含量更多，因此水化放热也更多。

　　图 5.6-12 总结了各测点的最高温升。结果显示，不同季节内最高温升一般出现在堆石较少的地方，如防渗层、钢模板下方、坝肩处。夏季、秋季、冬季所监测到的最大温升分别约 12℃、17℃、13℃。夏季自密实混凝土（SCC）温升比堆石大，约 7～12℃，堆石测点温度受 SCC 水化热影响升温约 6～8℃，其中，堆石率较低的防渗层及下游处（G1 和 G3）SCC 的温升明显比仓面中部处（G2 和 G5）要高，能达到约 12℃。秋季和冬季的堆石温升更大，主要是由于堆石和 SCC 入仓温度存在差异，其中：秋季的最高温升发生在坝肩自密实混凝土垫层处，为 16.6℃；冬季施工期内 SCC 的温升普遍非常小，最高才 4.9℃，而同时堆石体的温升较大（6～12℃），说明堆石对自密实混凝土水化热的吸收能力十分显著。此外，冬季在仓顶处甚至出现了温升为负的现象（G13 中的 M37），即达到最高温度时自密实混凝土的温度仍要低于其入仓温度，这主要是受冷空气以及堆石温度较低的影响。

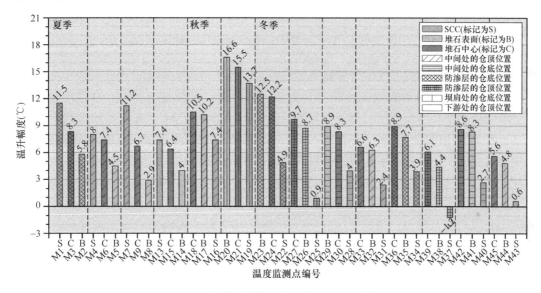

图 5.6-12　自密实混凝土和堆石的温升幅度统计

　　统计最高温升所需时长得到测点温升速率图（图 5.6-13），发现同一位置处，自密实混凝土的温升速度总是大于堆石。具体来看，自密实混凝土约在浇筑后 2～3d 达到最高温度，而堆石受所处位置的影响较大，仓底堆石约在第 2～3d 达到最高温度，仓顶堆石受气温及日照变化影响，可能在浇筑后数日多次达到其他峰值，最大温度到达时间较随机，通常晚于仓底堆石。自密实混凝土在夏季的温升速度明显高，24h 内能达到最高值，而温降速率非常缓慢；对应地，冬季自密实混凝土的温升速度更低，一般在 50～60h 达到最高温度，而温降速度显著要比夏季更高。

　　整体看来，自密实混凝土和堆石的快速温升均发生在浇筑后的前 3d，主要受新拌自密实混凝土水化发热的影响。从仓顶和仓底的角度来看，位于仓底的测点在第 3d 前都到达了最高温度，随后开始长时间的缓慢温降，而靠近仓顶的测点容易受外界环境影响，如气温、日照辐射等，使得初期温度变化波动较大，能够多次达到不同峰值，随后因上层仓的堆石遮挡而逐渐平滑变化。从自密实混凝土和堆石的角度来看，自密实混凝土与堆石的

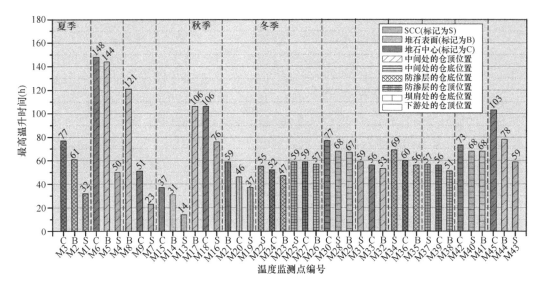

图 5.6-13　自密实混凝土和堆石的温升速度统计

温度变化趋势在早期的温度上升阶段不尽相同，自密实混凝土的温升速度要快于堆石，但在温度下降阶段，两者的温变趋势非常相似，部分温变曲线接近平行，在浇筑后第 10d时，单个堆石中心与浅表层的温度已接近一致，差异基本在 1℃。在较早的研究中，麦戈等基于水泥水化机理、混凝土热传导机理，通过建立等效计算模型获取了单个堆石混凝土结构的温度场变化特性。解析解的结果表明堆石不同深度处的温度最终将趋于一致，与外界环境较近的自密实混凝土表面受气温影响较大等，试验的结果可与该研究相互验证。

　　多孔介质"等效堆石体"的温度分布在浇筑前具有空间非均匀性，在炎热夏季堆石体顶部与底部的温差较大，最大能达到 13℃，建议在堆石体表面加遮光布来降低堆石的入仓温度，提升其吸收水化热的能力。自密实混凝土的入仓温度在夏季较高，待自密实混凝土填充堆石空隙后，由于二者入仓温度存在差异，混合初期会发生一段快速的热量交换过程，通常在浇筑后前 8h 内完成，部分测点由于入仓温度高而出现了先温降后温升的现象，如夏季堆石表面测点、冬季自密实混凝土测点。受自密实混凝土水化热影响，一般在浇筑后前 3d 内堆石体和自密实混凝土都会迅速温升到达最大温度峰值，之后自密实混凝土温度逐步下降，而堆石温度受所处位置影响可能出现一定的波动。多个堆石混凝土坝工程的实测温升约 3～13℃，如表 5.6-3 所示，比常态和碾压混凝土都低，说明堆石的存在一定程度上有效降低了坝体混凝土的温升幅度。此外，靠近上游防渗层、坝肩仓底处自密实混凝土用量高，水化温升幅值大，混凝土温控防裂应重点关注这些区域。根据拱坝的温度控制与防裂要求，对于施工质量良好、短间歇均匀上升的整体浇筑堆石混凝土拱坝而言，参照类似工程经验的基础容许温差可采用表 5.6-4 中规定的数值。

整体浇筑堆石混凝土拱坝的最大温升值统计表　　　　　　　　　表 5.6-3

工程	坝型	最大坝高（m）	坝顶弧长（m）	最大坝底厚度（m）	多年平均气温（℃）	厚高比	温升监测值（℃）
绿塘水库	单曲拱坝	53.5	181.36	16.0	15.7	0.299	3～10

工程	坝型	最大坝高（m）	坝顶弧长（m）	最大坝底厚度（m）	多年平均气温（℃）	厚高比	温升监测值（℃）
龙洞湾水库	单曲拱坝	48.0	174.7	13.5	15.5	0.281	3～13
风光水库	双曲拱坝	48.5	112.0	12.5	16.3	0.258	6～10
桃源水库	单曲拱坝	37.0	113.2	10.0	15.6	0.27	3～12
沙千水库	单曲拱坝	66.0	203.1	23.0	18.0	0.348	8～11

堆石混凝土基础容许温差（单位:℃）　　　　　　　　表 5.6-4

距基础面高度 h	浇筑块长边长度 L		
	30m 以下	30～50m	50m 以上
(0～0.2) L	17～15	15～13	13～11
(0.2～0.4) L	19～17	17～15	15～13

第 6 章　堆石混凝土坝信息化施工管理

6.1　信息化管理研究背景

堆石混凝土筑坝技术的施工工艺高度采用机械化施工，两个关键的工序分别为堆石入仓和自密实混凝土浇筑。通常堆石入仓采用自卸汽车装载运输、仓面挖掘机辅助码放堆石，自密实混凝土浇筑采用地泵、地泵＋布料机或天泵等方式直接泵送浇筑。堆石混凝土坝的整个施工过程，与传统混凝土坝相比，无需振捣也不埋设冷却水管；与传统堆石坝相比，无需碾压也无需严格的堆石料分区，实际上工序相对简单，具备仓面无人化、少人化高效施工与管理的潜质。近年来，堆石混凝土坝逐步向大型工程、海外工程方向发展，对施工质量监测技术也提出了更高要求，需要更精确、更细致、更及时、更全面的现场质量监控方法。随着新一代信息技术的快速发展，堆石混凝土坝的建设也逐步向信息化、智能化施工管理转型，旨在保障大坝建设质量的同时提高施工效率。目前，堆石混凝土信息化施工处于第一阶段发展期，重在监测与评价筑坝材料与施工过程的质量，如堆石粒径大小、自密实混凝土性能、堆石混凝土密实性等。未来第二阶段是智能化施工与控制，比如堆石的无人装载、无人运输、无人卸料和入仓，自密实混凝土的智能泵送与浇筑点转移等，作为一种新坝型，堆石混凝土将稳步发展、不断创新。

相对地，传统混凝土坝或堆石坝已发展较为成熟，且被应用于国内多个高坝建设中，21 世纪从数字大坝已迈入智能建造大坝阶段，在监测施工质量的同时可实现自动化控制施工机械，如冷却水管智能通水、智能无人碾压技术等。物联网（loT）、人工智能（AI）、数据挖掘及云计算等信息技术，成为提升工程质量和管理水平的重要推手。2008 年我国首次提出"数字大坝"理论，糯扎渡堆石坝是其标志性成果，采用 GPS 定位从装料、运输、卸料、碾压等过程，对坝料填筑质量和安全进行实时监控。自 2012 年左右，我国的大坝建设开始向"智能大坝"建设转型。高拱坝混凝土工程以金沙江流域溪洛渡、白鹤滩、乌东德电站等为典型代表，形成了"全面感知、真实分析、实时控制"的智能建造理论。土石坝以双江口、两河口等高海拔地区高心墙堆石坝为代表，攻克了智能碾压、无人碾压关键技术，并构建了 BIM＋GIS＋AR＋AI 的全天候智能填筑云平台。目前，我国在混凝土坝建设过程中形成了许多智能建设与管理方法，包括施工进度智能仿真、混凝土生产-运输-浇筑监控、混凝土智能温控、混凝土振捣智能监控、基础智能灌浆、智能建设信息平台 iDam 等，代表性的工程有"数字溪洛渡""智能建造—乌东德、白鹤滩"、"数字黄登""数字大岗山"以及"智慧丰满"等。以上这些大型混凝土坝或堆石坝的智能化施工管理，经费投入都比较大，需要有高精尖设备仪器和强有力的技术服务支撑。对于中小型水利工程来说，低成本而有效的信息化手段是必要的。

事实上，无论"智能大坝"采用多复杂的高科技设备或技术，核心思想都是围绕如何监测、分析与控制大坝的关键质量。对于传统常态或碾压混凝土坝来说，信息化施工管理都是围绕着混凝土的生产、运输、浇筑、平仓振捣或碾压、温度控制这条主线开展的，如智能通水和智能温控技术分别监测冷却水的温度与流量、混凝土的温度，共同保障坝体混凝土施工期的温度满足防裂要求。对于土石坝（或堆石坝）来说，信息化施工都是以土石料填筑密实性为首要控制核心，智能或无人碾压技术主要监控碾压遍数、摊铺厚度、碾压速度、平整度等参数。混凝土坝、堆石坝的筑坝材料可视为均质材料（不考虑防渗体等特殊区域），而堆石混凝土坝的筑坝材料有堆石体和自密实混凝土两种。堆石混凝土坝的关键质量，除高自密实性能混凝土的质量（流动性、填充性等）外，还与堆石骨架的质量（粒径分布、空隙结构等）密切相关，二者形成的填充密实性是施工质量控制的核心。

实现堆石混凝土质量的有效信息化管理难点之一在于要同时控制自密实混凝土和堆石体的质量。HSCC是典型的非牛顿流体，其流动性、填充性能受原材料质量与配合比、环境温湿度、运输-泵送-浇筑过程等因素的影响较大，时序波动性明显。堆石体是空间离散的颗粒体，三维空间结构与空隙喉口结构十分复杂、随机，且堆石粒径较大（约 $0.3\sim1.5m$ ）。传统的人工手段较难获取仓面施工质量的有效参数，如堆石粒径分布、HSCC泵送全量性能、堆石混凝土密实性、堆石混凝土水化温升、层面清洁度等质量指标，也难以实现堆石混凝土质量的定量化与精确评价。难点之二在于探索一种轻量化、低成本、可拓展性强的信息化施工管理模式，尤其是中小型水利工程的适用性。我国 10 万座水库大坝中有 70% 以上工程的建设与管理水平相对落后，导致了大量病险水库。信息化施工管理是中小工程质量"补短板、强监管"的重要手段，但需降低成本、提高针对性才可行之有效。

因此，为了全方位监控堆石混凝土坝的施工质量，基于小型多元传感器与物联网、BIM、云服务与人工智能等信息技术，围绕堆石体与自密实混凝土核心质量，提出了一套堆石混凝土坝信息化施工管理方案，构建了基于项目群多场景并行控制的堆石混凝土施工信息管理与质量控制平台。该平台以模块化的开发模式力求轻量运行、协同管理，集成了工程进度可视化管理、堆石质量监控与 AI 评价、混凝土生产-泵送-浇筑质量监控、大坝温度全面监测、堆石混凝土密实性检测等功能模块，基本解决了上述两大难题。通过对堆石混凝土坝的施工质量控制进行全面信息化、数字化管理、定量化评价，及时发现工程质量问题，如小粒径堆石集中、混凝土填充局部不密实、混凝土跑模等问题，并基于互联网和移动终端的数据实时采集、传输、分析与共享，真实反馈给工程人员为工程解决实际问题。堆石混凝土信息化施工管理平台的数据来源于工程，又服务于工程，从技术应用层面的研究上升到科学认知层面的研究，对堆石混凝土坝的建设与质量管理具有重要指导意义。

6.2　项目群多场景并行控制方法

通常全国不同省份会有多个堆石混凝土坝同期建设，既有坝段数较多的重力坝，也有不分坝段整体浇筑的拱坝，且每个工程的进度都有所差异。但是，堆石混凝土的核心工序相同，对施工质量的管理需求基本一致。为了实现多个堆石混凝土工程的协同管理，采用了项目群管理模式（图 6.2-1），通过构建统一的堆石混凝土项目群信息管理平台，为每个工程提供标准的工程解决方案和完整的功能架构。以堆石混凝土关键质量管理为核心和应用基础，开发具有通用性的模块化功能组件，各项目根据实际需求个性化配置功能组合，避免了不同项目的重复开发成本和资源浪费。项目群协同管理平台可实现多个堆石混凝土工程的全生命周期管理，项目间的数据库彼此独立，数据流、信息流仅在单个项目内传递。

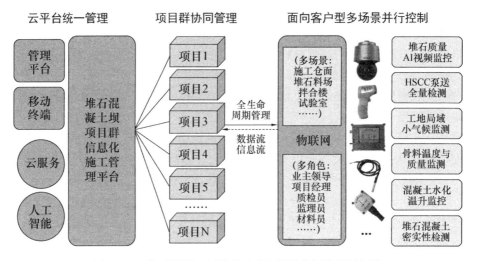

图 6.2-1　堆石混凝土坝的项目群多场景并行控制框架图

　　为提高管理的针对性，堆石混凝土施工管理平台开发采用了面向客户型多场景控制方案。影响堆石混凝土质量的因素较多，来源于堆石料场、混凝土拌合站、仓面堆石、混凝土浇筑填充等不同施工场景，参与工程质量管理的参建各方人员也都有不同的角色，如业主领导、项目经理、质检员、监理员、材料员等。为了兼顾多场景多角色的需求，堆石混凝土信息化管理平台采用分级权限、自定义权限的模式，项目管理员根据用户的角色和工作性质分配相应的功能菜单和数据增删改查权限，功能操作界面以客户为中心，力求简洁、实用、方便。同时，结合不同的施工场景安装布设多元传感器，以单元工程为基础进行数据流的采集、传递与分析评价，将仪器设备、工程、工序、数据、质量等施工要素有机联系起来。面向客户型多场景控制方法，进一步保障了施工管理平台的轻量化运行和有序维护。

6.3　堆石混凝土施工管理平台架构

　　堆石混凝土信息化施工管理平台主要由传感器物联网系统、云平台和移动终端三部分构成。在堆石混凝土坝的全建设周期，开展基于多元传感器和物联网技术的工程数据感知与互联，基于云平台与智能算法的大数据分析与决策，以及基于互联网和移动终端的数据实时共享，从而实现堆石混凝土坝施工数据与质量控制的全面信息化管理。其中，传感器物联网系统主要由高清大变焦的摄像系统与 4G 传输网络、光电传感器、振动传感器、定位系统、无线传输模块与无线传感网络构成，用于实现堆石混凝土各施工环节的质量数据实时采集与传输，为云平台的数据分析与评价提供数据支撑。云平台是基于互联网的云端服务器，与传感器物联网系统连接，由数据库、多种专项 AI 算法、数据分析模块以及云平台操作系统构成，用于对各类质量数据的实时分析评价以及风险预测预警。移动终端是基于手机微信系统开发的数据共享平台，通过对工程相关人员的权限设置，实现前端传感器数据、中间分析数据、总体评价数据的分级查看管理，并依据不同单位类型的人员需求，实现图、表、影、音等多种形式的数据共享。

根据平台架构的层级划分，将堆石混凝土坝信息化施工管理体系分为智能感知层、分析层、控制层与应用层（图 6.3-1）。智能感知层，是基于多元传感器与物联网系统的自主感知，实现大坝施工数据的自主采集，并实时传送至数据服务中心供后续智能分析。多元传感器是由高清变焦摄像头和系列低功耗、低成本和小型化传感器构成，包括温度传感器、环境温湿度及光照强度感应器、密实性传感器、振动监测传感器、手持式温度测量枪等；物联网系统的组成是包括路由器、网关、计算机、智能节点器、智能终端、移动终端等设备媒介，以及 Internet、4G、Wi-Fi、Zigbee、太阳能电池板等基础保障技术。分析层，是在后台云端服务器部署人工智能算法，如 Mask R CNN 算法、图像处理技术、关键帧提取技术等，采用数据挖掘、大数据分析、云计算等技术对仓面施工质量进行分析与评价，并将原始数据和分析数据分类存储。控制层，主要是利用质量评价结果与中间分析数据对仓面施工进行科学指导，将仓面的人员、机械、材料等有机结合起来，由程序判断

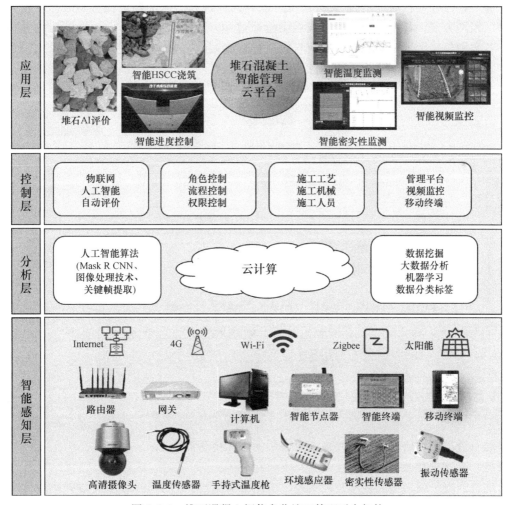

图 6.3-1　堆石混凝土坝信息化施工管理平台架构

进行角色控制、流程控制、操作权限控制，并利用移动终端进行实时数据的分级共享。应用层，目前已经和正在开发的应用场景包括堆石质量 AI 评价、智能 HSCC 浇筑、智能进度控制、智能温度监测、智能密实性监测、智能视频监控、工地局域小气候监测等。堆石混凝土坝信息化施工管理体系依托智能管理云平台，对大坝建设全过程、全环节进行智能监测与评价，为保障工程质量奠定基础。

6.4 多元传感器物联网系统

传感器物联网系统由一系列低功耗、小型化和低成本的硬件传感器组成，由温度传感器、密实性检测传感器、环境量监测传感器及光电传感器、GPS 定位仪等设备构成，同时配套部署 4G 传输网络、局域无线网与 Lora 无线网络等系统，实现大坝建设全过程各施工环节的质量数据自感知与实时传输，为后续云平台的评价与决策提供数据支撑。根据工程地理位置和信息化需求等特点，通常需在工地现场组建广域网（WAN）和局域网（LAN），如图 6.4-1 所示，为目前堆石混凝土坝施工管理平台在工程现场的推荐组网方式。其中，视频监控通过网线/光纤网线方式以保证视频的通信稳定性，需借助路由器的广域网组网方式。移动终端和手持式温度枪通过 4G/5G 网络通信，无线温度枪内置物联卡。各类硬件传感器的节点采集模块与数据管理终端间，通过 Lora 通信方式形成局域网组网，而数据管理终端与服务器/数据库间可通过 4G、网线或 Wi-Fi 的方式进行通信。

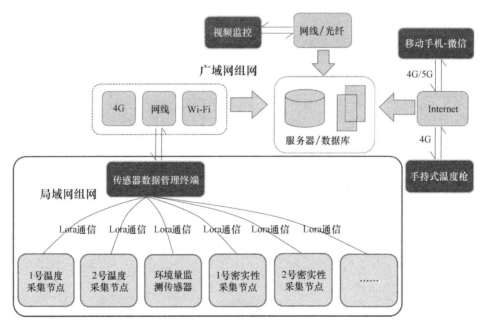

图 6.4-1 堆石混凝土坝工程常见局域组网方式

堆石混凝土坝信息化施工管理主要采用的多元传感器如下：

（1）高清云平台视频监控

堆石混凝土坝现场的视频监控系统，可由多个高清、大变焦、360°可旋转的摄像头和云平台无线传输网络构成。通过在左、右坝肩坝顶高程以上布置高清大变焦摄像头，可实现对堆石混凝土仓面施工过程多角度、多视距的在线实时监控，云平台摄像头需具备远程云控制功能（如远焦、近焦、放大、缩小、旋转等），以及定时拍照功能（关键帧存储）。云平台摄像头的功能一方面可由视频监控实时掌握工程进度，由关键帧图片提取堆石粒径信息、混凝土浇筑速度、传感器埋设位置等信息，另一方面依托云平台中的人工智能算法，对堆石照片进行批量图像识别处理与粒径计算，统计堆石逊径料、粒径级配曲线、层面堆石外露率等指标。

（2）堆石混凝土密实性传感器

堆石混凝土密实性检测传感器是"一带多"智能检测传感器（图 6.4-2），包括感应电极、密实性检测模块和数据管理终端。堆石混凝土填充浇筑的密实性，通过仓内多个点位埋设的无线密实性检测传感器来判断。针对堆石混凝土坝的监测仓面，提出相应的密实性传感器布设方案，在堆石入仓完成后选取典型堆石空隙处，如小粒径堆石集中处、窄缝喉口处、层间结合处、倒三角空隙处等特殊位置，埋设多点位密实性检测传感器。当自密实混凝土流过时，利用混凝土的不良导体性质，和电极接触面积、接触距离的不同，电流导通触发传感器发出信号，管理平台可动态更新不同点位混凝土浇筑的密实性情况。由不同点位的电流接通时间，还可大致判断混凝土在堆石空隙中的空间流动过程。

图 6.4-2　堆石混凝土密实性传感器设备

（3）多节点数字式温度传感器

堆石混凝土坝体温度监测采用的是多节点数字式温度传感器，选取典型测点位置将传感器探头布设到堆石体内部或自密实混凝土内部，在混凝土浇筑后的施工期甚至运行期，全面感知坝体内温度变化趋势及大坝工作性态。数字式温度传感器，目前主要有四通道、八通道、十六通道的节点温度传感器设备（图 6.4-3）与配套的数据管理终端，对堆石混

图 6.4-3　坝体温度传感器与数据采集终端

凝土坝内的温度进行实时监测。

（4）手持式红外温度测量枪

手持式红外温度枪（图6.4-4）采用4G网络模组与服务器建立的TCP通信链路进行数据传输，开机后自动连接到当前的4G移动基站，连接上网络后通过TCP/IP协议与服务器建立连接，然后通过TCP协议将测量到的数据发送到服务器。手持式温度测量枪可被应用于堆石混凝土坝多个场景，如拌合楼、砂石料厂、堆石仓面等，对现场指定的多种原材料进行专门的温度数据采集，具有设备体积小、移动携带方便、数据采集简便快捷、数据自动上传等多种优点。

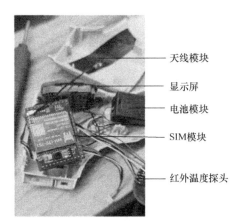

天线模块
显示屏
电池模块
SIM模块
红外温度探头

图6.4-4　手持式红外温度测量枪移动端

（5）局域环境量监测传感器

环境量一体化监测传感器（图6.4-5）可采集施工现场包括温湿度、光照强度的环境量信息，前者是通过数字温湿度传感器芯片来监测环境温度与湿度，后者是通过光敏电阻受到环境光照亮度的不同，而引起的阻值变化来测量光照强度。因此，将环境量监测传感器置于施工仓面的附近，可同步测量空气温度、空气湿度和光照强度（含光照强度等级或监测光强值），用于记录工地局域的小气候。

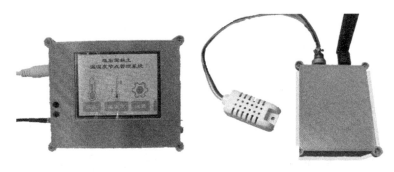

图6.4-5　工地局域小气候一体化监测传感器

（6）自密实混凝土全量检测仪

高自密实性能混凝土全量检测仪（图6.4-6），是改装后的混凝土通过设备，由内置的光电传感器连续地监测自密实混凝土的下落速度、流动状态、含水情况等数据，避免了坍落扩展度试验和 V 形漏斗试验的许多问题，比如取样繁琐（反复清洗检测设备）、人工干扰大和数据非连续性等问题。结合视频监控实时拍摄到的出流混凝土的连续关键帧照片，由连接到服务器的人工智能算法、图像识别算法，可智能判断入仓混凝土的流动性、黏性与填充性。当出现高风险混凝土（如离析严重、流动性不足、泌水严重）时，管理平台发出智能预警消息。

图 6.4-6　自密实混凝土全量检测仪设备

（7）自密实混凝土泵送振动传感器

通过在自密实混凝土的泵送管路上安装高精度振动传感器（图 6.4-7），来实时感知混凝土在管道中的流动性态，实现自密实混凝土运输质量（含垂直运输、水平运输）的快速检测、连续检测、无人检测。当混凝土流动性出现异常情况，引起泵管的振动频率发生突变时，系统可提前发送预警信息；当混凝土泵管内出现堵管、爆管等故障时，管理平台自动发送报警信息并给出建议解决方案。

图 6.4-7　混凝土泵送振动监测传感器

6.5　信息化管理平台主要功能

6.5.1　单元工程进度可视化管理

为实现堆石混凝土坝施工进度的动态控制，以一个单元工程（如浇筑仓）为基本单元，实时更新工程模型的进度状态并完成二三维可视化展示。依据大坝工程质量验收规范以及堆石混凝土施工工艺，将单元工程的施工状态 S_{RFC} 依次划分为未开仓（DO）、仓面堆石（RK）、正在浇筑（SC）和浇筑完成（CD）四个主要状态（图 6.5-1）。通过高清视频监控以及程序控制的流程顺序配置，对大坝单元工程的进度状态自动更新，并提供施工效率参数（如堆石时长与效率、HSCC 浇筑时长与单方效率）为进度优化作参考。通过唯一标识的单元工程 ID 值，将施工过程中的所有工程数据（图片、视频、仪器设备与质量数据等）与其关联绑定，并自动生成单元工程影像档案与时间轴数据流，便于后续大坝质量的快速追踪溯源。

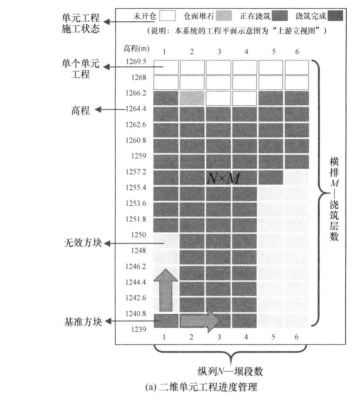

(a) 二维单元工程进度管理

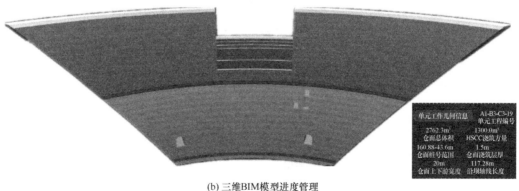

(b) 三维BIM模型进度管理

图 6.5-1　堆石混凝土坝二三维工程进度管理

　　目前，堆石混凝土坝主要以"分缝分块"重力坝为主，拱坝数量近年来逐渐增多，部分拱坝采用不分横缝整体浇筑技术。基于堆石混凝土坝的项目群统一管理模式，如何实现兼顾重力坝与拱坝的施工进度可视化技术，并将复杂施工参数与模型轻量化有机结合，是施工进度管理需要解决的问题。堆石混凝土坝进度管理采用了普适性与个性化共存的机制，以二维单元工程进度为通用模块，兼容三维 BIM 模型进度管理。二维以 $N \times M$ 方块栅格图表征大坝单元工程立面图（图 6.5-1a），其中 N 为纵列坝段数，M 为横排浇筑层数；以左下角第一格为基准方块，向右可拓展坝段数，向上可增加浇筑层数，所有坝段数和仓面高程区间都可个性化调整，岸坡坝段低高程未标记状态值的方块为无效方块。三维进度管理是首先将 BIM 三维设计模型进行简化几何处理，不考虑廊道、坝顶监测用房、两岸山体等特殊结构，将三维模型切分为系列单元工程并编号；然后将 BIM 模型转化为 Three.js 能识别的模型格式文件，Three.js 是运行在浏览器中的 3D 引擎，可轻量化渲染基于网页 BS 架构的三维可视化模型（图 6.5-1b）。将三维模型中的浇筑仓编号与二维单元工程 ID 值绑定，可同步更新二、三维模型的单元工程进度状态。通过工程进度可视化管理功能，以单元工程为基础单元，展示不同施工阶段的工程监测与质量评价数据，实现与传感器、云平台的数据互通互联，提高了工程管理的可视化水平。

6.5.2　堆石质量人工智能监测与评价

堆石粒径分布是影响堆石质量分级的关键参数，对混凝土填充浇筑后的密实性影响较大，目前规范中有"堆石粒径≥300mm"的要求，但亟需更精细的堆石质量评价与控制方法。堆石混凝土坝仓面的堆石体，属于三维立体特征明显、区域质地不均匀、相互重叠严重的大石料集合体。筛分法常被用于测量小颗粒的粒径特征，图像处理软件虽是非接触式实例分割的主流，但较难实现自动化、智能化，且容易出现过分割或欠分割现象。

基于 Mask R-CNN 的人工智能算法，在目标检测、目标分类与实例分割等方面具有突出的优势。因此，将改进的 Mask R-CNN 算法用于堆石质量的智能监测与评价。通过调节高清摄像头聚焦到施工仓面局部，获取堆石逐层入仓过程中的系列关键帧照片。同时，将 Mask R-CNN 算法部署到云服务器上，利用系统服务调用进行堆石照片的自动图像 AI 识别（图 6.5-2a）。为提高堆石粒径识别的精度和准确性，需不断训练 Mask R-CNN 算法并扩充数据集。具体地，首先数据集制作，收集来自多个堆石混凝土工程的堆石料照片，通过镜像、旋转、裁剪和缩放等处理扩大图片数据集。采用 Labelme 图像标注工具对图片中的块石进行手动标注，分类区分整块堆石与不完整堆石，制作成 Jason 格式数据集。其次反复模型训练，将堆石照片数据集随机分成 70% 训练数据集和 30% 验证数据集，通过 Mask R-CNN 算法不断学习训练数据集中的堆石轮廓或纹理特征，并用验证数据集去检验 AI 识别效果。最后块石检测与粒径分析，利用训练优化后的 Mask R-CNN 算法对堆石照片进行实例分割。选取图片中具有已知尺寸的物体作为参照物，如拱坝上下游预制混凝土砌块或测量用铝合金标杆，利用参照物的比例尺进行像素与尺寸转换，计算图片中堆石粒径并验证识别精度。通过统计仓面不同区域的堆石数据，以长轴粒径为准绘制粒径级配曲线图（图 6.5-2b）。通过大量堆石数据的理论分析与计算，得到堆石逊径率、针片状堆石含量、堆石粒径级配、堆石特征粒径、堆石率等质量参数，最终进行单元工程堆石质量等级的综合评价。

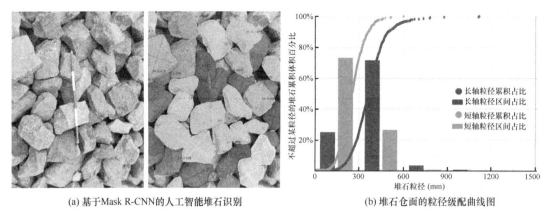

(a) 基于Mask R-CNN的人工智能堆石识别　　　(b) 堆石仓面的粒径级配曲线图

图 6.5-2　仓面堆石粒径的智能识别与分析

6.5.3　混凝土生产-泵送-浇筑质量监测

堆石混凝土主要利用自密实混凝土的高流动性填充堆石空隙，因此要保证自密实混凝土在生产-泵送-浇筑全过程中的质量稳定性，基于多元传感器与物联网技术，对其各环节进行自动化质量监测、数据分析与反馈优化（图 6.5-3）。在混凝土生产前，采用探针式传感器自动测量砂石骨料的含水率、含粉率等参数，根据这些参数实现理论配合比到生产配合比的智能换算，为拌合站混凝土生产提供优化方案，提高混凝土生产的稳定性。

在混凝土生产时，拌合站生产模块根据配合比参数、混凝土生产盘数等，实时计算出水泥、粉煤灰、外加剂等原材料的消耗量，动态更新混凝土浇筑方量曲线图与原材料剩余储量，为工程生产能力规划与材料调配提供科学指导。经由拌合站生产出的混凝土在出料口或流经泵送管路时，其流动性态可被安装的智能传感器（如全量检测仪）实时感知，以此实现自密实混凝土质量的快速、全量、连续检测。同时，依托云平台中智能浇筑模块的分析算法，从生产出料、泵送运输到浇筑入仓全过程，实时评价并控制混凝土质量的关键性数据，如流动性、含水率、填充性等，并及时反馈混凝土可能出现的性能偏差问题。通过生产配合比调节、自密实性能快速检测评价等环节，自密实混凝土生产与运输质量的保证率得到有效提升。

混凝土浇筑质量包括新拌混凝土质量和硬化后混凝土质量。在混凝土浇筑仓面，可通过高清视频监控实时获取出泵混凝土的关键帧照片。由相应的图像处理或人工智能算法解析，可粗略估计混凝土的流动速度和填充下渗速度，用于判断入仓混凝土的流动性与填充性。同时，根据规范要求须按照一定频次取混凝土样，检测自密实混凝土的性能，如坍落扩展度、V 形漏斗通过时间等。当通过多种混凝土数据的综合研判，发现处于高风险混凝土（如离析严重、流动性不足）状态时，系统向相关人员发送风险预警消息。除新拌混凝土外，硬化混凝土的强度检测需随机取样，混凝土试块送到试验室进行养护，到一定养护龄期（如 28d、90d）时送检，系统可设置养护时间智能提醒。仓面混凝土浇筑完成后，通过摄像头同样可获取硬化仓面的高清照片，由相关图像处理或 AI 识别算法可统计堆石露出率及其分布规律，为堆石混凝土层间结合面的质量评价提供科学依据。

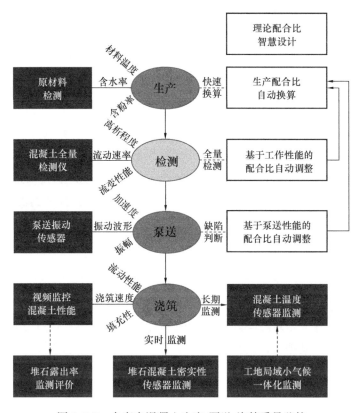

图 6.5-3　自密实混凝土生产-泵送-浇筑质量监控

6.5.4　堆石混凝土坝全面温度监测

堆石混凝土中有约55％体积占比的堆石体，因此具有水化温升低的优势，而混凝土温度监测与控制是保障大坝施工质量、避免产生危险性裂缝的重要手段。围绕原材料、堆石、混凝土、工地局域小气候等各施工要素，开展了基于多元传感器的堆石混凝土全面温度监测与评价。堆石混凝土监测所采用的传感器设备，均采用唯一标识的序列号 SN（serial number）进行出厂编号。当设备被某工程使用时，通过 SN 编号与工程一一对应绑定。终端设备可远程召唤传感器模块，自主设置采样频率，并可在线查看设备状态和剩余电量。

堆石混凝土的长期温度监测，在仓面内选取典型点布设多支侵入式温度传感器，标准量程约为−30～70℃。由于混凝土浇筑完成后，温度数据无法通过无线方式从混凝土内传输出来，因此在仓面内通过短引线与传感器连接至仓外，在仓外利用多节点温度采集模块进行数据采集。目前，工程所采用的有 4 通道、8 通道和 16 通道温度采集模块。节点模块通过 Lora 无线通信技术，将数据发送至温度接收终端，再由网络成功传输至云端数据库。为深入认识堆石混凝土的非均质温度分布特征，可在堆石孔内、HSCC 内、坝肩内分别埋设温度传感器，获取不同监测点的温度时程变化曲线。通过温度数据的监测与分析，科学评价堆石混凝土内部的水化温升规律及温度应力分布情况，并在坝体混凝土温度超过设定阈值时发出预警消息，指导用户为避免混凝土开裂而采取合适的温控措施。

此外，为快速方便地获取原材料温度、堆石表面温度、HSCC 出机温度，自主研发了面向堆石混凝土多场景的手持式红外温度测量枪。当在混凝土拌合站内，可选择砂子、石子、蓄水池、水泥、粉煤灰 5 个选项，以到目标物 20～80cm 的适宜距离，快速精准地获取原材料表面温度（测量精度：±0.2℃），并实时通过 GPRS 无线传输方式，将温度测量数据上传到对应工程的数据库。同理，手持式红外温度枪也可以测量堆石不同表面的温度，还可快速测量 HSCC 出机温度，包括拌合站、布料机、泵管等设备出机口的混凝土温度。此外，在工地现场安装温湿度及光照强度一体化设备，实时进行局域小气候自动监测，获取环境量参数。基于原型试验的堆石混凝土全面温度监测，可为堆石入仓温度、混凝土入仓温度、表面散热系数等参数的计算奠定数据基础，为合理的温度仿真计算提供支撑。

6.5.5 堆石混凝土填充密实性检测

堆石混凝土密实性是施工质量控制的核心，很大程度决定了大坝强度、抗渗性能和耐久性等。密实性受堆石的粒径分布与空隙结构，以及自密实混凝土的流动填充性共同影响，但自密实混凝土在复杂堆石空隙结构的流动过程十分隐蔽，难以直接监测到。因此，通过研发堆石混凝土填充密实性的智能检测传感器，利用混凝土的不良导体性质来判断某空隙的混凝土是否填充良好。如图 6.5-4 所示，堆石入仓完成后选取典型堆石空隙处，如小粒径堆石集中处、窄缝喉口处、层间结合处、倒三角空隙处等特殊位置，埋设多点位密实性检测传感器。当自密实混凝土流过时，电流导通触发传感器发出信号，系统动态更新不同点位混凝土浇筑的密实性情况。由不同点位的电流接通时间，还可大致判断自密实混凝土在堆石空隙中的空间流动过程。目前的堆石混凝土坝原型监测试验及钻孔取芯结果发现，堆石混凝土的密实性程度极高，一般都能达到 95％以上。

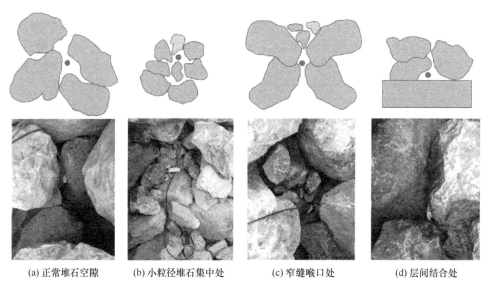

    (a) 正常堆石空隙   (b) 小粒径堆石集中处   (c) 窄缝喉口处   (d) 层间结合处

图 6.5-4　典型堆石空隙结构密实性检测示意图

6.6　沙千拱坝信息化管理应用

6.6.1　依托工程沙千水库概况

贵州省赤水市沙千水库是一座建设在红层地区的整体浇筑堆石混凝土拱坝，河床段基岩为中厚层岩屑石英砂岩，筑坝过程中大胆采用了砂岩作堆石料，采用石英砂岩制小石子、石灰岩制砂的组合骨料。为保障沙千拱坝的结构安全，对堆石混凝土施工质量的要求更加严格，须严格控制入仓堆石粒径与质量（如含泥量、饱和抗压强度），以及严格监测自密实混凝土的质量与稳定状态。因此，自沙千拱坝 2021 年 9 月开工之初，堆石混凝土坝信息化施工管理解决方案与管理平台就全面应用到了该工程堆石混凝土坝的建设与管理中，为工程施工质量保驾护航。

沙千水库堆石混凝土拱坝，最大坝高 66m，采用不分横缝的整体浇筑形式，堆石混凝土浇筑总方量为 12.1 万 m^3，开工时间为 2021 年 9 月，完工时间为 2023 年 1 月。在沙千堆石混凝土拱坝的建设过程中，采用堆石混凝土信息化施工管理平台，一方面积累了全面的大坝建设期工程数据与影像档案，另一方面为工程解决实际问题、提高施工质量。举例说明，信息化施工管理平台对沙千拱坝的堆石质量与堆石混凝土密实性质量起到了非常重要的指导作用。其一，堆石质量是关乎混凝土填充密实性的重要因素，但由于石头粒径过大难以有效测量。沙千拱坝通过视频监控与人工智能算法监控堆石粒径情况，其中有几仓通过平台堆石数据，及时发现了仓面局部堆石粒径过小的问题，并反馈给了业主单位和施工方。工程根据反馈的问题及时整改，剔除了局部小粒径堆石集中的石块，有效保障了堆石混凝土填充密实性。根据沙千水库信息化施工管理平台的统计数据显示，沙千水库共完成 51 个单元工程的施工，所有浇筑仓的平均堆石率（防渗层除外）约 54.3%。其二，沙千拱坝选择多个典型仓部署了密实性监测传感器设备，有效监测了局部特殊区域是否填充密实、是否有混凝土跑模的情况。堆石混凝土的填充密实性属于极其隐蔽、难以量化的量，但又是影响工程质量与后期蓄水运行安全的重要因素，需要采取严格的质量控制。其中，沙千坝顶最后一仓在监测过程中，发现部分密实性传感器数据显示不密实，可能存在小粒径堆石集中处，将该情况及时反馈给业主和施工单位，为后续对密实性较差的监测点周围进行钻孔灌浆处理提供了依据。

6.6.2　沙千水库"数字孪生"BIM 模型

沙千水库是堆石混凝土坝"数字孪生"的示范工程，采用基于三维 BIM 模型的施工信息管理平台，有效衔接了设计模型、施工过程与后续运维的数据。图 6.6-1 为沙千水库施工信息管理平台中的"工程进度"模块，展示了较为细致的沙千整体浇筑拱坝坝体细部结构，如整体拱坝弧圈、局部廊道、坝顶泄水孔等。三维坝体进度管理采用了将 BIM 三维设计模型转化为 Three.js 轻量化模型的技术，融合二者优势实现了网页版 BS 架构的三维可视化，用于可视化进度管理的直观沉浸式交互，三维 BIM 模型可自由旋转与缩放操作。以单元工程为基础单元，不同拱圈的颜色代表了不同施工状态（未开仓、正在堆石、正在浇筑、浇筑完成），工程进度图下方有时间轴的进度条，记录了各施工状态变更时的关键时间节点。BIM 三维模型通过单元工程 ID 与后续基于物联网的采集数据互通互联，以单元工程为基准单元展示工程监测与质量评价数据，大大提高了工程管理的可视化水平。

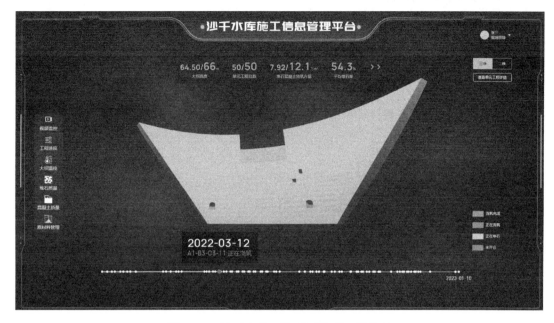

图 6.6-1　沙千水库三维 BIM 模型工程进度

6.6.3　单元工程影像档案管理

沙千堆石混凝土拱坝在施工现场共安装了 3 台高清摄像头，位于左、右两岸的坝肩顶部位置，通过系统云控制平台远程监控现场施工情况。针对沙千水库现场汛期防洪时段任务重，但边坡陡峭易滑坡，山区洪峰流量大、危险性高的现象，值班人员通过调用不同方位的摄像头，远程巡视上游洪水流量情况并观察施工区域的边坡稳定问题，大大减少了恶劣天气情况下人工巡视的频率。同时，视频监控是施工期间图片、视频信息资料的重要来源，通过系统设置定时拍照频率自动获取关键帧照片，并对应存储到当前施工仓面（甚至工序）实现数据有效分流，解决了监控影像资料存储空间大、查找影像资料复杂的"短板"问题。沙千拱坝堆石混凝土施工管理平台形成的施工期单元工程影像档案（图 6.6-2），为后期工程质量验收与评定奠定了重要数据基础，追溯历史方便快捷。

6.6.4　堆石粒径 AI 监测与质量反馈

堆石入仓作为堆石混凝土坝的核心施工工序之一，其堆石质量影响着自密实混凝土的浇筑填充效果以及整个大坝结构的安全稳定性。《堆石混凝土筑坝技术导则》NB/T 10077—2018 规定了最小堆石粒径宜≥300mm，采用 150～300mm 的堆石时需要进行论证。堆石入仓过程中，沙千拱坝施工管理平台首先通过监控摄像头的定位功能，聚焦仓面不同部位获取系列堆石粒径照片，然后基于 Mask R-CNN 人工智能算法，对堆石粒径关键帧照片进行批量的图像 AI 识别处理，并借助相关分析算法对仓面堆石进行粒径计算，统计分析堆石逊径量、特征粒径比例、针片状含量、层面堆石外露率等参数，结合粒径级

图 6.6-2　沙千水库视频监控实时情况与影像档案

配曲线共同对堆石质量作评价（图 6.6-3）。

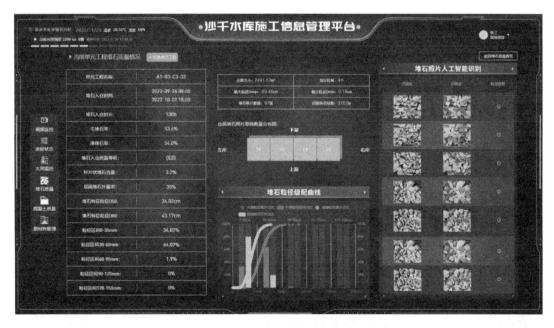

图 6.6-3　沙千水库堆石粒径 AI 识别界面

沙千拱坝堆石质量管理模块中，平均每个单元工程有约 100 张堆石照片，通过云平台中 Mask R-CNN 算法能自动识别出约 4000 块堆石，得到每个单元工程的粒径级配曲线。对比分析 37 个单元工程的堆石粒径分布（图 6.6-4），发现粒径小于 300mm 的堆石逊径料占比基本都小于 20%，堆石粒径主要集中在 300~900mm 之间；特征粒径 D_{50}（累计质量占比 50% 对应的粒径值）在 $40\sim60$ cm 间波动，而特征粒径 D_{80} 在 $50\sim80$ cm 间。沙千水库每个单元工程的堆石率都相对稳定，在 55% 附近，防渗层扣除后的净堆石率略高于毛堆石率约 2%。通过堆石粒径图像识别与质量管理功能，能有效保障堆石混凝土筑坝材料堆石料的质量，例如沙千拱坝某些仓的堆石粒径识别结果小于 30 cm 的比例显著较高（约 40%），回溯该仓的堆石照片和视频监控时，发现仓面表层的局部区域小粒径堆石比较集中，可能会导致堆石混凝土填充密实性较差的问题。

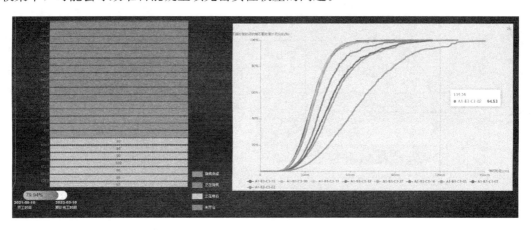

图 6.6-4　沙千水库多个单元工程堆石粒径级配曲线对比图

6.6.5　堆石混凝土密实性检测与质量反馈

沙千水库工程现场布设填充密实性监测仪器时，将感应端放置堆石结构内部，堆石结构包括堆石空隙、堆石缝隙、层间结合面、小体积堆石集中处等。当 HSCC 流动填充至堆石结构内部，监测仪器的感应端相当于闭合开关，整个设备的数据信号产生变化，不同的数据变化情况代表不同的填充密实性效果。如图 6.6-5 所示，自密实混凝土填充至监测

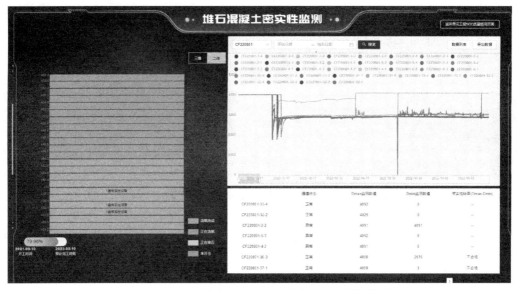

图 6.6-5　沙千水库堆石混凝土密实性监测数据曲线

点后，电信号数据曲线发生跳变，数值从约 4000 降至 3000 左右且存在缓慢回升过程，最后稳定在 3000 左右，可说明监测点周围混凝土填充密实性良好；针对部分监测点仪器在接触 HSCC 后，数值未发生明显跳变，变化幅度较小，稳定后数值明显高于其他监测点，说明该监测点周围填充密实性可能较差。借助密实性监测仪器，可得到堆石结构内部的填充效果，同时对密实性较差的监测点周围进行钻孔灌浆处理，从而保证堆石结构内部的密实性。

6.6.6　混凝土质量监测与生产统计

沙千拱坝自密实混凝土浇筑质量管理模块（图 6.6-6），从原材料质量、砂石料筛分情况到混凝土工作性能检测质量、混凝土生产方量统计、混凝土浇筑效率等方面开展了信息化监测。作为整体浇筑拱坝，沙千水库的单个浇筑仓体积较大，每仓混凝土方量较为稳定，约 1000m³；根据管理平台统计数据，每个浇筑仓的混凝土浇筑时长平均约 20h，浇筑效率约 50m³/h。HSCC 工作性能检测中坍落扩展度和 V 形漏斗分别有 28 次和 24 次预警，主要是自密实混凝土可能出现了流动性不足、黏性过大或离析泌水严重等情况，二者试验结果具有一定关联性。沙千拱坝在建设过程中，初步开展了混凝土泵管振动性能监测试验，探索连续的混凝土质量监测方法。当混凝土流动性能数据出现异常，引起泵管的振动频率发生突变时，理论上根据振动频率波动，可提前预警堵管、爆管等故障的发生。

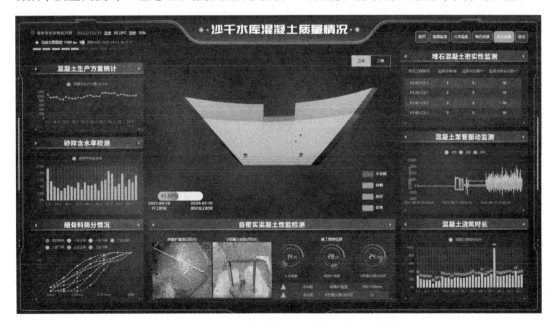

图 6.6-6　沙千水库混凝土质量管理与生产统计

6.6.7　大坝施工期温度监测与反馈

堆石混凝土具有水化温升低的优势，但在特殊季节（比如炎热夏季、越冬期）是否需要采取合适而简易的温控措施，也是工程十分关心的。为了监测沙千堆石混凝土拱坝的温度特性，选取典型仓的防渗层、中部、下游处、仓顶与仓底等部位，在坝体内埋设了大量数字式温度传感器。图 6.6-7 为沙千拱坝温控数据界面，汇集了环境温度、原材料温度、堆石温度、自密实混凝土温度、堆石混凝土坝体温度等多源数据。实际上多种温度之间有相互关联，通过将同时监测到的多种温度数据建立起数据关系，更有利于分析决策大坝是否采取温控措施。

根据堆石混凝土监测区域温度结果显示，冬季现场施工气温在 5～10℃，自密实混凝土的入仓温度在 15℃左右，堆石混凝土初凝后前期水化温升约 7℃，整体上满足相关规范要求，无需采取温控措施。但夏季施工时，遇到高温酷暑施工仓面日平均气温突破 30℃，自密实混凝土的入仓温度较高约 33℃，超过 26℃阈值的入仓温度预警次数为 14 次，但实际上堆石混凝土水化温升较低，约 7℃，二者叠加后使坝体混凝土内部温度较长时间保持在 35～40℃之间。针对平台中温度监测数据偏高的现象，沙千拱坝的施工单位立即采取原材料遮阴降温、堆石表面洒水降温、增加洒水养护频次等措施，以确保单元工程的顺利封仓，同时，现场下发高温天气停工的通知，以避免坝体因温度应力出现裂缝。

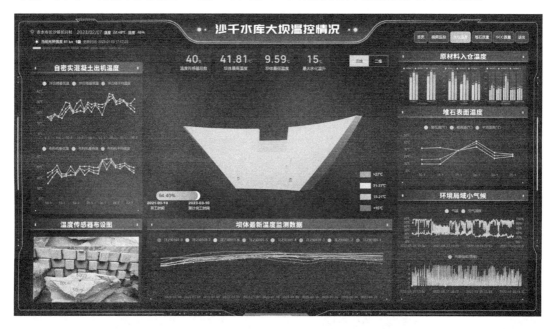

图 6.6-7　沙千堆石混凝土拱坝施工期温度全面监测

6.7　本章小结

围绕堆石混凝土筑坝技术的施工工艺，开展了信息化施工管理的解决方案和平台功能研究。基于项目群多场景并行控制方法，采用统一的集成管理平台和功能架构，实现了堆石混凝土坝项目群的协同管理。围绕堆石混凝土的关键质量因素，如堆石骨架、混凝土质量、施工期温度、填充密实性等，研发普适性强、轻量化、实用性高、低成本的仪器设备或软件，采用多元传感器和物联网技术开展工程数据感知与互联，依托云服务和人工智能算法进行数据处理与质量评价，形成了"数据采集-分析-评价"的数据流管理模式。通过沙千拱坝等"示范工程"的应用推广和实践，证实了堆石混凝土坝信息化施工管理解决方案是满足工程需求的。

下一步的堆石混凝土筑坝技术，将实现新一代智能化无人或少人筑坝技术。通过自动化、智能化施工技术提高筑坝效率，并采用智能化质量控制手段保证大坝质量。目前，工程上正在开展智能化筑坝技术的相关研究，如采用无人驾驶机械，实现堆石的无人装载、无人运输、无人卸料和入仓；改进布料机安装"天眼"，实现 HSCC 的智能化浇筑；利用少量人工，辅助安装模板和各种止水预埋件；以及研发冲毛机器人等设备，实现无人养护。堆石混凝土智能化质量控制，基于视频或图片开展人工智能识别算法研究，实现堆石质量的精细化控制；利用开发的智能化全量监测设备（如泵送全量检测、漏斗全量检测等），开展 HSCC 的全过程质量控制。未来基于堆石混凝土可实现大体积混凝土坝的智能建造，具有广阔的应用前景。

第7章 绿塘水库堆石混凝土拱坝工程案例

7.1 工程概况

7.1.1 自然地理条件

绿塘水库工程位于贵州省遵义市新蒲新区东面，地处湘江二级支流、湄江一级支流茅官河中下游河段，距茅官河河口 14.0km。水库坝址距新舟集镇 26km，距新蒲新区56km，距遵义市中心城区 68km。茅官河全流域面积 297km²，流域内地形属山间丘陵谷地或缓丘地形，地势北高南低，多年平均径流量 1.47 亿 m³，河流总长 47.5km，河道加权平均比降 4.66‰。绿塘水库坝址以上流域面积 225km²，多年平均径流量 1.124 亿 m³，坝址以上河长 33.5km，河道比降 5.87‰。

工程所在区域属亚热带季风气候区，气候温和湿润，雨量丰沛，光水热同季。据邻近的绥阳县气象站系列资料统计：多年平均气温 15.7℃，多年平均降水量 1134.7mm，实测最大一日暴雨量 177.2mm，发生日期为 2002 年 6 月 6 日。多年平均最大风速 12m/s，多年平均日照小时数为 1115h，平均相对湿度 80%，多年平均无霜期 287d。

坝址区河谷为基本对称的"V"形走向，河水位 783.00～783.50m，正常蓄水位826.00m。坝址两岸坡地形总体较陡，左岸一般地形坡度为 47°～52°，右岸地形变化较大，一般地形坡度为 36°～52°，坡顶为浑圆状山头地形，右岸远岸为一垭口地形，垭口鞍部高程为 841～842.5m。左坝肩、右坝肩下部及河床为 T_1y^{2-1} 灰色、浅灰色薄层泥灰岩为主夹中厚层泥灰岩及钙质泥岩，右坝肩中部为 T_1y^{2-2} 灰紫色薄层钙质泥岩与泥灰岩互层，右坝肩上部为 T_1y^{2-3} 以灰色、浅灰色薄层泥灰岩为主夹中厚层泥灰岩。

坝址区域的大地构造单元为扬子准地台（Pt）黔北台隆（Z-T₂³）遵义断拱（D-C）凤冈北北东向构造变形区。工程区属弱震环境，地震活动水平不高，无活动性断层分布，在绿塘水库坝址周围 150km 范围内近场区无破坏性地震记录，30km 范围内未发生强地震，现代地震活动也较弱，区内分布的几条断层对水库工程影响不大。根据《中国地震动参数区划图》GB 18306—2015，工程区地震动反应谱特征周期为 0.35s，地震动峰值加速度为0.05g，相应的地震基本烈度为Ⅵ度，工程所处区域构造稳定，属构造稳定区。

7.1.2 水库枢纽布置

绿塘水库为国内第一座整体浇筑堆石混凝土拱坝，为Ⅲ等中型水库工程。水库正常蓄水位 826.00m，相应库容为 1660 万 m³，水库总库容 2040 万 m³，其他特征水位见表 7.1-1。工程任务为城市及周边集镇供水，主要解决新蒲新区东部新城的城市生活用水及食品加工用水问题，同时覆盖解决周边的新舟集镇的用水问题，设计水平年（2030 年）年供水量为 4271 万 m³/a，基准年取 2015 年。绿塘水库主要建筑物大坝、坝顶溢流表孔、取放水建筑物的工程级别为 3 级，设计洪水标准为 50 年一遇（$P=2.0\%$）洪水，校核洪水标准为 500 年一遇（$P=0.2\%$）洪水；根据供水对象的重要性，泵站及输水建筑物等建筑物级别为 3 级，输水管道设计洪水标准为 20 年一遇（$P=5\%$）；临时建筑物围堰等为 5 级。

绿塘水库特征水位表

表 7.1-1

特征指标名称	单位	数量	备注
坝址以上流域面积	km^2	225	
正常蓄水位	m	826.00	
起调水位	m	826.00	
堰顶高程	m	820.00	
设计洪水位	m	826.13	$P=2.0\%$
下游设计洪水位	m	793.82	$P=2.0\%$
校核洪水位	m	828.47	$P=0.2\%$
下游校核洪水位	m	796.63	$P=0.2\%$
消能防冲水位	m	826.00	$P=3.33\%$
下游消能防冲水位	m	793.47	$P=3.33\%$
死水位	m	802.00	
总库容	万 m^3	2040	
正常蓄水位库容	万 m^3	1660	
死库容	万 m^3	142	
淤沙高程	m	798.28	50 年

水库枢纽主要建筑物由大坝、坝顶溢流表孔、取水兼放空建筑物等组成。

（1）大坝：大坝为堆石混凝土定圆心单曲拱坝，中心线方位角为 N44.78°E，顶拱中心角为 90.36°，顶拱外半径为 115.0m，坝顶高程 829.50m，坝顶宽 6.0m，坝轴线长 181.36m，坝基置于弱风化基岩中部，建基面高程 776.00m，最大坝高 53.5m，最大坝底厚 16.0m，厚高比为 0.299。

（2）坝顶溢流表孔：大坝坝顶中部设溢流表孔，为设闸控制的开敞式表孔泄洪方式，堰顶高程 820.00m，共 3 孔，孔宽 8m，溢流坝段净宽 24m，设 3 道 8m×6m（$B×H$）弧形工作钢闸门，孔顶设交通桥连接大坝两端。溢流堰型采用 WES 实用堰，表孔溢流曲线由上游面曲线、下游面曲线和反弧挑流消能段组成，总长 23.42m，下游面曲线方程为 $y=0.104x^{1.85}$。泄水消能方式采用挑流消能，挑流鼻坎顶高程为 813.00m，挑射角 15°，反弧半径 12m。大坝坝脚处设消力池护坦，底板高程为 782.00m，采用 C35 钢筋混凝土衬砌，厚 1.5m。孔顶布置 5.0m 宽的工作桥连接大坝两端，桥面高程为 829.50m，采用 C30 钢筋混凝土梁板结构，每孔在闸墩上游侧设置弧形闸门的液压启闭机室。

（3）取放水建筑物：取放水建筑物布置在大坝右坝段，采用坝式进水口，进口底板高程 798.50m，设 1 道 1.5m×2.0m 的拦污栅和 1 扇 1.5m×1.5m 的平板事故检修闸门及相应的启闭设备，闸门井宽 5.1m，长 6.4m，后设长 3.0m 渐变段，由 1.5m×1.5m 的方孔渐变为直径 1.5m 圆洞，其后接钢管，长 20.0m，外包 $C_{90}15$ 自密实混凝土；坝后接 $\phi1500mm$ 的泵站引水管和 $\phi1000mm$ 的水库放空钢管，放空管出口设 $\phi1000mm$ 的锥形阀，

在闸阀前接 $\phi500mm$ 的生态放水管，并设置相应的闸阀室。

7.2 大坝结构设计

7.2.1 大坝结构布置

绿塘水库的大坝为堆石混凝土定圆心单曲拱坝，坝顶高程 829.50m，坝轴线长 181.36m，最大坝高 53.5m，最大坝底厚 16.0m，厚高比 0.299。大坝坝顶不作为主要交通通道，坝顶宽度为 6.0m，坝顶上、下游侧设 1.2m 高的青石栏杆。绿塘拱坝的体型参数见表 7.2-1，大坝平面布置图见图 7.2-1，上游和下游立视图分别见图 7.2-2 和图 7.2-3，溢流坝段横剖面图见图 7.2-4。

绿塘拱坝体型参数表　　　　表 7.2-1

高程	拱厚 (m)	拱半径（m）		半中心角（°）		中心角 （°）
		上游面	下游面	左	右	
829.50	6.00	115.00	109.00	44.53	45.83	90.36
820.00	7.78	115.00	107.22	38.40	40.91	79.31
812.50	9.18	115.00	105.82	33.77	37.17	70.94
805.00	10.58	115.00	104.42	29.27	33.51	62.78
797.50	11.98	115.00	103.02	24.84	28.37	53.21
790.00	13.38	115.00	101.62	20.45	23.33	43.78
782.50	14.78	115.00	100.22	16.06	18.35	34.41
776.00	16.00	115.00	99.00	12.25	14.03	26.28

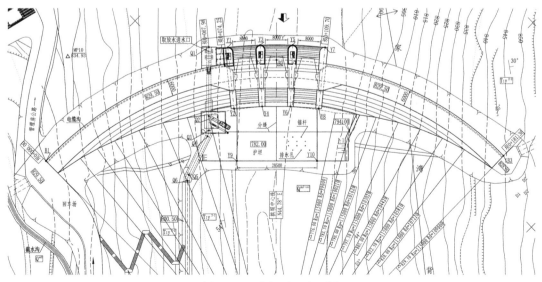

图 7.2-1 大坝平面布置图

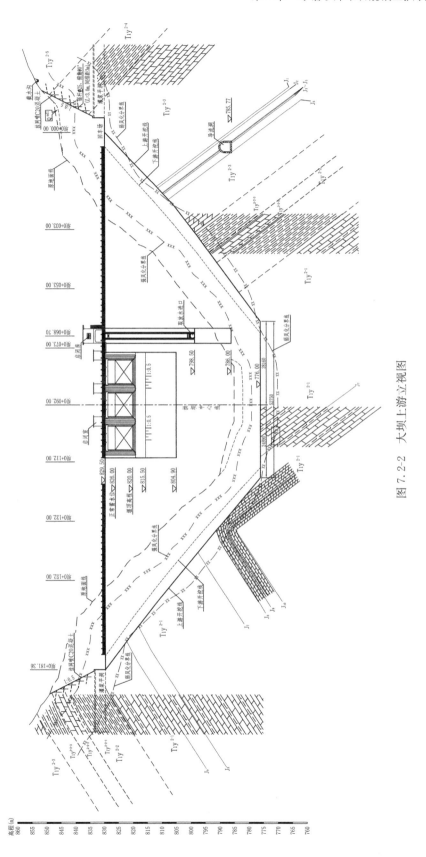

图 7.2-2　大坝上游立视图

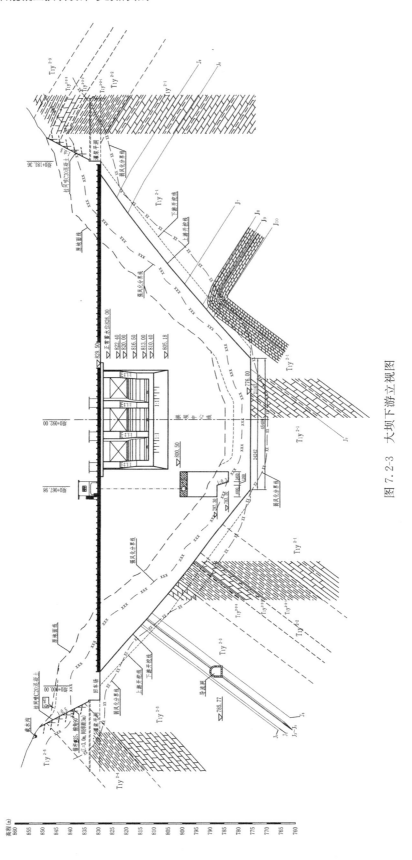

图 7.2-3　大坝下游立视图

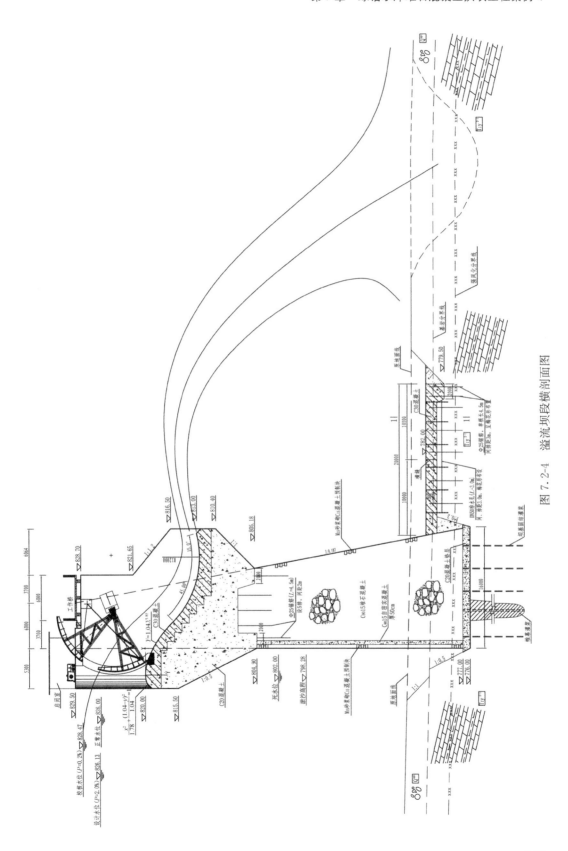

图 7.2-4 溢流坝段横剖面图

7.2.2 坝肩稳定计算复核

采用刚体极限平衡法计算绿塘拱坝坝肩稳定性，底滑面、侧滑面均只考虑帷幕的作用，不考虑幕后排水，计算岩块上游缘渗压水头按坝前水头的 0.6 倍折减。坝顶顶层拱圈的坝肩抗滑稳定计算采用强风化岩体作为抗滑岩体，以下各层拱圈强风化岩体局部较破碎，因此，各层抗滑稳定计算只考虑弱风化岩体作为抗滑岩体。拱坝分层稳定计算的公式如下：

$$K_c = \frac{f_1(N_1\sin\beta + N_2\cos\beta - u_1) + C_1 A + f_2(W + G\tan\varphi - u_2) + C_2 L\tan\varphi}{N_1\cos\beta - N_2\sin\beta}$$

$$(7.2-1)$$

式中，K_c 为抗剪断稳定安全系数；A 为计算滑裂面积；N_1 为顺河向力；N_2 为横河向力；G 为梁重；W 为岩体自重；f_1、C_1 为侧滑面抗剪断摩擦系数、凝聚力；f_2、C_2 为底滑面抗剪断摩擦系数、凝聚力；u_1、u_2 为侧滑面渗透压力、底滑面扬压力；L 为侧滑面长度；φ 为岸坡角；β 为侧滑面与准线夹角。

岩体的整体抗滑稳定性按下式计算：

$$K_c = \frac{f_1(R_1 - u_1) + f_2(R_2 - u_2) + C_1 A_1 + C_2 A_2}{S} \qquad (7.2-2)$$

式中，R_1、R_2 为侧滑面、底滑面上的法向力；A_1、A_2 为侧滑面、底滑面面积；S 为沿滑动方向的滑动力。

根据地质分析，裂隙发育主要分布在右坝肩和河床，弱风化层多闭合。夹层主要分布在左岸罗家湾背斜处，多为 5~20cm 不等，最大夹层（J_8）厚度为 50cm，但发育高程已接近河床高程，对坝肩稳定影响相对较小。左坝肩控制裂隙组合为：左岸裂隙弱发育，无明显不利缓倾角和陡倾角裂隙发育，仅在 812.50~820.00m 高程发育一条 L_{29} 陡倾角裂隙，可作为该段侧滑面；805.00~776.00m 高程段以页岩夹层面作为侧滑面，其余段剪断岩体作为侧滑面，全段剪断岩体作为底滑面。右坝肩控制裂隙组合为：右岸裂隙较为发育，弱风化多闭合，切割深度较浅，L5、L6、L8~L14 裂隙组合构成上游拉裂面。在 820.00m 高程发育一条 L1 陡倾裂隙，可作为该段侧滑面，在 776.00~805.00m 高程段以夹层作为侧滑面，其余段剪断岩体作为侧滑面；在 805.00~812.50m 高程发育有 L4、L7 两条水平裂隙，可作为该段底滑面，其余段剪断岩体作为底滑面。左、右坝肩稳定计算滑移面统计见表 7.2-2。

绿塘拱坝左、右坝肩稳定计算滑移面统计 表 7.2-2

左坝肩稳定计算滑移面			
高程（m）	地基	侧滑面	底滑面
829.50~823.00	$T_1 y^{2-1}$	剪断岩体	剪断岩体
823.00~820.00	$T_1 y^{2-1}$	页岩夹层	剪断岩体
820.00~812.50	$T_1 y^{2-1}$	裂隙面（连通率 25%）	剪断岩体
812.50~797.50	$T_1 y^{2-1}$	剪断岩体	剪断岩体
797.50~776.00	$T_1 y^{2-1}$	页岩夹层	剪断岩体

右坝肩稳定计算滑移面			
高程（m）	地基	侧滑面	底滑面
829.50～825.00	T_1y^{2-3}	剪断岩体	剪断岩体
825.00～812.50	T_1y^{2-3}	裂隙面（连通率 25%）	剪断岩体
812.50～801.00	T_1y^{2-3}	剪断岩体	裂隙面（连通率 25%）
801.00～776.00	T_1y^{2-2}	页岩夹层	剪断岩体

根据坝肩各层拱端座落的岩性分布与地质资料，得到各层岩性的物理力学参数、裂隙力学参数及各组裂隙连通率，其中侧滑面摩擦系数及凝聚力均按相关岩性的岩体以及强弱风化所占的比例进行加权平均，底滑面摩擦系数及凝聚力为相关岩性的岩体以及弱风化所占的比例进行加权平均。计算得到的各滑移面的抗剪断强度力学参数见表 7.2-3。

绿塘拱坝左、右坝肩稳定计算滑移面抗剪断强度力学参数　　表 7.2-3

高程（m）	地基	侧滑面						底滑面					
		岩体		裂隙面（连通率 25%）或页岩夹层		采用值		岩体		裂隙面（连通率 25%）		采用值	
		f_1	c_1 (MPa)	f_1	c_1 (MPa)	f_1	c_1 (MPa)	f_2	c_2 (MPa)	f_2	c_2 (MPa)	f_2	c_2 (MPa)
左坝肩抗剪断强度参数													
829.50	T_1y^{2-1}	0.70	0.56	—	—	0.70	0.56	0.70	0.56	—	—	0.70	0.56
820.00	T_1y^{2-1}	0.70	0.56	0.25	0.05	0.25	0.05	0.70	0.56	—	—	0.70	0.56
812.50	T_1y^{2-1}	0.70	0.56	0.52	0.16	0.66	0.46	0.70	0.56	—	—	0.70	0.56
805.00	T_1y^{2-1}	0.70	0.56	0.25	0.05	0.25	0.05	0.70	0.56	—	—	0.70	0.56
797.50	T_1y^{2-1}	0.70	0.56	0.25	0.05	0.25	0.05	0.70	0.56	—	—	0.70	0.56
790.00	T_1y^{2-1}	0.70	0.56	0.25	0.05	0.25	0.05	0.70	0.56	—	—	0.70	0.56
782.50	T_1y^{2-1}	0.70	0.56	0.25	0.05	0.25	0.05	0.70	0.56	—	—	0.70	0.56
右坝肩抗剪断强度参数													
829.50	T_1y^{2-3}	0.70	0.58	—	—	0.70	0.58	0.70	0.58	—	—	0.70	0.58
820.00	T_1y^{2-3}	0.70	0.58	0.52	0.16	0.66	0.46	0.70	0.58	—	—	0.70	0.58
812.50	T_1y^{2-3}	0.70	0.58	—	—	0.70	0.58	0.70	0.58	0.52	0.16	0.66	0.48
右坝肩抗剪断强度参数													
805.00	T_1y^{2-3}	0.70	0.58	—	—	0.70	0.58	0.70	0.58	0.52	0.16	0.66	0.48
797.50	T_1y^{2-2}	0.48	0.30	0.25	0.05	0.25	0.05	0.48	0.30	—	—	0.48	0.30
790.00	T_1y^{2-2}	0.48	0.30	0.25	0.05	0.25	0.05	0.48	0.30	—	—	0.48	0.30
782.50	T_1y^{2-1}	0.70	0.56	0.25	0.05	0.25	0.05	0.70	0.56	—	—	0.70	0.56

采用 ADAO 程序计算各层拱端的受力情况，经计算分析，在基本组合时拱座稳定主要由"正常蓄水位＋温降"工况控制，拱端推力的计算成果见表 7.2-4，经过分析计算后

坝肩抗滑稳定安全系数成果见表 7.2-5。

绿塘拱坝拱端推力计算结果（单位：t）　　　　　　表 7.2-4

工况			拱圈高程（m）						
			829.50	820.00	812.50	805.00	797.50	790.00	782.50
正常蓄水位＋温降	左岸	顺河向力	88.4	303	495	718	970	929	908
		横河向力	124	352	472	528	512	337	269
	右岸	顺河向力	119	355	545	834	811	976	944
		横河向力	149	367	476	595	311	235	171
正常蓄水位＋温升	左岸	顺河向力	343	378	487	666	903	885	883
		横河向力	396	548	495	606	572	380	303
	右岸	顺河向力	370	441	551	795	755	926	914
		横河向力	414	561	601	684	355	276	203
设计洪水位＋温升	左岸	顺河向力	344	381	491	672	907	887	883
		横河向力	398	550	597	608	574	381	304
	右岸	顺河向力	371	444	555	801	759	928	914
		横河向力	416	562	603	686	355	276	203
校核洪水位＋温升	左岸	顺河向力	364	436	574	770	1010	952	923
		横河向力	427	592	643	655	618	410	329
	右岸	顺河向力	396	505	640	912	844	998	956
		横河向力	447	604	647	738	380	296	220

注：横河向力以左右岸山体受推为正，受拉为负；顺河向力以向下游为正，向上游为负。

绿塘拱坝坝肩抗滑稳定系数计算结果　　　　　　表 7.2-5

高程（m）			829.50	820.00	812.50	805.00	797.50	790.00	782.50
分层稳定	正常＋温降工况 K_C	左拱端	15.41	6.67	9.98	5.48	5.31	6.05	6.67
		右拱端	16.01	12.18	10.50	8.73	4.87	3.78	7.65
	设计＋温升工况 K_C	左拱端	7.01	5.59	10.50	5.97	5.75	6.38	6.90
		右拱端	16.45	13.24	11.18	7.64	5.27	3.99	7.92
	校核＋温升工况 K_C	左拱端	6.71	4.83	8.88	5.15	5.12	5.79	6.43
		右拱端	14.33	11.13	9.37	7.00	4.68	3.55	7.39
整体稳定	正常＋温降工况 K_C	左拱端	14.99	11.36	11.17	8.74	7.72	7.26	7.23
		右拱端	17.91	14.24	11.97	9.99	7.28	6.13	8.38
	设计＋温升工况 K_C	左拱端	9.42	6.07	8.37	7.53	7.26	7.10	7.18
		右拱端	15.98	14.94	14.09	12.44	9.41	8.88	8.32
	校核＋温升工况 K_C	左拱端	8.99	5.50	7.41	6.56	6.36	6.27	6.41
		右拱端	14.45	12.70	12.49	11.02	8.63	7.51	8.13

经坝肩抗滑稳定计算复核，由表 7.2-5 可知，左右坝肩整体抗滑稳定系数均满足规范基本组合下大于 3.0，特殊组合下 2.5 的规定，满足规范要求。

7.2.3　泄流和挑流能力计算

绿塘拱坝的表孔堰顶高程 820.00m，堰型为 WES 实用堰，单孔溢流宽度为 8.0m，泄流流量采用下式计算：

$$Q = m\varepsilon\sigma B\sqrt{2g}H_0^{3/2} \tag{7.2-3}$$

式中，Q 为流量（m^3/s）；B 为孔口总净宽，$B = 24m$；ε 为闸墩侧收缩系数，$\varepsilon = 0.93$；H_0 为未计入行近流速水头的堰上总水头；m 为流量系数，取 0.49；σ 为淹没系数，不淹没时取 1.0。

泄流能力复核计算成果见表 7.2-6，由表格数据可知，在上述三种工况下，坝顶溢流表孔的泄流能力均满足下泄流量要求。在设计洪水和消能防冲洪水工况时，应根据入库洪峰的大小适时调整闸门开度控制泄洪流量。

绿塘拱坝表孔过流能力理论计算结果　　　　　　　　　　　　表 7.2-6

工况	频率（%）	上游水位（m）	总水头（m）	设计下泄流量（m^3/s）	理论下泄流量（m^3/s）
校核水位	0.2	828.47	8.47	1180	1194
设计水位	2.0	826.13	6.13	712	735
消能防冲水位	3.33	826.00	6.0	662	712

绿塘拱坝的消能方式为表孔鼻坎挑流，挑距计算公式如下：

$$L = \frac{1}{g}\left[v_1^2\sin\theta\cos\theta + v_1\cos\theta\sqrt{v_1^2\sin^2\theta + 2g(h_1 + h_2)}\right] \tag{7.2-4}$$

式中，L 为水舌挑距，是鼻坎末端至冲坑最深点的水平距离（m）；v_1 为坎顶水面流速（m/s），取坎顶平均流速 v 的 1.1 倍；θ 为鼻坎的挑射角（°）；h_1 为坎顶铅直方向水深（m），$h_1 = h/\cos\theta$；h_2 为坎顶至河床表面高差（m）；g 为重力加速度。

最大冲坑处水垫厚度采用下式估算：

$$t_r = t_k - t \quad t_k = \alpha_1 q^{0.5}H^{0.25} \tag{7.2-5}$$

式中，t_r 为最大冲坑处深度（m），由河床面算至坑底；t_k 为最大冲坑处水垫厚度（m），由水面算至坑底；H 为上下游水位差（m）；q 为鼻坎末端断面单宽流量 [$m^3/(s \cdot m)$]；α_1 为冲刷系数，冲刷范围大部分为 T_1y^{2-2-1} 薄层为主夹中厚层泥灰岩，取 1.6；t 为下游水深（m）。

表孔若按跌流消能，射距按下列公式计算：

$$L_d = 2.3q^{0.54}z^{0.19} \tag{7.2-6}$$

水舌落点上游水垫深度 t_d 和冲击流速 v_1 分别按下式计算：

$$t_d = 0.6q^{0.44}z^{0.34} \tag{7.2-7}$$

$$v_1 = 4.88q^{0.15}z^{0.275} \tag{7.2-8}$$

根据上述拟定的计算公式，下游挑流消能理论计算的结果见表 7.2-7，跌流消能理论计算结果见表 7.2-8。从表中看出，在各种运行工况下，其计算成果值的冲坑后坡均＞3，满足规范要求。但为防止小频率小流量洪水跌落冲刷下游坝脚，分别计算跌流消能工况和常水位 826.00m 时不同开孔数泄流计算。通过计算，护坦长度在 6～55m 之间；对于拱坝护坦，作用主要是保护坝基，高水位泄流距坝脚较远，对坝脚影响较小，故坝脚后设 20m 长，1.5m 厚的 "⌣" 形短护坦。河床部位护坦底板高程 782.00m，两岸按 1：1.0 坡比加高到 794.00m 高程，护坦尾部设深 1.0m、底宽 2.0m 的混凝土齿坎，护坦底板采用 C30 钢筋混凝土浇筑。为了降低护坦底板浮托力，确保护坦结构安全，在护坦混凝土与护坦基础之间设 $\phi25$mm、间距 3.0m、单根长 4.5m 的梅花形锚杆，锚入基岩 3.0m，并在护坦混凝土板上设间距 3.0m、孔深 3.0m、孔径 50mm 的梅花形排水孔。

绿塘拱坝下游挑流消能理论计算结果　　　表 7.2-7

闸孔开启数量	洪水频率（%）	水库水位（m）	下游水位（m）	下泄流量（m³/s）	挑距 L（m）	最大冲坑深 t_r（m）	L/t_r	坑底高程（m）
3 孔	0.2	828.47	796.63	1180	54.20	14.02	3.87	769.98
3 孔	2	826.13	793.82	712	48.72	12.39	3.93	771.61
3 孔	3.33	826.00	793.47	662	48.34	11.98	4.03	772.02
1、3 号孔		826.00	791.46	459	48.21	14.92	3.23	769.08
2 号孔		826.00	789.75	229	48.21	14.90	3.24	769.10

绿塘拱坝下游跌流消能理论计算结果　　　表 7.2-8

洪水频率（%）	水库水位（m）	下游水位（m）	下泄流量（m³/s）	射距 L（m）	水舌落点上游水垫深度 t_d（m）	冲击流速（m/s）
0.2	828.47	796.63	1180	35.73	11.10	22.54
2	826.13	793.82	712	27.20	8.89	20.90
20	826.00	790.06	662	26.15	8.61	20.67
5	826.00	792.75	564	23.99	8.02	20.18
20	826.00	790.06	269	16.08	5.79	18.06

7.2.4　坝体材料与配合比

绿塘大坝主体材料采用 $C_{90}15$ 一级配堆石混凝土，抗渗等级为 W6，抗冻等级为 F50；大坝上、下游面采用 M15 水泥砂浆—顺—丁砌筑 C15 混凝土预制块（长×宽×高为 0.5m×0.3m×0.3m）；在上游预制块后设置厚 0.5m 的 $C_{90}15$ 一级配自密实混凝土防渗层，抗渗等级为 W6，抗冻等级为 F50；河床基础设置 1.0m 厚的二级配 $C_{28}20$ 混凝土垫层，岸坡基础采用 0.5m 厚的 $C_{90}15$ 一级配自密实混凝土垫层；坝顶路面采用 0.30m 厚的二级配 C25 混凝土。绿塘大坝施工采用全断面整体上升，大坝混凝土砂石骨料及坝体堆石料为三叠系下统茅草铺组（T_1m）中厚层夹薄层灰岩。堆石主要采用塔机入仓、人工辅助堆石。绿塘水库高自密实性能混凝土施工配合比见表 7.2-9。

高自密实混凝土生产配合比（单位：kg/m³）　　　表 7.2-9

工程名称	细骨料	粗骨料	水泥	砂	石子（一级配）	水	粉煤灰
绿塘水库	灰岩	灰岩	142	1173	571	160	289

7.3　绿塘拱坝建设过程

绿塘水库工程于 2016 年 12 月动工建设，2017 年 12 月大坝堆石混凝土开始浇筑，2018 年 12 月大坝浇筑完成，由于库区移民问题目前尚未蓄水，但经历多次被动挡水。绿塘水库大坝主要具有以下特点：①大坝为国内第一座不分横缝的整体浇筑堆石混凝土拱坝；②坝体上、下游采用预制块模板并兼做坝体一部分；③岸坡段采用 0.5m 厚的 $C_{90}15$ 一级配自密实混凝土垫层。

（1）坝基肩开挖

绿塘水库于 2017 年 5 月 25 日开始大坝坝肩以上边坡开挖，于 2017 年 7 月 18 日开挖至 829.5m 高程。2017 年 9 月 5 日，坝基肩开挖完成。2017 年 10 月 24 日，通过截流验收。2017 年 11 月 10 日，河床段坝基开挖完成（图 7.3-1）。

图 7.3-1　绿塘拱坝坝肩开挖照片

通过开挖揭露，地层岩性与初设基本一致，其中，右坝肩 801.12～829.50m 高程之间为 T_1y^{2-3} 薄层夹中厚层灰岩、泥灰岩；右坝肩 780～801m 之间为 T_1y^{2-2} 灰紫色泥灰岩夹少量钙质泥岩；右坝肩 780.00m 高程以下及河床、左坝肩均为 T_1y^{2-1} 薄层夹中厚层灰岩、泥灰岩。实际揭露坝基岩体质量比前期勘察稍好，其中 T_1y^{2-1}、T_1y^{2-3} 泥灰岩占比减少，以灰岩为主，T_1y^{2-2} 钙质泥岩减少。

原河床高程约 784.49～785.23m，根据坝基开挖揭露，河床砂砾石层及残坡积砂质粘土夹风化碎石厚 1～3m，设计建基面高程 776.0m，河床基岩强风化深度 3～4m，基础已开挖至弱风化中部，岩体总体完整，风化深度总体与前期勘察基本相符。通过开挖揭露未发现溶洞、溶沟、溶槽等，坝基肩岩溶弱发育，仅局部发育的裂隙面可见风化现象，岩体总体结构紧密，完整性整体较好。

（2）试验仓浇筑

绿塘水库首次在堆石混凝土拱坝建设中使用预制块作为上下游模板，为进一步验证浇筑层厚与侧向压力之间的关系、熟悉堆石混凝土浇筑工艺，在大坝浇筑前进行了试验仓的浇筑。每个 C15 混凝土预制块高度 0.3m，根据 2.4.3 小节计算分析内容，预制块每仓砌筑高度不宜高于 1.5m（约 4～5 个预制块高度）。故试验仓采用 4 层预制块厚度，再考虑砂浆砌筑后，层高约 1.3m。试验仓预留一部分不堆石，浇筑 HSCC 观察是否会产生温度裂缝。根据试验仓最终成型情况（图 7.3-2），未见明显裂缝产生和爆模情况，但堆石入仓和高自密实混凝土浇筑施工工艺有待进一步提高，为后续坝体堆石混凝土浇筑提供了指导和实践经验。

图 7.3-2　试验仓堆石混凝土浇筑

（3）河床段 C20 常态混凝土垫层浇筑

2017 年 11 月 27 日，绿塘拱坝通过大坝基础（河床段及左、右坝肩基础）验收。同年 12 月 10 日，大坝垫层混凝土开始浇筑（图 7.3-3）。由于绿塘水库河床段垫层混凝土采用 C20 常态混凝土，为减小混凝土水化热，实际坝基垫层混凝土浇筑采用分仓浇筑的方式进行。待垫层混凝土初凝以后，对表面进行冲毛处理，随后上部仓面的堆石，开展坝体首仓堆石混凝土浇筑准备工作。

（4）坝体堆石混凝土浇筑

绿塘整体浇筑堆石混凝土拱坝每个拱圈的施工工序为：①混凝土预制块制作与五面（预制块 6 个面的其中 5 个面）凿毛处理→②上、下游 M15 水泥砂浆砌筑 C15 预制块→③堆石筛选与冲洗→④堆石塔机入仓（预制块初凝后）与人工辅助堆石→⑤自密实混凝土生产与泵送浇筑（砌筑砂浆强度≥50％后）→⑥仓面冲毛处理。绿塘堆石混凝土的具体施工

图 7.3-3　绿塘大坝垫层混凝土浇筑

工艺流程见图 7.3-4。自密实混凝土通过溜筒输送至大坝下游右岸坡 798.00m 高程处，再采用泵送入仓；堆石料运至上游集中冲洗后，均采用塔吊入仓。

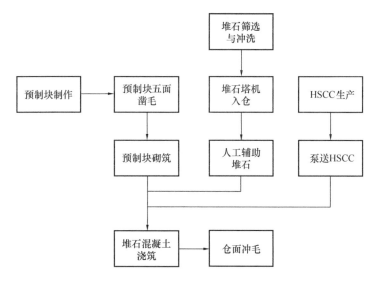

图 7.3-4　绿塘水库坝体堆石混凝土浇筑工艺

大坝采取分层浇筑，结合混凝土预制块的砌筑工艺，确定分层高度为 4 个预制块厚度（含砂浆厚度）约 1.3m。如图 7.3-5 所示大坝填筑于 2017 年 12 月 10 日开始坝基垫层混凝土浇筑，2017 年 12 月 21 日开始浇筑堆石混凝土坝体，至 2018 年 11 月 29 日大坝封顶，2018 年 12 月 17 日坝顶路面混凝土浇筑完成，大坝主体工程完工。绿塘拱坝共浇筑 64 仓堆石混凝土，大坝主体混凝土浇筑历时不到 1 年，整体浇筑拱坝技术提升了筑坝速度。

（5）溢流表孔与取放水建筑物

绿塘水库溢流表孔布置于大坝中段，为设闸控制的开敞式表孔泄洪，溢流坝段净宽 24m，堰型为 WES 实用堰，共 3 孔，孔宽 8m，堰顶各设一扇 8m×6m（$B×H$）弧形工作钢闸门，堰顶高程 820.00m。施工中，堆石混凝土坝体与溢流表孔（图 7.3-6）同步施

图 7.3-5　绿塘拱坝坝体堆石及混凝土浇筑

工，其中堆石混凝土坝体先于边墩浇筑，待达到一定龄期及强度后，对坝体接触面进行凿毛处理，之后再进行表孔边墩浇筑。为进一步加强边墩与坝体结合面防渗效果，在接触面上游防渗层处设置铜片止水。

在设计与施工中，坝体上游面与闸井接触面、坝体下游面与闸阀室的基础接触面均采用隔缝材料进行处理。闸井与闸阀室的堆石混凝土施工见图 7.3-7。

（6）大坝建成封顶

绿塘大坝于 2018 年 11 月 29 日封顶，大坝累计浇筑时长约 12 个月，浇筑堆石混凝土约 5.2 万 m^3，大坝建成后的照片如图 7.3-8 所示。目前，由于库区移民征地问题至今尚未蓄水，但经历多次被动挡水后（图 7.3-9），大坝无明显异常。

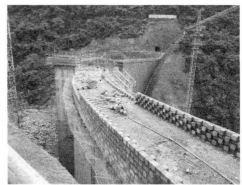

图 7.3-6　溢流表孔施工

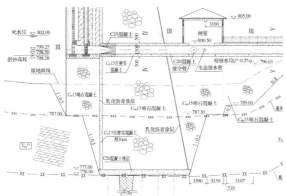

图 7.3-7　闸井与闸阀室堆石混凝土基础施工

图 7.3-8　绿塘水库建成照片

图 7.3-9　绿塘堆石混凝土拱坝建成后被动挡水

7.4　大坝监测布置与结果

7.4.1　永久监测仪器布置

（1）变形监测（图 7.4-1）

① 工程在坝顶共布置 7 个测点，平面控制监测网采用二等三角网精度布设，共布置 4 个控制点，其中左岸 2 个、右岸 2 个，编号为 TN1～TN4。

② 大坝表面垂直位移监测：在坝顶设置 7 个垂直位移观测点，与水平位移观测墩组成综合位移标点。在大坝左、右岸坝端基岩上各布置 1 个水准工作基点。

③ 坝体混凝土与基岩接缝监测：坝体共设置 J1～J13 共 13 支测缝计，用于观测坝体、坝肩与基岩接触缝和施工缝变化情况。

（2）渗流渗压监测

① 坝基渗压监测布置：在坝基 776.00m 高程坝 0+074.00 桩号和坝 108.00 桩号各埋设渗压计 3 支，共 6 支（P1～P3、P4～P6），其中 P1 和 P4 位于帷幕前（图 7.4-2），其余位于帷幕后，用以测量帷幕灌浆的防渗及坝基扬压力。

② 绕坝渗流：在左、右岸坝端顺河向分别布设一个监测断面，每个断面设置 3 个测压孔，其中防渗帷幕上游侧布设 1 个，下游侧布设 2 个（图 7.4-3），用于观测绕坝渗流情况；在右岸垭口沿顺冲沟向中部布设 3 测压孔，其中帷幕上游侧 1 孔，帷幕下游侧 2 孔，测压孔内埋设渗压计，用于观测右岸垭口绕坝渗流情况。

（3）应力应变及温度监测

① 永久温度监测：绿塘水库共埋设 45 支永久性温度计，用于观测堆石混凝土坝体、HSCC 内部温度变化情况。

② 坝基应力应变监测：在 776.00m 高程沿左、中、右距上下游面 1.5m 处，分别布设 2 组三向应变计，同时每组应变计旁布置 1 支无应力计，共计 6 组三向应变计，6 支无应力计，用于观测坝基应力。

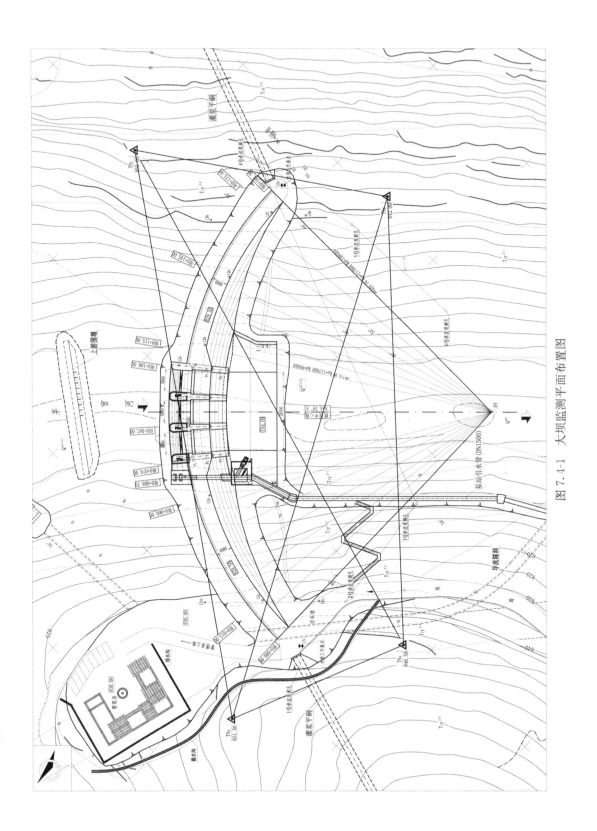

图 7.4-1　大坝监测平面布置图

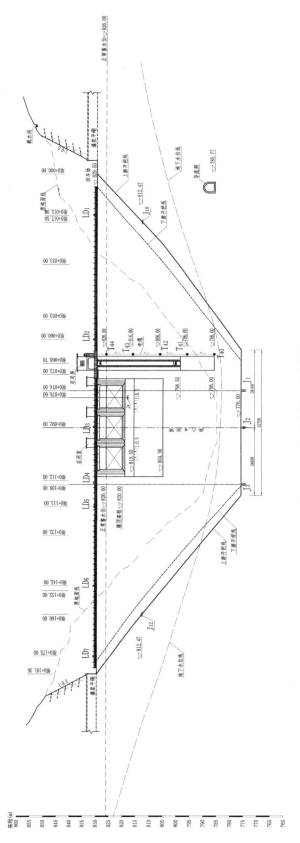

图 7.4-2　大坝监测上游布置图

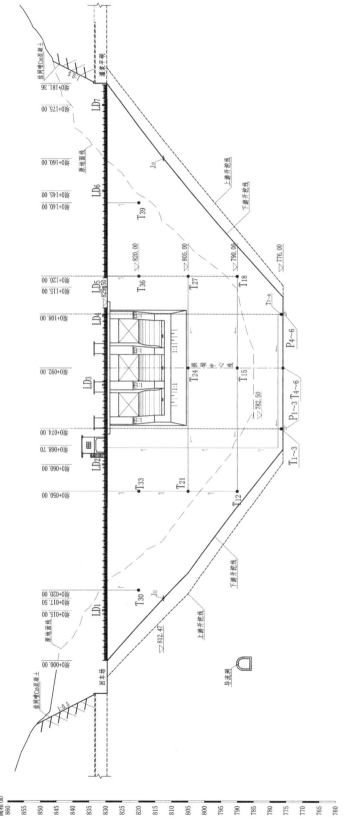

图 7.4-3　大坝监测下游布置图

③ 坝基压应力监测：在 776.00m 高程沿左、中、右分别布设 2 支压应力计，与应变计保持 0.6～1.0m 距离，共计 6 支，用于观测坝体混凝土与基岩接触面的压应力变化情况。

7.4.2 施工期监测结果

（1）坝体与基岩面、坝肩与基岩接触缝监测

除 J3 于 2018 年 2 月损坏外，其余测缝计均完好。测缝计变形特征值统计表见表 7.4-1。由特征值成果统计表可知，坝基混凝土与基岩之间的接触缝实测值与变化量均较小，基本在观测误差范围之内，坝基混凝土与基岩接触缝变形性态正常；左、右坝肩混凝土与基岩接缝呈现闭合状态，实测右坝肩最大闭合值 -0.86mm（J11），实测左坝肩最大闭合值 -0.35mm（J12），左右坝肩混凝土与基岩接触缝的测值与变化量均较小，变形性态正常。

测缝计实测开合度特征值统计表（单位：mm）　　　表 7.4-1

测点编号	埋设位置		埋设日期	最大值	出现日期	最小值	出现日期	变幅	备注
	高程（m）	坝横桩号							
J1	776.00	0+074.0	2017/12/11	0.06	2017/12/14	−0.06	2017/12/22	0.12	坝基
J2		0+092.0	2017/12/11	0.02	2017/12/25	−0.02	2019/9/2	0.04	
J10	812.47	0+17.48	2018/8/25	0.09	2018/8/26	−0.78	2019/4/16	0.87	右岸
J11		0+17.48	2018/8/25	0.00	2018/8/26	−0.86	2019/3/17	0.95	
J12		0+160.0	2018/8/29	0.05	2018/8/30	−0.35	2018/12/14	0.40	左岸
J13		0+160.0	2018/8/29	0.00	2018/8/29	−0.30	2019/2/25	0.30	

（2）施工缝变形监测

绿塘大坝测缝计实测接触缝的变形观测成果见表 7.4-2。由成果统计表可知，施工缝实测闭合度除 J9（最大值 -1.49mm，变幅 1.57mm）外，其余测缝计测值在 -0.33～0.12mm 范围，变幅较小，而 J9 位于溢流面混凝土与闸墩混凝土结构缝处，在 2018 年 12 月 23 日被动挡水后，实测值突变为 -1.42mm，随后测值基本保持稳定，目前总体变形基本正常。

施工缝变形观测成果统计表（单位：mm）　　　表 7.4-2

测点编号	埋设位置		埋设日期	最大值	出现日期	最小值	出现日期	变幅
	高程（m）	桩号						
J4	790.00	坝横0+092.0	2018/4/13	0.06	2018/4/16	−0.17	2019/1/24	0.23
J5			2018/4/13	0.04	2018/5/30	−0.10	2019/6/25	0.15
J6			2018/4/13	0.08	2018/4/16	−0.10	2019/1/24	0.18
J7	805.00	坝横0+092.0	2018/7/22	0.12	2018/7/24	−0.32	2019/3/17	0.44
J8			2018/7/10	0.09	2018/7/17	−0.33	2018/11/19	0.42
J9	817.90	坝横0+076.0	2018/12/13	0.08	2018/12/18	−1.49	2019/1/24	1.57

（3）压应力监测分析

压应力计观测特征值成果见表 7.4-3，由表中数据可知，压应力计 Pr1 和 Pr3 压应力计自埋设完成后，基本随着坝体混凝土的浇筑呈现应力增大趋势，本阶段实测最大压应力为 0.25MPa，最大变幅 0.27MPa；Pr2、Pr4、Pr5、Pr6 在埋设完成后，实测压力较小且基本无变化。总体来说，压应力计实测坝体混凝土与基岩接触面的压应力测值与变化规律基本正常。

压应力特征值成果统计表（单位：MPa）　　　　表 7.4-3

| 测点编号 | 埋设位置 | | 埋设日期 | 最大值 | 出现日期 | 最小值 | 出现日期 | 变幅 |
	高程（m）	桩号						
Pr1	777.0	坝横 0+074.0	2017/12/23	0.25	2018/10/17	−0.02	2018/1/7	0.27
Pr2			2017/12/23	0.09	2019/6/12	0.00	2017/12/23	0.09
Pr3		坝横 0+092.0	2017/12/23	0.22	2019/9/21	0.00	2018/2/26	0.22
Pr4			2017/12/23	0.08	2019/6/12	0.00	2017/12/23	0.08
Pr5		坝横 0+108.0	2017/12/23	0.11	2018/11/1	0.00	2018/6/15	0.11
Pr6			2017/12/23	0.07	2019/6/12	−0.01	2018/2/25	0.08

（4）混凝土应力应变监测分析

当扣除混凝土自身变形后，大坝混凝土应变观测成果见表 7.4-4。由表中数据可知，大坝 777.00m 高程各断面三向应变计实测坝体混凝土梁向应变，基本随着坝体的浇筑而表现为压应变且呈现增大趋势，实测最大压应变为 $-180.9\mu\varepsilon$（SDⅢ1-1，2019/9/29）；大坝 777.00m 高程各断面三向应变计实测坝体混凝土水平拱圈切向应变，自埋设完成后基本表现为压应变且呈现压应变增大趋势，实测最大压应变为 $-232.9\mu\varepsilon$（SDⅢ5-2，2019/9/29）。绿塘拱坝的三向应变计实测坝体混凝土梁向、切向和径向的应变值变化规律基本合理。

混凝土应变观测成果统计表（单位：$\mu\varepsilon$）　　　　表 7.4-4

| 测点编号 | 埋设位置 | | 混凝土应变 | | | 2019/9/29 | 备注 |
	高程	桩号	7d	28d	60d		
$S_{DⅢ1-1}$	777.0	坝横 0+074.00	8.7	15.3	1.3	−180.9	梁向
$S_{DⅢ1-2}$			0.1	−7.6	−14.7	−67.0	切向
$S_{DⅢ1-3}$			23.1	109.4	159.8	191.8	径向
N1			−1.1	−1.5	−0.8	−6.9	
$S_{DⅢ2-1}$			−6.1	−36.2	−57.5	−104.2	梁向
$S_{DⅢ2-2}$			−6.4	−22.6	−28.8	−33.5	切向
$S_{DⅢ2-3}$			−5.2	−20.4	−22.9	−40.8	径向
N2			5.2	12.8	6.3	4.0	
$S_{DⅢ3-1}$		坝横 0+092.00	−2.7	−20.6	−36.0	−70.9	梁向
$S_{DⅢ3-2}$			4.3	28.3	39.7	58.7	切向
$S_{DⅢ3-3}$			1.6	12.0	11.6	26.1	径向

续表

测点编号	埋设位置		混凝土应变			2019/9/29	备注
	高程	桩号	7d	28d	60d		
N3			−1.3	−27.3	−42.1	−107.2	
$S_{DⅢ4-1}$		坝横 0+092.00	−11.8	−42.9	−71.5	−103.3	梁向
$S_{DⅢ4-2}$			−9.2	−7.1	−6.3	−1.7	切向
$S_{DⅢ4-3}$			−7.1	−5.0	0.4	42.3	径向
N4			9.7	8.1	3.2	−41.9	
$S_{DⅢ5-1}$	777.0		−0.8	−25.9	−36.0 −136.5	−143.8	梁向
$S_{DⅢ5-2}$			−0.8	41.0	18.3	−232.9	切向
$S_{DⅢ5-3}$			−0.8	−10.3	−7.9	−46.1	径向
N5		坝横 0+108.00	0.8	−13.0	−29.2	−54.2	
$S_{DⅢ6-1}$			0.2	−20.9	−34.5	−72.8	梁向
$S_{DⅢ6-2}$			1.5	−0.7	−2.0	−44.5	切向
$S_{DⅢ6-3}$			1.5	12.0	15.9	29.2	径向
N6			−1.5	−19.8	−35.9	−95.4	

（5）坝基及坝体混凝土温度

截至 2023 年 8 月温度计全部完好，温度计观测成果统计特征值见表 7.4-5。从统计表可知，绿塘整体浇筑堆石混凝土拱坝的平均水化温升为 7.3℃，最大温升 16.1℃，最大温升出现时间多集中在浇筑后 7d 以内。除 T1 测点（上游侧水下）温度测值随上游蓄水后出现一定下降最后趋于稳定外，其余坝体内堆石混凝土温度测点稳定在 18~20℃。

坝体混凝土温度监测成果统计表（单位：℃）　　表 7.4-5

测点编号	埋设位置		埋设日期	入仓温度	截至 2019-9-29 温升、峰值			备注
	高程	桩号			出现时间	峰值	温升	
T1		坝横 0+074.00		10.1	2018/5/10	18.9	8.8	上游侧
T2				11.0	2017/12/13	19.3	8.3	坝体中部
T3				11.0	2017/12/14	23.1	12.1	下游侧
T4		坝横 0+092.00		11.6	2017/12/15	21.4	9.8	上游侧
T5	776.0		2017/12/10	14.4	2017/12/14	20.0	5.6	坝体中部
T6				12.7	2017/12/14	22.4	9.7	下游侧
T7		坝横 0+108.00		10.9	2017/12/12	21.4	10.5	上游侧
T8				10.9	2017/12/12	22.5	11.6	坝体中部
T9				11.0	2017/12/11	26.4	15.4	下游侧

测点编号	埋设位置		埋设日期	入仓温度	截至 2019-9-29 温升、峰值			备注
	高程	桩号			出现时间	峰值	温升	
T10	790.0	坝横 0+050.00	2018/4/13	24.1	2018/4/16	30.2	6.1	上游侧
T11				24.4	2018/5/15	29.3	4.9	坝体中部
T12				20.0	2018/5/22	24.7	4.7	下游侧
T13		坝横 0+092.00		26.7	2018/4/14	32.9	6.2	上游侧
T14				21.2	2018/5/30	31.2	10	坝体中部
T15				23.8	2018/4/14	30.7	6.9	下游侧
T16		坝横 0+120.00		25.0	2018/4/14	30.7	5.7	上游侧
T17				24.3	2018/6/6	31.5	7.2	坝体中部
T18				25.0	2018/4/14	28.5	3.5	下游侧
T19	805.0	坝横 0+050.00	2018/6/21	28.0	2018/6/27	37.0	9.0	上游侧
T20				27.9	2018/6/27	35.3	7.4	坝体中部
T21				27.8	2018/6/27	34.0	6.2	下游侧
T22		坝横 0+092.0	2018/7/20	35.5	2018/7/25	48.2	12.7	上游侧
T23			2018/7/10	28.8	2018/7/20	36.7	7.9	坝体中部
T24			2018/7/25	30.8	2018/7/28	46.9	16.1	下游侧
T25		坝横 0+120.0	2018/7/10	27.2	2018/7/13	40.3	13.1	上游侧
T26				30.1	2018/7/27	38.1	8.0	坝体中部
T27				30.1	2018/7/15	35.5	5.4	下游侧
T28	820.0	坝横 0+020.00	2018/10/4	20.5	2018/6/10	22.7	2.2	上游侧
T29				20.2	2018/11/12	25.1	4.9	坝体中部
T30				20.2	2018/10/6	22.7	2.5	下游侧
T31		坝横 0+050.00	2018/10/6	19.2	2018/10/17	23.0	3.8	上游侧
T32				19.5	2018/11/6	26.1	6.6	坝体中部
T33				19.4	2018/10/6	22.9	3.7	下游侧
T34		坝横 0+120.00	2018/10/17	18.5	2018/10/19	25.3	5.8	上游侧
T35				18.9	2018/11/6	26.1	7.2	坝体中部
T36				17.3	2018/10/18	25.1	7.8	下游侧
T37		坝横 0+0140.00		18.8	2018/10/19	25.4	6.6	上游侧
T38				18.9	2018/11/12	25.7	6.8	坝体中部
T39				17.7	2018/10/19	22.4	4.7	下游侧
T40	786.0	坝横 0+063.4	2018/3/24	23.1	2018/6/6	29.0	5.9	上游侧
T41	796.0		2018/5/10	22.8	2018/5/13	31.3	8.5	上游侧
T42	806.0		2018/7/18	32.8	2018/7/20	36.1	3.3	上游侧
T43	816.0		2018/9/18	26.8	2018/9/21	30.6	3.3	上游侧
T44	826.0		2018/11/12	15.2	2018/11/14	21.3	6.1	上游侧
T45	826.0	坝横 0+064.3	2018/11/12	13.8	2018/11/14	22.2	8.4	上游侧

第8章 沙千水库堆石混凝土拱坝工程案例

8.1 工程概况

8.1.1 自然地理条件

沙千水库位于贵州省赤水市境内，坝址距长沙集镇 8km，距习水县城 65km，距赤水市区 67km，距遵义市区 231km。坝址地理位置东经 105°58′12″，北纬 28°37′12″，地处习水河左岸一级支流沙千河中游河段。沙千河发源于赤水市葫市镇高竹村良家厂，河源山顶高程 1462.00m。河流由南向北流动，于石场村汇入习水河，汇口处高程 228.00m。沙千河流域形状呈树枝状，沙千水库坝址以上流域面积 55.6km²，主河道长 13.3km，主河道加权平均坡降 53.0‰，流域形状系数 0.314，多年平均径流量 3730 万 m³。

工程所在区域属中亚热带季风湿润气候区，冬无严寒，夏无酷暑，气候温和，四季分明，降水较丰沛。根据赤水市气象站资料统计：区域多年平均气温 18.0℃，极端最低气温为 −1.2℃，极端最高气温 43.2℃。多年平均降水量 1239.1mm，实测最大日暴雨量 142.5mm（1989 年）；多年平均风速 1.5m/s，多年平均日照时数 1145.2h，平均相对湿度 83%，平均无霜期 354d。

工程区大地构造单元为扬子陆块黔北隆起赤水陆相盆地区赤水平缓褶皱变形区东部，属弱震环境，地震活动水平不高。根据《中国地震动参数区划图》GB 18306—2015，工程区地震动反应谱特征周期为 0.35s，地震动峰值加速度为 0.05g，相应的地震基本烈度为Ⅵ度，工程所属区域构造稳定性好。坝址区基岩多裸露，为单斜岩层，岩层产状一般 N35°～55°W/SW∠4°～6°，岩层缓倾上游偏左岸，为对称性较好 V 形横向河谷结构，河谷宽高比为 2.4～2.6。

8.1.2 水库枢纽布置

沙千水库为目前国内建成的最高整体浇筑堆石混凝土拱坝，为Ⅳ等小（1）型水库。水库总库容 642 万 m³，正常蓄水位 452.00m，正常蓄水位库容 513 万 m³，兴利库容 420 万 m³（表 8.1-1）。工程主要任务为村镇供水、工业园区供水及农田灌溉，多年平均供水量 1342 万 m³。水库枢纽主要建筑物由大坝、坝顶溢流表孔、取水建筑物、放空兼冲沙建筑物等组成，主要建筑物级别为 4 级。

（1）大坝

大坝为 C₉₀15 堆石混凝土拱坝，顶拱中心角为 99.53°，外半径为 118.0m。坝顶高程 458.00m，最大坝高 66.0m，最大坝底厚 22.0m，厚高比 0.333。坝内设一道灌浆及排水廊道，廊道总长 111.13m，采用 C25 钢筋混凝土预制，厚 0.4m。其中，廊道底部高程 401.00m，长为 83m；两岸设交通廊道通往大坝下游，总长 37.0m；廊道断面尺寸：

3.0m×3.5m（宽×高）。坝基设置一排排水孔，间距 2.0m，坝体、坝基排水通过廊道集水沟排向大坝下游河道。

（2）坝顶泄洪表孔

坝顶泄洪表孔布置于大坝坝顶中部，为开敞式自由泄洪方式，溢流堰型采用 WES 实用堰，堰顶高程 452.00m，溢流净宽 30.0m，共 3 孔，单孔宽 10.0m，表孔顶部设交通桥连接。表孔溢流曲线由上游面曲线、下游面曲线和反弧挑流消能段组成，总长 33.87m。挑流鼻坎顶高程 432.29m，反弧半径为 6.0m，挑射角为 20.0°。

沙千水库特征水位

表 8.1-1

特征水位名称	单位	数据
校核洪水位（$P=0.2\%$）	m	456.97
设计洪水位（$P=2.0\%$）	m	455.58
正常蓄水位	m	452.00
死水位	m	425.50
50 年坝前淤沙高程	m	421.41
总库容	万 m^3	642.0
正常蓄水位库容	万 m^3	513.0
兴利库容	万 m^3	420.0
死库容	万 m^3	93.0
正常蓄水位时水库面积	万 m^2	24.2
库容系数	%	12.2
水量利用率	%	38.9
校核洪水位时最大下泄流量	m^3/s	655.0
相应下游水位	m	400.53
设计洪水位时最大下泄流量	m^3/s	400.0
相应下游水位	m	399.87

（3）取水建筑物

取水建筑物布置于左坝段，独立修建取水口，由进水口闸门井、启闭排架、启闭机室、坝身压力管道、出口闸室组成，总长 36.1m。其中，闸门井长 7.25m，宽 4.7m，坝身压力管道长，取水口进口底板高程 422.0m。在进口设 1 道 1.5m×2.0m 的拦污栅和 1扇 1.5m×1.5m 的平板事故检修闸门及相应的启闭设备。进口采用顶面收缩的矩形，后为闸门井，为井筒式结构，采用 C25 钢筋混凝土浇筑，顶部高程 458.00m，以上设砖混凝土结构的启闭机室及拦污栅启闭排架。启闭机室内布置有 1 台固定式卷扬机，拦污栅启闭排架上布置有 1 台固定式卷扬机。事故检修闸门后设断面为 0.7m×0.9m 的通气孔，通气孔后设长 2.4m 的渐变段，由 1.5m×1.5m 方孔渐变为直径 1.0m 圆洞（渐变段为 C25钢筋混凝土结构），圆洞后接 DN1000 取水钢管（壁厚 10mm），长 21m。同时在出口设工作闸阀（DN900 的偏心半球阀），闸阀后接 DN900 输水主管。

（4）放空兼冲沙建筑物

放空兼冲沙建筑物与取水建筑物紧靠布置于左坝段，其进口闸门井与放水孔闸门井联体布置，由进口闸井段、孔身段及出口闸室段组成，总长 33.1m。其中闸门井段长 7.25m，宽 4.7m。冲沙孔进口底板高程 416.00m，出口管中心高程 416.75m。进口采用顶面收缩的矩形，后为井筒式结构的闸门井，采用 C25 钢筋混凝土浇筑，顶部高程 458.00m，以上设砖混凝土结构的启闭机室，启闭机室内布置有 1 台固定式卷扬机。在进口设 1 扇 1.5m×1.5m 的平板事故检修闸门，事故闸门后设断面 0.7m×0.9m 的通气孔。其后由 1.5m 方孔渐变为 1.2m 圆孔接 DN1200 放空兼冲沙钢管（壁厚 12mm），渐变段长 2.4m，放空管长 26m，同时在出口设 DN1200 球阀控制，并在闸阀前接出 DN200 生态放水管。

8.2 大坝结构设计

8.2.1 大坝结构布置

大坝为堆石混凝土拱坝，中心线方位角为正北方向，采用单圆心单曲拱坝布置形式。最大坝高 66m，最大坝底厚 22m，厚高比 0.333，大坝不同拱圈体型参数见表 8.2-1。顶拱中心角为 99.53°，其中左顶拱半中心角为 49.94°，右顶拱半中心角为 49.59°，外半径为 118.0m。坝顶高程 458.00m，坝顶宽 6.0m，坝轴线弧长 205.00m；坝基置于弱风化基岩中上部，建基面高程 392.00m。坝顶泄洪表孔布置于大坝坝顶中部，为开敞式自由泄洪方式。大坝平面布置图见图 8.2-1，上游和下游立视图分别见图 8.2-2 和图 8.2-3，溢流坝段横剖面图见图 8.2-4，三维侧视图见图 8.2-5。该水库工程大坝于 2020 年 9 月动工建设，2021 年 9 月 16 日大坝堆石混凝土开始浇筑，2023 年 1 月大坝浇筑完成，目前大坝已蓄水至正常蓄水位并泄洪。

沙千水库大坝体型参数 表 8.2-1

高程 Z (m)	T_c (m)	R_u (m)	R_d (m)	拱圈中心角		
				$\varphi_左$ (°)	$\varphi_右$ (°)	φ (°)
458.00	6.000	120.00	114.000	48.64	47.05	95.69
452.00	7.545	120.00	112.455	46.47	44.97	91.44
440.00	10.636	120.00	109.364	40.38	39.13	79.51
430.00	13.212	120.00	106.788	35.17	34.13	69.30
420.00	15.788	120.00	104.212	29.84	29.02	58.86
410.00	18.364	120.00	101.636	24.37	23.77	48.14
400.00	20.939	120.00	99.061	18.77	18.40	37.17
392.00	23.000	120.00	97.000	14.18	14.18	28.36

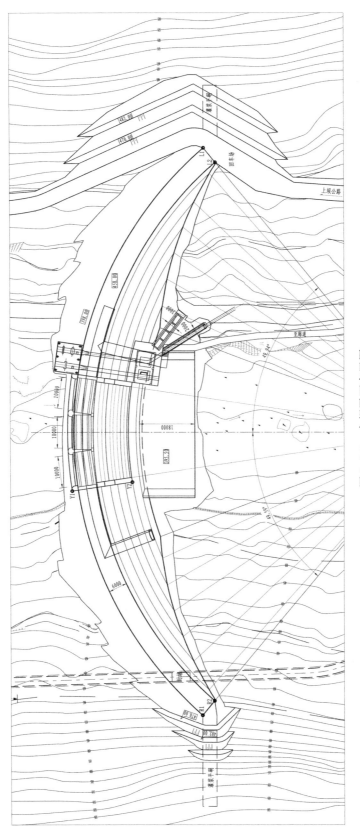

图 8.2-1　大坝平面布置图

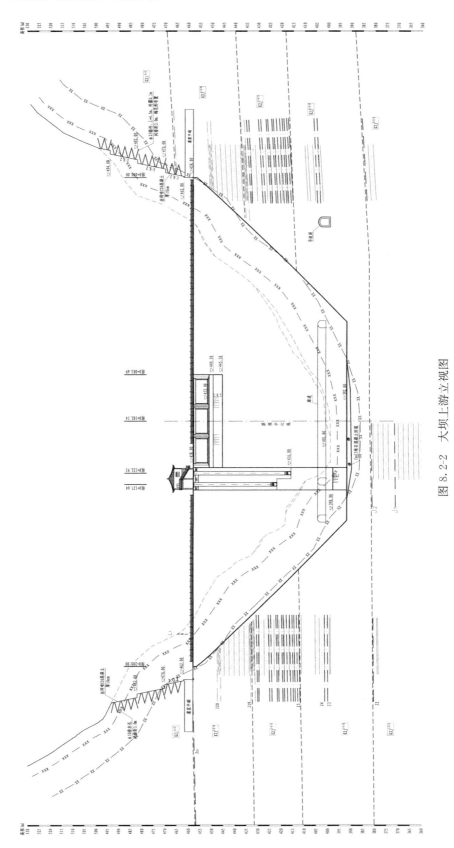

图 8.2-2　大坝上游立视图

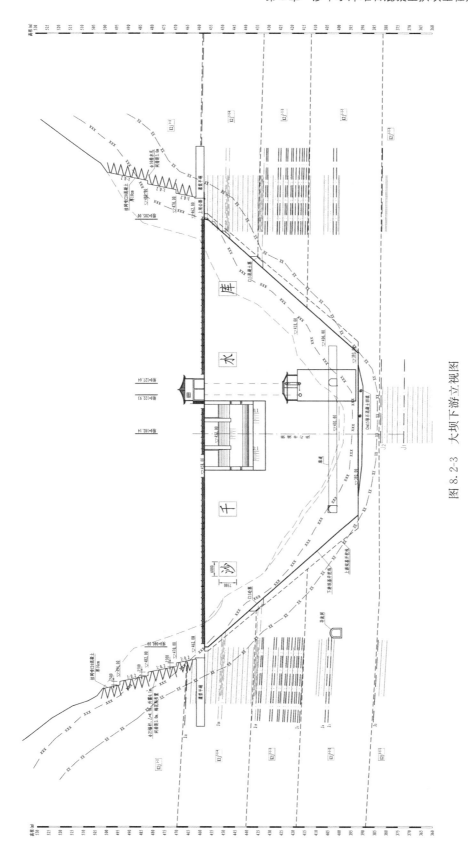

图 8.2-3　大坝下游立视图

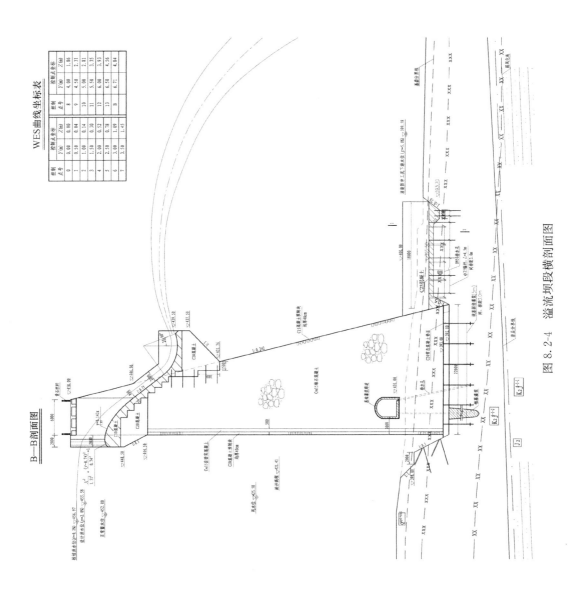

图 8.2-4 溢流坝段横剖面图

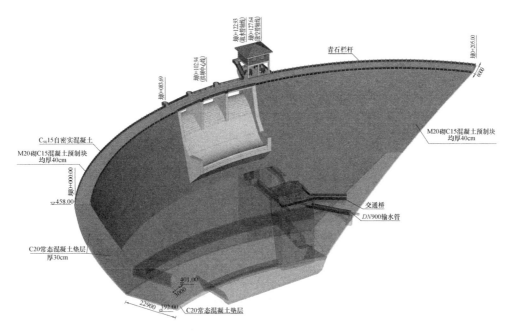

图 8.2-5 沙千大坝三维轴侧视图

8.2.2 坝体材料与配合比

沙千拱坝主体采用一级配 $C_{90}15$ 堆石混凝土，上游面设置厚 0.5m 的一级配 $C_{90}15$ 自密实混凝土防渗层，设计抗渗标准 W6，抗冻等级 F50；在坝基设置 C20W6F50 堆石混凝土垫层（厚 1.0m），坝肩设置 $C_{90}15$ 自密实混凝土垫层（厚 0.5m），防渗墙与坝基肩垫层连接。大坝上、下游坝面采用 M10 水泥砂浆砌 C15 混凝土预制块，上下游预制块均采用一顺一丁布置，尺寸为 0.3m×0.3m×0.5m（长×宽×高）。沙千大坝施工采用全断面整体上升，坝体堆石料为钙质岩屑石英砂岩和岩屑石英砂岩，混凝土组合骨料（砂岩粗骨料＋灰岩细骨料），堆石主要采用塔机入仓、人工辅助堆石。

沙千水库大坝在筑坝材料上主要具有以下特点或创新之举：

① 大坝为目前国内建成的最高整体浇筑堆石混凝土拱坝；

② 混凝土采用组合骨料（砂岩粗骨料＋灰岩细骨料）；

③ 河床段采用堆石混凝土垫层；

④ 坝体上、下游采用预制块模板并兼作坝体一部分；

⑤ 岸坡段不设垫层混凝土，堆石满足与基岩不面面接触即可。

沙千水库高自密实性能混凝土生产配合比见表 8.2-2。

高自密实性能混凝土生产配合比（单位：kg/m³） 表 8.2-2

工程名称	细骨料	粗骨料	水泥	砂	石子（一级配）	水	粉煤灰
沙千水库	灰岩	石英砂岩	134	1044	641	178	278

堆石混凝土密度估算：根据《胶结颗粒料筑坝技术导则》SL 678—2014 附录 C.0.1 条要求，计算公式如下：

$$\rho = r\rho_r + \rho_{scc}(1-r) \tag{8.2-1}$$

式中，ρ 为堆石混凝土的密度（kN/m³）；ρ_r 为堆石的密度（kN/m³），结合料场试验资料，取 25.7kN/m³；ρ_{scc} 为高自密实性能混凝土的密度（kN/m³），可在 22.0～23.0kN/m³ 范围内选取，沙千工程取 22.5kN/m³；r 为堆石混凝土的堆石率，结合工程实际堆石率取 0.53。经计算，堆石混凝土密度为 24.196kN/m³，取 24.2kN/m³。

堆石混凝土线膨胀系数估算：根据《堆石混凝土拱坝技术规范》DB 52/T 1545—2020，堆石混凝土线膨胀系数计算公式如下：

$$\alpha = r\alpha_r + \alpha_{scc}(1-r) \tag{8.2-2}$$

式中，α 为堆石混凝土的线膨胀系数（10^{-6}/℃）；α_r 为堆石的线膨胀系数（10^{-6}/℃），根据《砌石坝设计规范》SL 25—2006，砂岩取 9.02～11.2×10^{-6}/℃，此处取 10×10^{-6}/℃；α_{scc} 为高自密实性能混凝土的线膨胀系数，根据《堆石混凝土拱坝技术规范》DB52/T 1545—2020，自密实混凝土线膨胀系数取 10×10^{-6}/℃；堆石率 r 取 0.53。经估算，堆石混凝土的线膨胀系数为 10×10^{-6}/℃。

堆石混凝土弹性模量估算：初步设计参照《砌石坝设计规范》SL 25—2006 取拱坝弹性模量，但后来根据堆石混凝土大试件试验结果，堆石混凝土弹性模量更接近于混凝土坝弹性模量。两种不同方法的弹性模量取值见表 8.2-3。

堆石混凝土或基岩的弹性模量取值　　　　　　表 8.2-3

序号	计算参照规范	坝体弹性模量 （GPa）	基岩变形模量 （GPa）
1	《砌石坝设计规范》SL 25—2006	6.9	3～7
2	《混凝土拱坝》设计规范 SL 282—2018 《堆石混凝土拱坝技术规范》DB52/T 1545—2020	18	7～11

8.2.3　泄洪能力与坝顶超高复核

沙千水库为堆石混凝土拱坝，泄洪方式为溢流表孔自由泄洪，溢流净宽 30.0m，起调水位 452.00m，起调库容 513 万 m³；溢流堰为 WES 实用堰，堰顶高程 452.00m，洪水调节采用单辅助曲线法计算。溢流堰泄流能力采用如下公式：

$$Q = Cm\varepsilon\sigma_s B\sqrt{2gH_0^3} \tag{8.2-3}$$

式中，Q 为流量（m³/s）；C 为上游堰坡影响系数；B 为溢流净宽；ε 为侧收缩系数；H_0 为堰上总水头；m 为流量系数，取 1.95～1.97；σ_s 为淹没系数。

沙千水库洪水调节的计算结果见表 8.2-4 和表 8.2-5。

沙千水库调洪结果　　　　　　表 8.2-4

洪水标准 P（%）	洪峰 Q_m （m³/s）	最大下泄流量 （m³/s）	最高库水位 （m）	最大库容 （万 m³）	大坝下游洪水位 （m）
0.2	705	655	456.97	642	400.53
2.0	435	400	455.58	605	399.87
3.33	379	347	455.26	596	399.76
5.0	330	301	454.97	588	399.58
20	184	163	453.97	562	398.73

沙千水库调洪过程线   表 8.2-5

时间 (h)	P=0.2%				P=2%			
	来洪 (m³/s)	库容 (万 m³)	水位 (m)	泄流 (m³/s)	来洪 (m³/s)	库容 (万 m³)	水位 (m)	泄流 (m³/s)
0	0.00	513	452.00	0.00	0.00	513	452.00	0.00
1	68.8	523	452.39	14.5	42.5	519	452.24	6.76
2	299	562	453.94	159	184	546	453.29	85.9
3	616	615	455.95	463	380	583	454.78	273
4	628	642	456.97	655	392	605	455.58	400
5	347	614	455.92	458	233	589	454.98	302
6	234	585	454.86	284	154	569	454.20	191
7	169	570	454.28	202	112	558	453.76	137
8	135	561	453.92	156	90.6	551	453.48	106
9	106	554	453.64	124	72.4	546	453.28	85.1
10	88.5	548	453.44	101	59.5	542	453.12	69.2
11	72.5	544	453.27	83.7	49.6	538	452.99	57.7
12	65.8	541	453.15	72.0	42.4	536	452.88	48.5
13	60.4	539	453.07	65.0	38.8	534	452.81	42.7
14	55.0	538	453.01	59.3	35.3	533	452.76	38.7
15	49.6	536	452.95	53.9	32.0	532	452.71	35.1
16	44.2	535	452.88	48.6	28.6	530	452.67	31.8
17	38.8	533	452.82	43.3	25.3	529	452.62	28.5
18	34.4	531	452.75	38.3	22.0	528	452.57	25.3
19	31.7	530	452.70	34.6	20.1	527	452.53	22.6
20	29.0	529	452.66	31.7	18.4	526	452.50	20.5
21	26.4	528	452.63	29.0	16.7	525	452.47	18.7
22	23.7	527	452.59	26.4	15.0	525	452.44	17.0
23	21.0	526	452.55	23.8	13.3	524	452.41	15.3
24	18.3	525	452.51	21.2	11.6	523	452.38	13.7

根据调洪计算结果，沙千水库的校核洪水位为 456.97m，正常蓄水位为 452.00m。根据《混凝土拱坝设计规范》SL 282—2018，坝顶高程为水库静水位加坝顶超高 Δh，按照下式计算：

$$\Delta h = h_b + h_z + h_c \tag{8.2-4}$$

$$h_b = 0.0166 v_0^{5/4} D^{1/3} \tag{8.2-5}$$

$$h_z = \frac{\pi h_{5-10\%}^2}{L_m} \mathrm{cth} \frac{2\pi H_1}{L_m} \tag{8.2-6}$$

$$\frac{gL_m}{V_0^2} = 0.331 \times V_0^{-\frac{7}{15}} \left(\frac{gD}{V_0^2}\right)^{4/15} \tag{8.2-7}$$

式中，Δh 为坝顶距水库静水位高度（m）；h_b 为浪高（m）；h_z 为波浪中心线至水库静水位的高度（m）；h_c 为安全超高，正常情况取 $h_c = 0.4m$，校核情况取 $h_c = 0.3m$；v_0 为计算风速（m/s），正常情况取 $v_0 = 15.45\text{m/s}$，校核情况取 $v_0 = 10.3\text{m/s}$；D 为计算风区长度或吹程(km)，$D = 0.35\text{km}$；L_m 为波长（m）；H_1 为坝前水深（m）。

按正常运用情况和非常运用情况，计算出的坝顶超高结果见表 8.2-6。沙千水库坝顶高程 458.00m，由校核洪水工况控制，而校核工况计算出的坝顶高程 457.53m，低于实际坝顶高程，因此坝顶高程与安全超高满足防洪能力的规范要求。

沙千水库坝顶超高计算 表 8.2-6

运用条件	计算水位 （m）	h_b （m）	h_z （m）	h_c （m）	坝顶超高 Δh （m）	计算坝顶高程 （m）
正常运用条件	452.00	0.358	0.089	0.4	0.85	452.85
非常运用条件	456.97	0.216	0.048	0.3	0.56	457.53

8.3 沙千拱坝建设过程

（1）坝基肩开挖

沙千水库位于贵州省赤水市红层地区，坝基肩砂岩与泥岩互层且近水平分布，工程于 2020 年 12 月 1 日开始大坝坝肩以上边坡开挖，于 2021 年 9 月 15 日坝基肩开挖完成，进行截流验收。大坝坝肩开挖如图 8.3-1 所示。

图 8.3-1　大坝坝肩开挖

通过基础开挖揭露：①地质岩性：K_2j^{1-1-2}中厚层钙质岩屑石英砂岩分布于大坝坝基、护坦、两坝肩下部（高程约 412m 以下）；K_2j^{1-1-3}薄至中厚层岩屑石英砂岩夹粉砂岩、泥岩，分布于两坝肩中部（高程 412～436m）；K_2j^{1-1-4}中厚层夹少量薄层岩屑石英砂岩夹粉砂岩夹层，分布于两坝肩上部（高程约 436m 以上）；坝基岩体层面清晰，产出稳定，岩层缓倾上游偏左岸，产状 N35°～55°W/SW∠4°～6°。②风化状况：整个坝基肩基础多开挖至弱风化上部，岩体结构紧密，完整性较好。③构造及软弱夹层：大坝基础开挖揭露有 10 条裂隙和 7 条夹层。夹层和裂隙与前期勘察基本一致，夹层进入弱风化层后逐渐歼灭，夹层相对前期勘察（原 21 条）减少；裂隙主要发育于坝基（7 条），两坝肩相对较少（左岸 1 条，右岸 2 条），以顺河向裂隙为主。坝基开挖后，对外露的软弱层和破碎岩块进行了人工清除处理，为后续坝基基础回填做好准备。

（2）试验仓浇筑

沙千水库在大坝浇筑前同样进行了试验仓浇筑（图 8.3-2），与绿塘水库试验仓类似，采用 4 层混凝土预制块模板厚度，再考虑砂浆砌筑后，每个浇筑仓层高约 1.3m。试验仓预留一部分进行小粒径堆石研究。根据试验仓最终成型情况，小粒径集中区域由于浇筑时间不够充分、小粒径堆石过度集中，局部浇筑不密实，其余正常堆石情况下浇筑密实，通过试验仓进一步指导了堆石混凝土浇筑的工艺。

图 8.3-2　沙千拱坝试验仓浇筑

（3）河床段堆石混凝土回填

沙千水库由于坝基开挖、清除软弱层后坝基不平整，因此在河床段垫层混凝土浇筑前，为进一步避免高自密实混凝土集中浇筑，减少水化热，沙千水库基础回填采用了 $C_{90}15$ 堆石混凝土浇筑（图 8.3-3）。

图 8.3-3　基础回填堆石混凝土浇筑

（4）河床段垫层混凝土浇筑

在回填混凝土基础之上，由于常态混凝土垫层水化热较大，大体积浇筑需要分缝，为更有利于温度控制及上部大坝整体结构，施工中对沙千水库河床段垫层混凝土进行了创新，由 C20 常态混凝土垫层调整为 C20 堆石混凝土。具体施工工艺为：堆石冲洗晾晒→塔机吊装堆石（图 8.3-4）→人工辅助堆石→浇筑 C20 高自密实混凝土（图 8.3-5）。河床段垫层混凝土整体浇筑后，未见裂缝产生，因此采用堆石混凝土作为河床段垫层可以发挥其水泥用量少、水化热低、施工快速、温控简易的特点。同时，堆石混凝土垫层顶部具有一定堆石露出率，更有利于垫层混凝土与坝体堆石混凝土层间的结合。

图 8.3-4　垫层混凝土堆石入仓

图 8.3-5　垫层混凝土浇筑（C20 堆石混凝土）

（5）坝体堆石混凝土浇筑

沙千水库坝体堆石混凝土施工工艺与绿塘水库基本一致，其中，堆石采用两台塔机吊运＋钢筋笼的方式，人工辅助堆石时分散堆放了小粒径堆石，提高了堆石率。同时，结合沙千水库大坝体型，为便于后期运行管理，在坝内设一道灌浆及排水廊道，廊道总长 105.0m，底板高程 401.00m；采用 C25 钢筋混凝土现浇廊道顶拱及侧墙，厚 0.4m，底板采用 C15 自密实混凝土浇筑。工程为顺利完成度汛目标，经参建各方同意，施工过程中将河床段基础帷幕和固结灌浆在廊道底板高程与廊道浇筑同步进行，廊道浇筑后对于坝体接触的侧墙及顶拱进行凿毛处理。沙千水库在筑坝过程中的各个典型工序施工见图 8.3-6～图 8.3-10。

图 8.3-6　沙千水库预制块砌筑

图 8.3-7　沙千水库堆石冲洗及入仓

图 8.3-8　沙千水库高自密实混凝土浇筑

图 8.3-9　沙千水库廊道浇筑、分区堆石及表面凿毛

图 8.3-10　沙千水库不分缝通仓浇筑的坝体

（6）溢流表孔与取放水建筑物基础施工

沙千水库的溢流表孔布置于大坝坝顶中部，为开敞式自由泄洪方式，溢流堰型采用 WES 实用堰，堰顶高程 452.00m，溢流净宽 30.0m，共 3 孔，单孔宽 10.0m。与绿塘水库类似，堆石混凝土坝体与溢流表孔（图 8.3-11）同步施工，同时在边墩与坝体接触面的上游防渗层处，设置铜片止水。此外，溢流面底部 C20 常态混凝土基础采用人工辅助抛石的方式，增加了一定的埋石率，从而进一步降低该部位混凝土水化热。闸井基础堆石混凝土浇筑及隔缝材料施工见图 8.3-12。

图 8.3-11　沙千水库溢流表孔施工

图 8.3-12　闸井基础堆石混凝土浇筑及隔缝材料施工

（7）大坝建成封顶及泄洪

沙千拱坝于 2023 年 1 月 11 日封顶，大坝累计浇筑时长 16 个月，浇筑堆石混凝土总方量约 12 万 m³。目前水库已多次蓄水至正常蓄水位并泄洪（图 8.3-13），大坝表面未见裂缝，大坝下游无明显渗漏。

图 8.3-13　沙千水库建成后及泄洪照片

8.4　大坝安全监测布置与结果

8.4.1　永久监测仪器布置

（1）变形监测

① 水平位移：在坝顶共布置 6 个测点，平面控制监测网采用四等三角网精度布设，共布置 4 个控制点，左岸 2 个，右岸 2 个。

② 垂直位移：垂直采用精密水准法进行，在大坝左、右岸坝端及大坝下游左岸坡基岩上分别布置 3 个水准工作基点，作为日常观测时的起测基点。

（2）渗流监测

① 坝基渗压监测：扬压力监测采用埋设渗压计的方法进行，在拱冠梁基础高程 392.00m 的基岩内布置 3 支渗压计，防渗帷幕前后各布 1 支，下游坝体布设 1 支，用以观测帷幕灌浆的防渗及坝基扬压力。

② 绕坝渗流：根据大坝防渗帷幕布置的实际情况，考虑在左、右坝肩各选择一个观测断面，防渗帷幕前后各布 1 支，下游布设 1 支。采用钻孔安装渗压计观测绕坝渗流，共钻孔 6 个，埋设渗压计 6 支。

③ 渗流量监测：在坝体廊道的排水沟上布设 1 道量水堰。

（3）应变、裂缝观测

① 应变计：在桩号坝 0+090.1 断面 393.00m 高程的坝趾、坝踵处，各布设 1 支单向应变计。

② 测缝计：在桩号坝 0+090.1 断面 393.00m 高程坝踵处，布设 1 支单向裂缝计（K3）；在 415.00m 高程两坝肩建基面处，上、下游侧分别布置单向裂缝计 1 支（K1、K2，损坏）；后期又在 440.00m 高程两坝肩建基面处，上、下游侧分别布置单向裂缝计 2 支（K4、K5、K6、K7）。共计 7 支测缝计，对坝肩位置的混凝土与基岩的接触面缝隙进行观测。

（4）永久温度监测

选择在坝 0+060.53 断面，分别在 424.00m、448.00m 高程上布设 3 支、2 支温度计；在坝 0+090.10 断面，分别在 393.00m、412.00m、436.00m 高程上布设 3 支、3 支、2 支温度计，因此，在坝体内共布设了 13 支永久监测温度计。同时，在坝基堆石混凝土回填基础里增设 2 支温度计（图 8.4-1、图 8.4-2）。

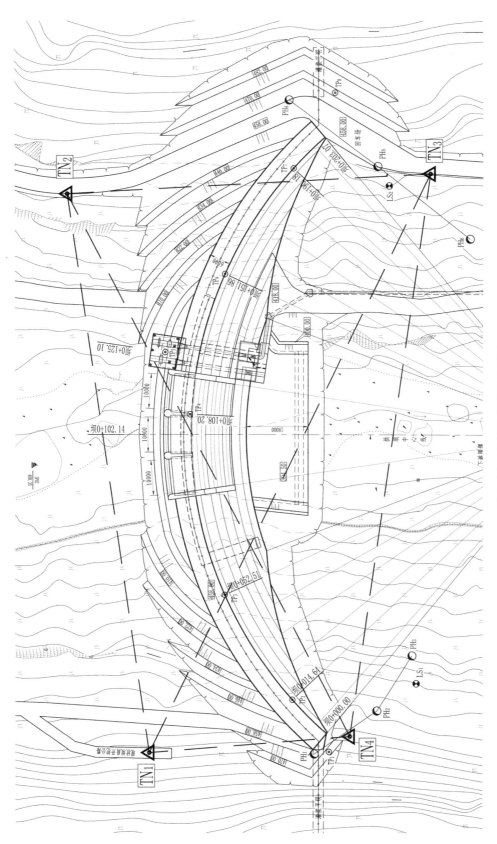

图 8.4-1　大坝监测平面布置图

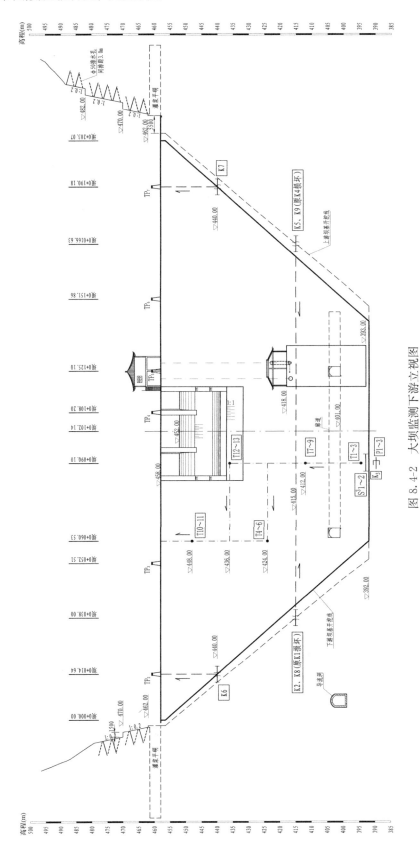

图 8.4-2 大坝监测下游立视图

8.4.2　施工期监测结果

（1）应变计监测结果

坝体混凝土的变形特征值监测结果见表 8.4-1，两组三向应变计实测不同方向的微应变在 $-66.510\sim23.040\mu\varepsilon$ 之间。监测结果表明，当大坝浇筑封顶完成后，大坝坝基承载应力逐步趋于相对稳定状态。

混凝土变形特征值统计　　　　　　　　　　　　表 8.4-1

测点编号	桩号	安装高程 （m）	最大应变值 （$\mu\varepsilon$）	最大应变值出现日期	当前应变值 （$\mu\varepsilon$）
S1-1	坝 0+090.10 上游	392.00	11.520	2022/8/14	-2.520
S1-2	坝 0+090.10 上游	392.00	-36.945	2022/3/28	-33.705
S1-3	坝 0+090.10 上游	392.00	-66.510	2022/9/29	-49.770
S2-1	坝 0+090.10 下游	392.00	23.040	2022/9/15	18.045
S2-2	坝 0+090.10 下游	392.00	15.885	2023/4/24	15.885
S2-3	坝 0+090.10 下游	392.00	-28.125	2023/4/24	-28.125

（2）温度监测

通过坝体混凝土的永久温度监测结果（表 8.4-2）可知，坝体堆石混凝土的最大水化温升 $5.5\sim13℃$，混凝土水化温度在浇筑后 $3\sim6d$ 达到峰值，最高约 30℃，之后 $76\sim90d$ 温度达到相对稳定状态。

实测坝体温度特征值统计　　　　　　　　　　　表 8.4-2

测点编号	桩号	高程 （m）	入仓温度 （℃）	峰值温度 （℃）	最大温升 （℃）	备注
T0	坝横 0.090.10	390.50	23.1	32.4	9.3	
T14	坝横 0.090.10	390.50	22.9	31.5	8.6	
T1	坝横 0.090.10	393.00	22.0	30.5	8.5	
T2	坝横 0.090.10	393.00	23.8	30.9	7.1	
T3	坝横 0.090.10	393.00	22.1	29.6	7.5	
T7	坝横 0.090.10	412.00	20.4	25.9	5.5	失效
T8	坝横 0.090.10	412.00	22.5	32.5	10.0	
T9	坝横 0.090.10	412.00	22.4	31.4	9.0	
T4	坝横 0+060.53	424.00	28.2	35.6	7.4	
T5	坝横 0+060.53	424.00	28.2	37.5	9.3	
T6	坝横 0+060.53	424.00	28.2	34.5	6.3	
T12	坝横 0.090.10	430.00	23.4	32.6	9.2	
T13	坝横 0.090.10	430.00	21.9	33.2	11.3	
T10	坝横 0+060.53	448.00	18.8	30.1	11.3	
T11	坝横 0+060.53	448.00	18.2	31.2	13.0	

（3）裂缝计监测

通过沙千拱坝的裂缝计监测结果（表8.4-3）表明，坝基与坝体结构相对稳定；坝体与山体之间的左岸在灌浆时段有0.98~1.21mm的开合变化，随着灌浆工作的完成，开合度已处于相对收敛状态。

实测大坝裂缝计监测变化特征值统计   表8.4-3

测点	桩号	高程（m）	安装日期	累计开合（mm）	当前值（mm）	最大开合出现时段	时段开合变化（mm）	备注
K1	坝右上游	415	2022/4/18	0.33	0.33	—	—	相对稳定
K2	坝右下游	415	2022/4/18	0.09	0.07	—	—	相对稳定
K3	坝基	391	2021/11/21	0.12	0.12	—	—	相对稳定
K4	坝左上游	415	2022/4/18	0.25	0.25	—	—	相对稳定
K5	坝左下游	415	2022/4/18	1.64	1.64	2023年2月18日至3月7日	1.21	灌浆施工
K6	坝右上游	440	2022/10/28	0.07	0.06	—	—	相对稳定
K7	坝左上游	440	2022/10/28	1.14	1.14	2023年2月18日至3月7日	0.98	灌浆施工
K8	坝右上游	415	2023/3/15	0.36	0.36	—	—	相对稳定
K9	坝左上游	415	2023/3/15	0.14	0.14	—	—	相对稳定

8.4.3 蓄水初期监测结果

沙千水库蓄水初期，分别在上游水文425.50m（死水位）、435.00m、443.40m、452.40m高程进行了蓄水初期观测分析。

（1）表面位移监测结果

沙千水库表面位移于2023年4月21日—4月24日取得初始值，2023年7月4日进行了第5次观测。数据分析通过第5次测值与初始测值计算累计变化量，水平位移方向变化情况通过分析各测点径向和切向累计变化量进行计算，垂直位移方向通过当期高程与初始高程之间的变化量（累计变化量）和两期邻近高程之间的变化量（间隔变化量）进行计算。沙千水库的水平位移变化统计见表8.4-4、垂直位移统计见表8.4-5。

大坝及边坡水平位移测点累计变化量（单位：mm）   表8.4-4

日期	大坝点号												边坡点号			
	TP2		TP3		TP4		TP5		TP6		TP7		TP1（右岸）		TP8（左岸）	
	径向	切向	径向	切向	径向	切向	径向	切向	径向	切向	径向	切向	ΔX	ΔY	ΔX	ΔY
2023年6月1日	−1.1	0.6	−3.0	−0.4	−1.3	−0.8	−2.4	−0.8	−0.9	−1.6	−4.6	3.5	0.6	−4.1	1.5	0.6
2023年6月3日	0.5	−0.7	−1.5	0.1	−1.8	−1.2	−1.6	0.0	0.3	−1.1	0.4	1.0	1.4	−0.8	−1.8	−1.4

续表

日期	大坝点号												边坡点号			
	TP2		TP3		TP4		TP5		TP6		TP7		TP1（右岸）		TP8（左岸）	
	径向	切向	径向	切向	径向	切向	径向	切向	径向	切向	径向	切向	ΔX	ΔY	ΔX	ΔY
2023年6月7日	−0.2	0.1	0.3	1.1	−1.4	−1.6	2.7	1.0	1.2	−0.3	−3.0	0.8	1.4	−0.8	−1.1	−1.4
2023年6月26日	−1.3	0.1	2.2	−0.9	9.4	1.5	4.8	3.4	2.8	0.8	−1.6	3.2	2.6	1.0	−1.9	−1.9
2023年7月4日	−0.8	−1.8	7.9	−3.3	18.1	0.3	13.7	2.4	7.9	2.4	−1.9	2.7	1.4	−3.1	0.9	1.4

注：径向向下游、切向向左岸为"＋"，反之为"−"。

大坝垂直位移测点变化量统计（单位：mm）　　表 8.4-5

日期	点号											
	TP2		TP3		TP4		TP5		TP6		TP7	
	累计	间隔	累计	间隔	累计	间隔	累计	间隔	累计	间隔	累计	间隔
2023年6月1日	−0.54	−0.54	−0.64	−0.64	−0.15	−0.15	−0.44	−0.44	−0.20	−0.20	−0.47	−0.47
2023年6月3日	−0.54	0.01	−0.74	−0.10	−0.30	−0.15	−0.59	−0.15	−0.26	−0.06	−0.45	0.03
2023年6月7日	−0.54	0.00	−0.87	−0.13	−0.33	−0.03	−0.75	−0.16	−0.38	−0.12	−0.43	0.02
2023年6月26日	0.41	0.94	−0.43	0.44	−0.64	−0.31	−0.99	−0.24	−1.06	−0.68	−0.65	−0.22
2023年7月4日	−0.65	−1.06	−1.97	−1.54	−3.07	−2.43	−2.97	−1.98	−2.25	−1.19	−0.49	0.16

注：向下为"＋"，反之为"−"。

根据大坝位移结果，水平位移径向 TP2、TP3、TP4、TP5、TP6、TP7 变化量在 −1.9～18.1mm 之间，其中 TP4 变化最大，为 18.1mm。切向最大变化在测点 TP3，累计向右岸变化 3.3mm，其余测点在 −1.8～2.7mm 之间。大坝两岸边坡测点测值无异常变化。垂直位移累计最大变化在测点 TP4，累计向上抬升 3.07mm，其余测点在 −2.97～−0.49mm 之间，从各测点间隔变化量来看，各测点间隔变化量在 −2.43～0.16mm 之间。

（2）混凝土应变计监测

2023 年 5 月 28 日下闸蓄水至 2023 年 7 月 4 日（溢洪，高程 452.4m）期间，监测到的混凝土应变变化见表 8.4-6，时段应变在 −20.21～17.71$\mu\varepsilon$ 之间，累计应变在 −59.16～6.71$\mu\varepsilon$ 之间。

坝横 0＋090.10m 监测断面应变计组监测变化汇总　　　　表 8.4-6

安装部位桩号	坝体上游桩号 0+091			坝体下游桩号 0+091		
方向	水平	斜45°	垂直	水平	斜45°	垂直
安装编号	S1-1	S1-2	S1-3	S2-1	S2-2	S2-3
累计值（$\mu\varepsilon$）	−11.24	−17.46	−59.16	6.71	−4.95	−22.44
最大值（$\mu\varepsilon$）	11.520	0	0	23.040	15.885	0
最小值（$\mu\varepsilon$）	−28.71	−36.95	−74.07	0	−13.14	−28.31
时段变化（蓄水前至蓄水至高程 452.4m）（$\mu\varepsilon$）	−7.60	17.71	0.33	−10.75	−20.21	5.55

（3）坝体温度监测结果

2023 年 5 月 28 日下闸蓄水至 2023 年 7 月 4 日（溢洪，高程 452.4m）期间，监测到的混凝土温度见表 8.4-7。当前坝体混凝土温度值在 17.0～25.4℃之间，开始蓄水至蓄水水位上升至高程 452.4m 期间，温度变化在−1.5～4.0℃之间。

大坝温度计监测混凝土温度变化统计　　　　表 8.4-7

安装部位桩号	0+090.10 距上游 0.9m	0+090.10 距上游 10.9m	0+090.10 距上游 20.2m	0+060.53 距上游 0.9m	0+060.53 距上游 8.3m	0+060.53 距上游 14.7m	0+090.10 距上游 8.3m
高程（m）	393	393	393	424	424	424	412
安装编号	T1	T2	T3	T4	T5	T6	T8
当前值（℃）	18.1	20.1	18.5	20.3	20.3	25.4	20.6
最大值（℃）	30.5	30.9	29.6	35.6	37.5	34.5	32.5
最小值（℃）	17.1	18.0	15.1	18	19.1	14.0	19.8
时段变化值（℃）	0.6	0.1	0.6	0.8	1.1	2.6	0.3
安装部位桩号	0+090.10 距上游 14.7m	0+060.53 距上游 0.9m	0+060.53 距上游 9.6m	0+090.10 距上游 0.9m	0+090.10 距上游 9.6m	0+090.10 距上游 0.9m	0+090.10 距上游 9.6m
高程（m）	412	448	448	436	436	390.5	390.5
安装编号（℃）	T9	T10	T11	T12	T13	T14	T0
当前值（℃）	17.0	21.9	23.2	21.0	21.2	20.6	19.0
最大值（℃）	31.4	30.1	31.2	32.6	33.2	31.5	32.4
最小值（℃）	15.8	16.3	17.3	17.7	17.7	18.8	17.9
时段变化值（℃）	−1.5	3.3	4.0	1.1	1.7	1.1	0.8

说明：时段变化值是指蓄水前至蓄水到452.4m高程期间的温度变化值。

（4）裂缝计监测

2023 年 5 月 28 日下闸蓄水至 2023 年 7 月 4 日（溢洪高程 452.4m）监测裂缝计开合变化，累计开合变化在−1.34～1.42mm 之间，蓄水至高程 452.4m 时段开合变化在−1.55～−0.01mm 之间，裂缝计监测结果见表 8.4-8。

大坝裂缝计监测变化汇总　　　　　　　　　　　　　　　表 8.4-8

安装部位桩号	高程 514m 右下游	坝基	高程 415m 左下游	高程 440m 右上游	高程 440m 左上游	高程 514m 右上游	高程 514m 左上游
安装编号	K2	K3	K5	K6	K7	K8	K9
累计值（mm）	0.03	0.10	1.01	0.03	0.47	1.42	−1.34
最大值（mm）	0.09	0.15	1.77	0.07	1.17	1.73	0.21
最小值（mm）	0.00	0.09	0.00	0.00	0.00	0.00	−1.39
时段变化（蓄水前至高程 452.4m）（mm）	−0.02	−0.01	−0.63	−0.03	−0.63	−0.05	−1.55

注：张开为"＋"，闭合为"−"。

（5）坝基水压监测

2023 年 5 月 28 日下闸蓄水至 2023 年 7 月 4 日（溢洪高程 452.4m）监测大坝坝基水压力，当前值在 0.156～0.507MPa 之间，时段坝基扬压力变化在 0.050～0.309MPa 之间，坝基水压力监测结果见表 8.4-9。沙千水库大坝变形、渗流及应力应变性态稳定，大坝蓄水后运行正常。

坝基水压力监测变化汇总　　　　　　　　　　　　　　　表 8.4-9

安装部位桩号	坝纵	坝横	坝纵	坝横	坝纵	坝横
	0＋090.10	0＋000.00	0＋090.10	0＋007.50	0＋090.10	0＋020.00
安装编号	P1		P2		P3	
当前值（MPa）	0.505		0.163		0.156	
最大值（MPa）	0.507		0.163		0.156	
最小值（MPa）	0.000		0.000		0.000	
时段压力变化（MPa）	0.309		0.050		0.070	
时段水位（m）	441.01		406.78		406.12	

说明：水压上升为"＋"，下降为"−"。

第9章 风光水库堆石混凝土拱坝工程案例

9.1 工程概况

9.1.1 自然地理条件

风光水库位于芙蓉江右岸支流曹溪沟上游，水库坝址位于正安县格林镇风光村境内，距格林集镇 0.5km，距正安县城 16km，距遵义市区 200km，地理位置东经 107°31′19″，北纬 28°33′05″。曹溪沟属于乌江水系芙蓉江右岸一级支流，该河发源于正安县格林镇保丰村的大竹园，河源山顶高程 904.00m。曹溪沟全流域面积 9.34km²，河长 4.90km，河道加权平均比降 6.32%。风光水库坝址流域面积 4.62km²，主河道河长 2.72km，主河道加权平均比降 4.89%，流域形状系数 0.624，多年平均流量 0.09m³/s，多年平均径流量 298 万 m³。

工程所在区域属中亚热带季风湿润气候，气候温和，冬季主要受北方西伯利亚气流影响，多为阴雨天气，但雨量较少。夏季受印度孟加拉湾西南暖湿气流和西太平洋海洋气候影响，造成降雨多发生在 5～10 月，尤以 5～7 月最为集中。根据正安气象站 1965～2016 年气象要素统计：多年平均气温 16.3℃，多年平均年降水量 1059.7mm，多年平均风速 0.9m/s，多年平均日照 993.6h，多年平均相对湿度 77.9%，多年平均无霜期 290d。

坝址位于格林桥与张村沟汇口之间狭谷河段，河流顺直，总体流向为 S80°W，河床高程 645.00～653.00m，平均比降约 2.5%，区内未见跌坎及深槽发育。坝址区两岸山体宽厚，无大的冲沟、凹槽等负地形发育，岸坡连续性较好。坝址区出露地层主要为寒武系中上统娄山关群中段（$\in_{2\text{-}3}ls^2$）、上段（$\in_{2\text{-}3}ls^3$）、奥陶系下统桐梓组第一层（O_1t^1）、第二层（O_1t^2）及第四系（Q）地层。出露岩性以浅灰、灰色中厚层白云岩为主，夹薄层泥质白云岩。工程区属弱震环境，地震活动水平不高，工程区地震动反应谱特征周期为 0.35s，地震动峰值加速度 0.05g，相应的地震基本烈度为Ⅵ度，工程所处区域构造稳定，属构造稳定区。

9.1.2 水库枢纽布置

风光水库工程任务为村镇供水及农田灌溉，设计年供水量为 204 万 m³，水库建设包括水库枢纽工程、泵站工程和输水工程。水库规模为小（1）型，工程等别为Ⅳ等。风光水库的正常蓄水位为 688.00m，死水位为 663.00m；兴利库容 121 万 m³，总库容 155 万 m³，其他特征水位参数见表 9.1-1。

风光水库大坝为国内第一座整体浇筑堆石混凝土双曲拱坝，最大坝高 48.5m。水库枢纽主要建筑物由大坝、坝顶溢流表孔、取水兼放空建筑物等组成，级别为 4 级，其他永久性次要建筑物、临时建筑物按 5 级建筑物设计。

（1）大坝：大坝为堆石混凝土双曲拱坝，中心线方位角为 N83.27°E，顶拱中心角为91.67°，其中左顶拱半中心角为46.36°，右顶拱半中心角为45.31°，外半径为70.0m。坝顶高程691.00m，坝顶宽5.0m，坝轴线弧长112.0m，河床段建基面高程642.5m，最大坝高48.5m，最大坝底厚12.5m，厚高比0.258。

（2）坝顶溢流表孔：坝顶溢流表孔布置于大坝坝顶中段，为开敞式自由泄洪方式，堰顶高程688.00m，溢流坝段净宽10m，共2孔，单孔宽5m。溢流堰型为 WES 实用堰，曲线方程为 $y=0.285x^{1.85}$。采用挑流消能方式，挑坎顶高程682.10m，挑射角15°，反弧半径4.0m。坝脚后设15m长、1.0m厚短护坦，护坦采用 C30 钢筋混凝土浇筑。

（3）取水兼放空建筑物：取水兼放空建筑物布置在大坝右坝段紧靠溢流右侧边墙，中心线方位角为 N78.27°E，进口底板高程659.30m，其进口设1道1.2m×1.8m的拦污栅和1扇1.2m×1.2m的平板事故检修闸门及相应的启闭设备。其后设长3.0m的1.2m×1.2m方孔渐变为直径0.8m圆洞的渐变段，其后接 DN800mm 钢管，长12.5m，外包厚0.3mC15自密实混凝土。钢管出口设 ϕ800mm 偏心半球阀，阀前分别接 ϕ600mm 的取水钢管与 ϕ200mm 生态放水钢管，并设相应闸阀。

风光水库特征水位数据表

表 9.1-1

项目名称	单位	数量	备注
坝址以上流域面积	km²	4.62	
正常蓄水位	m	688.00	
起调水位	m	688.00	
堰顶高程	m	688.00	
设计洪水位	m	689.77	$P=3.33\%$
下游设计洪水位	m	649.44	$P=3.33\%$
校核洪水位	m	690.15	$P=0.5\%$
下游校核洪水位	m	649.55	$P=0.5\%$
消能防冲水位	m	689.66	$P=5\%$
下游消能防冲水位	m	649.40	$P=5\%$
死水位	m	663.00	
总库容	万 m³	155	
正常蓄水位库容	万 m³	131	
死库容	万 m³	10.0	
淤沙高程	m	658.85	50 年

9.2 大坝结构设计

9.2.1 大坝结构布置

大坝为堆石混凝土双曲拱坝，坝顶高程691.00m，坝顶宽5.0m，坝轴线弧长112.0m，河床段建基面高程642.5m，最大坝高48.5m，最大坝底厚12.5m，厚高比0.258，大坝体型参数见表9.2-1。该水库工程大坝于2019年2月动工建设，2020年4月大坝堆石混凝土开始浇筑，2021年4月大坝浇筑完成，目前已蓄水。大坝平面布置图见图9.2-1，大坝上游和下游立视图分别见图9.2-2和图9.2-3，溢流坝段横剖面图见图9.2-4。

大坝体型参数   表 9.2-1

高程	X_c	拱厚	拱半径（m）		半中心角（°）		中心角
	（m）	（m）	上游面	下游面	左	右	（°）
691.00	0.000	5.00	70.000	65.000	45.31	46.36	91.67
686.15	−1.455	5.92	64.767	58.847	47.22	47.11	94.34
681.30	−2.765	6.70	60.315	53.615	48.09	47.21	95.30
676.45	−3.929	7.55	56.461	48.911	48.03	46.82	94.85
671.60	−4.947	8.32	53.053	44.733	47.39	45.80	92.19
666.75	−5.578	8.96	49.756	40.796	46.35	44.31	90.66
661.90	−5.966	9.67	46.656	36.986	44.92	42.35	87.28
657.05	−6.111	10.24	43.692	33.452	42.82	39.62	82.44
652.20	−5.966	10.94	40.797	29.857	40.30	36.31	76.61
647.35	−5.529	11.73	37.921	26.191	37.19	32.18	69.37
642.50	−4.753	12.50	35.000	22.500	33.10	26.74	59.84

9.2.2 坝顶溢流表孔

风光水库的泄洪建筑物为坝顶溢流表孔，布置于大坝坝顶中段，为开敞式自由泄洪方式，堰顶高程688.00m，溢流坝段净宽10m，共2孔，单孔宽5m。表孔溢流曲线由上游面曲线、下游面曲线和反弧挑流消能段组成，总长10.00m。其中，堰顶上游段堰面曲线采用的椭圆曲线方程为：

$$\frac{x^2}{0.63^2} + \frac{(0.35-y)^2}{0.35^2} = 1 \qquad (9.2-1)$$

堰顶下游段曲线方程为：

$$y = 0.2853x^{1.85} \qquad (9.2-2)$$

中间衔接段：WES幂曲线至下游反弧段采用直线连接，坡比为1:0.8，起始端高程686.14m，末端高程为683.46m。下游反弧段：溢洪表孔出口挑流鼻坎顶高程682.10m，反弧半径为4.0m，挑射角为15.0°。

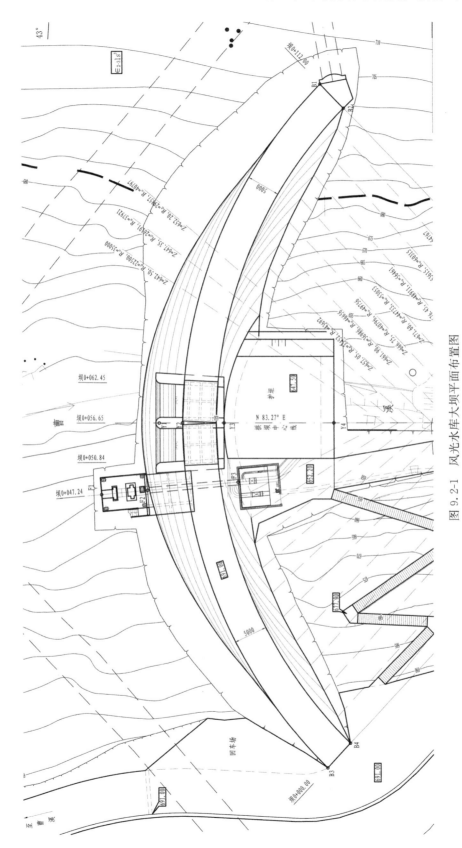

图 9.2-1　风光水库大坝平面布置图

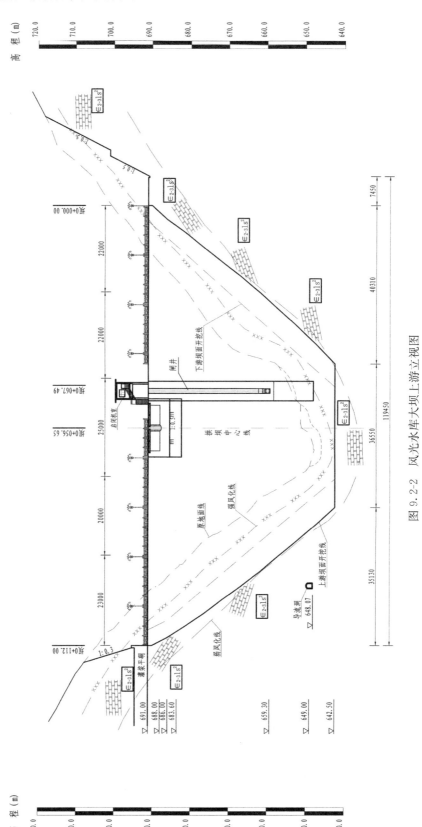

图 9.2-2 风光水库大坝上游立视图

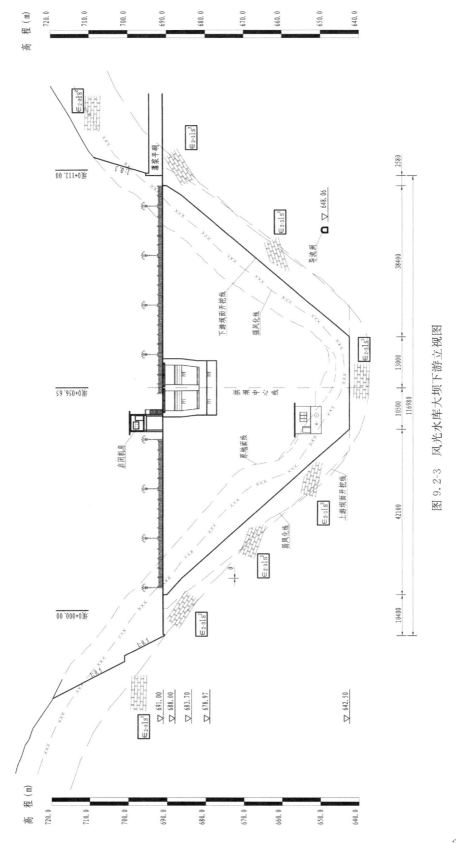

图 9.2-3　风光水库大坝下游立视图

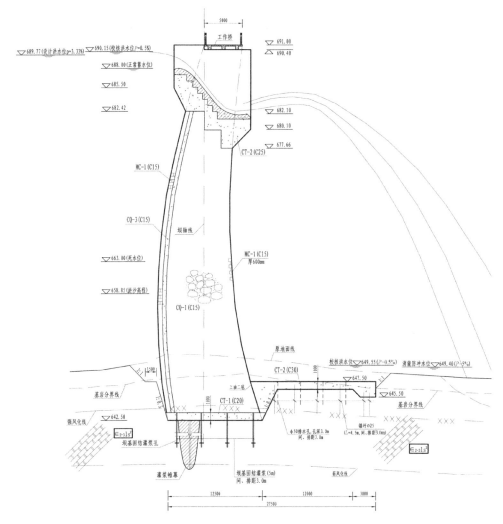

图 9.2-4 风光水库溢流坝段横剖面图

为满足溢流表孔抗冲磨和结构要求，其溢流堰曲面采取 C30 钢筋混凝土（F50 W6）浇筑，基础采用 C25 混凝土浇筑，边墩采取 C25 钢筋混凝土（F50W6）浇筑，孔顶布置 2 跨 5.0m 宽，跨度 5.5m 的工作桥连接大坝两端，桥面高程为 691.00m，主梁高 0.6m，宽 0.3m，板厚 0.15m，每跨采用 3 根主梁排列，主梁净距 1.45m，采用 C25 钢筋混凝土梁板结构。

为防止小频率小流量洪水跌落冲刷下游坝脚，通过计算，护坦长度在 14～15m 之间。对于拱坝护坦，作用主要是保护坝基，且主要在常年洪水工况 $P=20\%$ 时，故坝脚后设 15m 长、1.0m 厚短护坦。河床部位护坦顶面高程 647.50m，两岸加高到 651.50m 高程，护坦尾部设深 1.0m、底厚 2.0m 的混凝土齿坎。护坦采用 C30 钢筋混凝土浇筑。为了降低护坦底板浮托力，确保护坦结构安全，护坦基础范围内设 5 排固结灌浆孔，孔深 5m、排距 3m、孔距 3m。同时在护坦混凝土与护坦基础之间设 $\phi25$mm、间距 3.0m、单根长 4.5m 的梅花形锚杆，锚入基岩 3.6m，并在护坦混凝土板上设间距 3.0m、孔深 3.0m、孔径 50mm 的梅花形排水孔。

9.2.3　坝体材料与配合比

大坝主体材料采用 $C_{90}15$ 堆石混凝土，抗渗等级 W6，抗冻等级 F50；大坝上、下游坝面采用 M10 水泥砂浆砌 C15 混凝土预制块，上游预制块尺寸 0.3m×0.3m×0.5m（长×宽×高）；在上游预制块后设置厚 0.5m 的 $C_{90}15$ 一级配自密实混凝土防渗层，抗渗等级 W6，抗冻等级 F50；防渗层与坝基肩垫层连接，河床基础设置 1.0m 厚的二级配 C20 混凝土垫层，岸坡基础采用 0.6m 厚的 $C_{90}15$ 一级配自密实混凝土垫层。坝顶设置 0.3m 厚的二级配 C25 混凝土路面，抗冻等级为 F50。风光水库高自密实性能混凝土施工配合比详见表 9.2-2。

高自密实混凝土生产配合比（单位：kg/m³）　　　　　　　　　**表 9.2-2**

工程名称	细骨料	粗骨料	水泥	砂	石子（一级配）	水	粉煤灰
风光水库	灰岩	灰岩	154	1042	567	180	331

风光水库工程所需天然建材主要为砂、碎石、块石以及少量围堰用土料等。通过初步勘察选择了 2 个石料场（Ⅰ号、Ⅱ号为石料场）、1 个土料场（Ⅲ号）。最终选择堆石料的开采料场为Ⅰ号石料场，位于坝址左岸张村沟以上，距坝址约 0.3km，有公路相通，交通方便。料场区为一"鼓"状山体，山体陡峻，地形坡度 35°～55°。料场总储量 36.0 万 m³，开采率 65%。据室内岩石试验结果可知，岩石密度为 2670～2680kg/m³，弱风化岩石的饱和抗压强度大于 40MPa，属 B_{II}～B_{III} 类岩体，岩石强度较高，且石料为非碱活性骨料。

9.3　风光拱坝建设过程

风光水库大坝主要具有以下特点：①大坝为目前国内建成的第一座整体浇筑堆石混凝土双曲拱坝；②坝体上、下游采用预制块模板并兼做坝体一部分。

（1）坝基肩开挖

风光水库于 2019 年 11 月 9 日开始大坝坝肩以上边坡开挖，于 2020 年 3 月 17 日坝基肩开挖完成，大坝坝基和坝肩开挖照片见图 9.3-1。

图 9.3-1　大坝坝肩开挖照片

根据开挖揭露地质情况：①地层岩性与初设基本一致，坝基范围内均为中至厚层白云岩夹薄层泥质白云岩，经统计中至厚层白云岩约占 80%，薄层泥质白云岩约占 20%。实际揭露坝基岩体质量与前期勘察一致。原河床高程约 647.0～648.0m，根据坝基开挖揭露，河床砂砾石层及残坡积砂质黏土夹风化碎石厚 1～2m，设计建基面高程 642.5m，河床基岩强风化深度 3～4m，基础已开挖至弱风化中部，岩体总体完整，风化深度总体与前期勘察基本相符；②构造发育情况：坝基肩开挖未见断层分布，构造以裂隙为主。地表裂隙多被清除，仅局部残存，裂隙多闭合，开挖后揭露 12 条裂隙，斜切或顺河向发育，均为陡倾产出，宽 0.5～4cm，黏土充填，局部溶蚀破碎。

（2）坝体堆石混凝土浇筑

风光水库坝体堆石混凝土的筑坝工艺与前述工程基本相似。在施工过程中，风光水库大量利用了坝基肩开挖料作为大坝堆石料，减少料场开挖的同时，也节省了工程投资。大坝累计浇筑时长 12 个月，浇筑堆石混凝土约 2.8 万 m³。风光水库整体浇筑堆石混凝土双曲拱坝的现场堆石与混凝土浇筑见图 9.3-2。

（3）大坝建成封顶

风光大坝于 2021 年 4 月封顶，大坝建成后的蓄水运行照片如图 9.3-3 所示，截至 2023 年 9 月距离正常蓄水位还差约 10m，大坝表面未见裂缝。水库下闸蓄水初期及检修期间，为保证下游环境生态用水需下放生态用水，生态水考虑为管道放水，根据水文计算

(a) 堆石冲洗与选料

(b) 仓面堆石入仓与混凝土浇筑

图 9.3-2　风光水库大坝仓面堆石及混凝土浇筑（一）

(c) 整体浇筑堆石混凝土拱坝全貌

图 9.3-2　风光水库大坝仓面堆石及混凝土浇筑（二）

图 9.3-3　大坝建成后运行情况

需下放生态用水流量为 9.51L/s。

9.4　水库蓄水运行调度方案

　　根据施工进度安排，风光水库计划从 12 月初开始下闸蓄水，蓄水期下泄流量按 9.51L/s 计算，水库蒸发损失及渗漏损失按 13.1 万 m^3/a 计。水库初蓄计划经计算，$P=$ 50%设计代表年水库蓄至死水位 663.00m（死库容 10 万 m^3）的时间为 90d，蓄至正常蓄水位 688.00m（正常库容 131 万 m^3）的时间为 216d；$P=$75%设计代表年蓄至死水位的时间为 93d，蓄至正常蓄水位的时间为 253d。

　　风光水库为多年调节水库，调节周期可能长达几年，应做好水情预报和水库的兴利调度，以实现水量利用最大化为原则。根据《水库调度设计规范》GB/T 50587—2010 及《水利工程水利计算规范》SL104—2015，多年调节水库宜按时历法结果绘制调度图，即将长序列调节计算结果中供水、灌溉设计保证率以内年份的同月水位，点绘在同一张图上，其上包线为保证供水线，下包线为降低供水线。当水库具有两个或两个以上并重的兴利任务时，应绘制两级或多级调节的水库调度图，由有关调度线组成不同的调度区。风光水库有供水和农灌任务，且均较重要，因此应绘制两级兴利调度图。

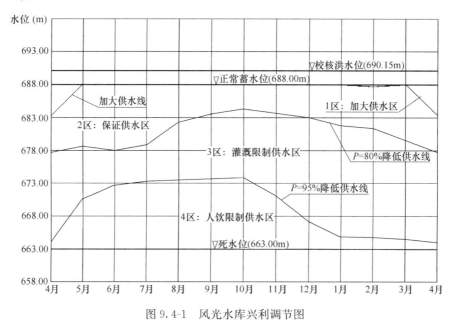

经计算，风光水库多年调节库容 $V_{多}=87.1$ 万 m^3，死库容为 10 万 m^3，$P=95\%$ 保证供水线 4 月从多年调节库容和死库容之和对应的水位 684.42m（相应库容 97.1 万 m^3）开始起调，年末 4 月回归到 684.42m。降低供水线 4 月从死水位 677.86m 开始起调，年末 4 月回归到 677.86m。根据时历法计算结果，水库蓄水期为 5~10 月，水库供水期为 11 月至次年 4 月。风光水库的兴利调度图见图 9.4-1，经复核，调度图结果与兴利调节计算结果基本一致。

图 9.4-1　风光水库兴利调节图

根据以上 3 条调度线可确定 4 个调度区，拟定调度运用方式如下：

加大供水区：上限为正常蓄水位，下限为保证供水线，当库水位位于此区时，水库可视需要按加大供水量方式供水。

保证供水区：上限为保证供水线，下限为 $P=80\%$ 农灌降低供水线，当库水位于此区时，库水位介于保证供水线和 $P=80\%$ 降低供水线之间，应按计划用水过程正常供水，须防止水库在供水期末过早泄空，或蓄水期末水库不能蓄到足够的水。

灌溉限制供水区：上限为 $P=80\%$ 农灌降低供水线，下限为死水位，当库水位位于此区时，应及时有计划限制农灌供水，尽可能地保证集镇及农村人畜供水。

集镇及农村人畜限制供水区：上限为 $P=95\%$ 降低供水线，下限为死水位，当库水位位于此区时，应进一步限制农灌供水，同时酌情限制集镇及农村人畜供水，使得缺水而造成的损失最小。需说明的是：从先生活、后生产的理念出发，限制集镇供水主要是限制集镇公共建筑用水、市政用水、道路洒水等，应尽可能保证集镇基本生活用水。

由于兴利调度图是根据历史资料统计分析绘制的，在没有足够精度的长期预报资料的条件下，可根据当时水库水位所在的分区及相应的供水规则，而决定是否正常供水、加大供水或限制供水，是水库兴利运用的基本依据，但不是唯一的决定性依据。在实际运用中首先应注意与中、短期气象水文预报相结合。

9.5　大坝安全监测布置与结果

9.5.1　永久监测仪器布置

（1）变形监测

① 水平位移监测：采用"交会法"监测大坝表面水平位移，在大坝左、右坝肩分别设立 2 个观测墩，测量过程中严格按二等水准测量精度执行。

② 垂直位移监测：在坝体左、右坝肩各设一个工作基点，通过工作基点对坝上 5 个综合位移观测墩进行监测，测量过程中严格按二等水准测量精度执行。

（2）接缝和裂缝监测

风光拱坝在拱冠梁（坝 0+056.65）坝踵与基岩接触处埋设 1 支测缝计，在 657.05m 高程左、右坝肩与基岩接触处各埋设 1 支测缝计，共 3 支测缝计，用于测量坝体与基岩部位的开合状况。

（3）渗流监测

① 坝基渗压监测：扬压力监测采用埋设渗压计的方法进行，在大坝拱冠梁（坝横 0+065.56m）断面处基岩内部埋设 3 支渗压计，分别位于大坝下游、防渗帷幕前、后，用以监测帷幕灌浆的防渗情况及坝基扬压力。

② 绕坝渗流监测：根据大坝防渗帷幕布置的实际情况，选择左、右坝肩各一个观测断面，防渗帷幕前后各布设 1 支渗压计，下游布设 2 支。采用钻孔安装渗压计以观测绕坝渗流，共钻孔 6 个，埋设渗压计 6 支。

（4）永久温度监测

为长期监测大坝坝体温度，在大坝拱冠梁（坝横 0+056.65）断面坝基 643.50m 高程处布设 3 支温度计，分别在距坝基垫层上下游面 1m 处左右各布设 1 支，中间 1 支；在坝体 664.00m 高程处共布设 3 支温度计，1 支位于防渗层内部，距下游面 1.5m 处布设 1 支，中间部位 1 支；在坝体 679.50m 高程布设 2 支，1 支布设在防渗层内部，1 支位于溢洪道内部。总共布设 8 支永久温度计，用于监测大坝坝基、防渗层、溢洪道及坝体内部堆石混凝土温度。

大坝监测平面布置图及下游展示图如图 9.5-1、图 9.5-2 所示。

9.5.2　施工期监测结果分析

（1）接缝和裂缝观测

监测仪器埋设与坝体浇筑同步进行，各测缝计观测结果统计如表 9.5-1 所示。目前，3 支测缝计的开合度在 0.442～1.514mm 范围内，趋于稳定状态。实际上，基岩与混凝土接触缝开合度的变化，主要受基岩与混凝土的温度变化影响。

大坝测缝计开合度变化特征值统计　　　　　　　　　　　　表 9.5-1

仪器编号	埋设桩号	埋设高程 （m）	最大开合度 （mm）	最小开合度 （mm）	月变幅 （mm）	上月值 （mm）	当前值 （mm）
K1	坝横 0+085.18	657.05	1.514	−2.000	0.003	1.298	1.301
K2	坝横 0+056.65	642.29	0.457	0.000	0.002	0.414	0.416
K3	坝横 0+029.39	657.045	0.442	−0.020	0.021	0.346	0.367

注：数值为正表示张开，反之为闭合。

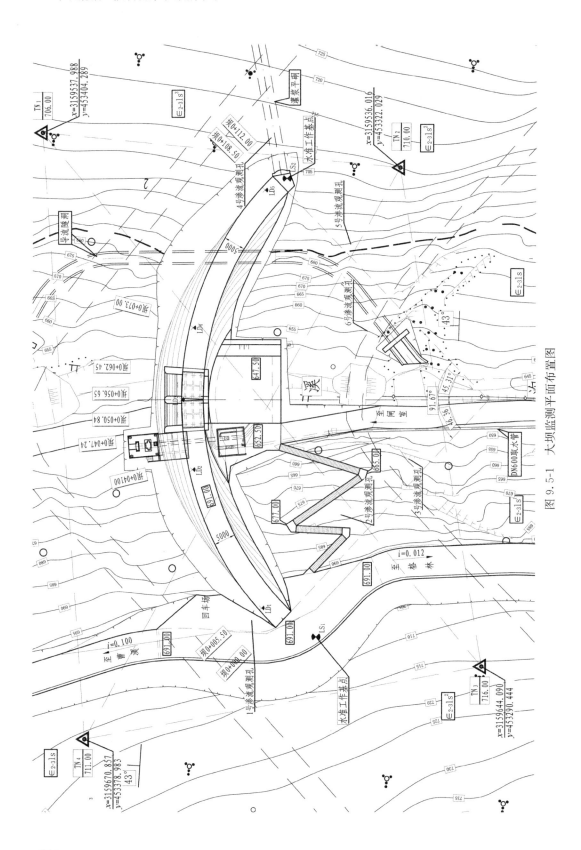

图 9.5-1 大坝监测平面布置图

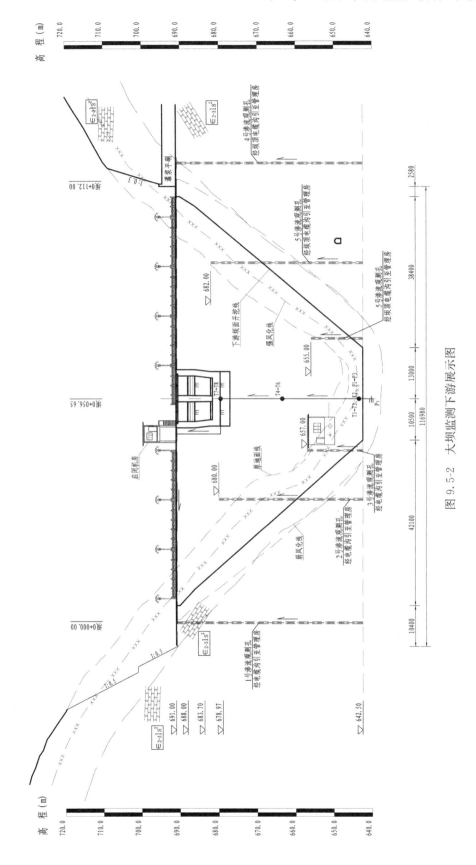

图 9.5-2　大坝监测下游展示图

（2）永久温度监测

坝基与坝体温度的监测数据统计值见表 9.5-2。T1、T2、T3、T8 温度计位于常态混凝土垫层及溢洪道常态混凝土内，最大温升 28.8~33.9℃；T4~T7 温度计位于堆石混凝土内部，最大温升 6.2~13.4℃，直观反映了堆石混凝土的水化热较常态混凝土有大幅降低。实测坝体在混凝土浇筑 1~5d 内，受混凝土水化热达到最高温度，然后开始缓慢下降。当处于低温季节时，同一断面坝体温度随坝高呈减小趋势，同一高程坝体温度基本一致，坝体温度分布符合一般规律。

大坝温度监测结果统计　　　　表 9.5-2

高程 (m)	仪器编号	埋设桩号	埋设日期	埋设时气温 (℃)	混凝土入仓温度 (℃)	最高温 (℃)	出现时间	温升值 (℃)	上月值 (℃)	当前值 (℃)	月变幅 (℃)	当前气温 (℃)
644.00	T1	坝横+056.650 坝纵+001.226	2020/3/21	22	21.7	51.9	2020/3/23	30.2	18	18.2	0.2	14
	T2	坝横+056.650 坝纵+006.707	2020/3/21	22	19.8	53.7	2020/3/23	33.9	19.8	19.8	0	14
	T3	坝横+056.650 坝纵+010.717	2020/3/21	22	20.4	51.3	2020/3/23	30.9	20.3	21.7	1.4	14
664.00	T4	坝横+056.650 坝纵+000.772	2020/9/4	18	26.7	33.0	2020/9/6	6.3	24.2	19.4	-4.8	14
	T5	坝横+056.650 坝纵+005.107	2020/9/4	18	29.3	36.6	2020/9/18	7.3	23.3	23.7	0.4	14
	T6	坝横+056.650 坝纵+007.929	2020/9/4	18	27.9	34.1	2020/9/8	6.2	24.8	22.3	-2.5	14
679.50	T7	坝横+056.650 坝纵+001.000	2020/12/5	3	13.1	26.5	2021/7/16	13.4	25.1	19.8	-5.3	14
	T8	坝横+056.650 坝纵+005.560	2020/12/26	6	17.4	46.2	2020/12/28	28.8	25.6	23.6	-2	14

9.5.3 蓄水初期变形监测结果

风光水库蓄水初期仅进行了外部变形观测，水平位移和垂直位移结果分别见表 9.5-3 和表 9.5-4。由表中观测数据可知，坝顶水平位移变化绝对值在 -0.0039~0.0056mm 之间，与初始观测值点位中误差为 0.03~0.06mm；垂直位移变化绝对值在 1.6~4.75mm 之间，与初始观测值点位中误差为 0.55~1.01mm。由此可知，蓄水初期大坝位移变幅总体较小，外部变形观测结果基本正常。

风光水库坝顶（水平位移）观测值与初始值对比　　　　表 9.5-3

测点	方位	初始观测值 (mm)	特征水位 670.5m		
			测值 (mm)	与初始观测值绝对差 (mm)	与初始观测值点位中误差 (mm)
LD1	X	3519637.356	3519637.360	0.0038	0.05
	Y	453342.177	453342.173	-0.0039	

测点	方位	初始观测值 （mm）	特征水位 670.5m		
			测值（mm）	与初始观测值 绝对差（mm）	与初始观测值 点位中误差（mm）
LD2	X	3519608.562	3519608.563	0.0011	0.04
	Y	453361.724	453361.727	0.0036	
LD3	X	3519593.178	3519593.179	0.0010	0.03
	Y	453365.192	453365.198	0.0056	
LD4	X	3519576.984	3519576.984	−0.0004	0.04
	Y	453365.308	453365.313	0.0050	
LD5	X	3519549.319	3519549.317	−0.0024	0.06
	Y	453355.919	453355.916	−0.0036	

风光水库坝顶（垂直位移）观测值与初始值对比 表 9.5-4

测点	初始观测值 （m）	特征水位 670.5m		
		测值（m）	与初始观测值 绝对差（mm）	与初始观测值点 位中误差（mm）
LD1	691.01510	691.01680	1.7000	0.7100
LD2	691.0208	691.02440	3.6000	1.0100
LD3	691.03775	691.04250	4.7500	1.0100
LD4	691.02615	691.03000	3.8500	0.9500
LD5	691.02860	691.03020	1.6000	0.5500

第10章 龙洞湾水库堆石混凝土拱坝工程案例

10.1 工程概况

10.1.1 自然地理条件

龙洞湾水库工程位于务川县涅水镇境内，水库坝址距涅水集镇 4.0km，距务川县城 54.0km，距遵义市中心城区 290.0km。龙洞湾水库所在河流涅水河系乌江二级支流、芙蓉江一级支流，涅水河全流域面积 150km²（其中涅水镇境内流域面积 83.0km²），多年平均径流量 1.13 亿 m³（涅水镇境内 6150 万 m³）。龙洞湾水库位于涅水河上游河段，坝址以上流域面积 3.5km²，主河道长 2.75km，主河道加权平均坡降 135.6‰，多年平均径流量 263 万 m³。

工程所在区域属中亚热带季风湿润气候，气候温和，四季分明，降水较丰沛。据邻近的务川气象站资料统计：多年平均气温 15.5℃，多年平均降水量 1190.8mm，实测最大一日暴雨量 177.2mm（1976 年）。多年平均最大风速 10.6m/s，多年平均日照 1014.2h，多年平均无霜期 281d，平均相对湿度 81%。

水库坝址为基本对称的 V 形横向河谷结构，河床覆盖层厚 1.0～2.5m；坝址区出露岩性主要为 S₁s² 中至厚层含生物碎屑泥质条带灰岩、薄层夹中厚层瘤状泥灰岩和灰绿色粉砂质泥岩，左岸坝肩 897.0m 左右高程以上为 S2h 页岩、粉砂质页岩软质岩；岩层缓倾上游偏左岸，产状总体稳定，受区域断层影响裂隙较发育。两岸边坡以岩质斜向坡为主，岸坡总体稳定性较好。坝址区的相应地震基本烈度为 Ⅵ 度，地震动峰值加速度为 0.05g，场区相对稳定。

10.1.2 水库枢纽布置

龙洞湾水库总库容 174 万 m³，为 Ⅳ 等小（1）型水库。工程主要任务为村镇供水，多年平均供水量 176 万 m³。水库正常蓄水位 913.00m，相应库容 155 万 m³，兴利库容 149 万 m³，库容系数 56.7%（表 10.1-1），具备多年调节性能。龙洞湾水库建设内容包括水库枢纽工程和输水工程，枢纽工程主要由挡水建筑物、泄水建筑物、取水兼放空建筑物等组成。水库下游河段无重大防洪对象，主要建筑物大坝、泄水建筑物、取水口均为 4 级建筑物，永久性次要建筑物按 5 级建筑物设计。

水库枢纽主要建筑物由大坝、坝顶溢流表孔、取水兼放空冲沙建筑物等组成。

（1）大坝

大坝为堆石混凝土单圆心单曲拱坝，中心线方位角为 N85.50°W，顶拱中心角为 91.0°，拱圈外半径为 110.0m。坝顶高程 916.00m，最大坝高 46.0m，最大坝底厚 13.5m，厚高比 0.293。龙洞湾水库较为特殊的是在右坝肩设置有重力墩，与坝体堆石混凝土一体化浇筑；重力墩顶部高程为 916.00m，建基面高程 900.00m；上游坡面铅直，下游坡面坡比为 1：0.5，墩长 35.4m、顶宽 7.0m、最大底宽 16.0m、最大墩高 16.0m。

（2）坝顶溢流表孔

坝顶溢流表孔布置于大坝坝顶中段靠右岸，为开敞式自由泄洪方式，堰顶高程 913.00m，溢流坝段净宽 8m。溢流堰型为 WES 实用堰，曲线方程为 $y=0.303x^{1.85}$。溢流表孔出口采用挑流消能方式，挑坎顶高程 901.00m，挑射角 20°，反弧半径 4.0m。坝后设长 15m 的"◡"形短护坦。在溢流表孔上部设宽 5m 的工作桥连接左、右岸非溢流坝段。

（3）取水兼放空建筑物

取水兼放空建筑物布置在大坝右坝段紧靠溢流右侧，中心线方位角为 N89.90°E。进口闸井长 7.59m，其孔口底板高程 880.00m，其内设 1 扇 1.5m×2.0m 的拦污栅和 1 扇 1.5m×1.5m 的平板事故检修闸门及相应的启闭设备；闸井顶部高程 916.00m，其上设有启闭排架及启闭机室。闸井后设长 2.0m 的 1.5m×1.5m 方孔渐变为直径 1.0m 圆洞的渐变段，其后接 DN1000mm 钢管，长 17m，外包厚 0.3m 的 $C_{90}15$ 自密实混凝土。钢管出口设 ϕ1000mm 固定锥形阀消能，锥形阀前分别接 ϕ350mm 的取水钢管和 ϕ200mm 生态放水钢管，并设相应闸阀及闸阀室。

龙洞湾水库水位特征资料表

表 10.1-1

项目名称	单位	拱坝	备注
坝址以上流域面积	km²	3.5	
多年平均设计径流量	万 m³	263	
设计洪峰流量	m³/s	60.7	拱坝 $P=3.33\%$，面板堆石坝 $P=2\%$
校核洪峰流量	m³/s	89.2	$P=0.33\%$，面板堆石坝 $P=0.2\%$
消能防冲洪峰流量	m³/s	55.6	$P=5.0\%$
正常蓄水位	m	913.00	
设计洪水位	m	914.54	
设计洪水位时最大下泄流量	m³/s	29.6	拱坝 $P=3.33\%$，面板堆石坝 $P=2\%$
下游设计洪水位	m	872.82	
校核洪水位	m	915.00	
校核洪水位时最大下泄流量	m³/s	44.7	$P=0.33\%$，面板堆石坝 $P=0.2\%$
下游校核洪水位	m	873.30	
消能防冲洪水位	m	914.45	$P=5.0\%$
消能防冲洪水位时最大下泄流量	m³/s	26.7	$P=5.0\%$
下游消能防冲洪水位	m	872.73	$P=5.0\%$
死水位	m	883.00	
总库容	万 m³	174	

项目名称	单位	拱坝	备注
兴利库容	万 m³	149	
死库容	万 m³	6	
坝前淤沙高程	m	879.66	50 年
水库吹程	km	0.6	
多年平均最大风速	m/s	10.6	
多年平均年供水量	万 m³/a	176	
下放生态用水量	m³/s	0.0083	（含下游人饮、灌溉）

10.2 大坝结构设计

10.2.1 大坝结构布置

龙洞湾水库大坝为 $C_{90}15$ 堆石混凝土单圆心单曲拱坝，顶拱中心角为 91.0°，其中左顶拱半中心角为 45.7°，右顶拱半中心角为 45.3°，拱圈外半径为 110.0m。坝顶高程 916.00m，坝顶宽 5.0m，坝轴线长 174.7m；坝基置于弱风化基岩中、上部，起拱高程 870.00m；最大坝高 46.0m，最大坝底厚 13.5m，厚高比 0.293，大坝体型参数见表 10.2-1。龙洞湾大坝平面布置图见图 10.2-1，上游和下游立视图分别见图 10.2-2 和图 10.2-3，溢流坝段横剖面图见图 10.2-4。

大坝体型参数表　　　　　　　　　表 10.2-1

高程	拱厚 (m)	拱半径（m）		半中心角（°）		中心角 (°)
		上游面	下游面	左	右	
916.00	5.00	110.00	105.00	45.70	45.30	91.00
913.00	5.55	110.00	104.45	44.50	44.39	88.89
906.00	6.85	110.00	103.15	38.88	42.27	81.15
899.00	8.14	110.00	101.86	33.27	40.15	73.42
892.00	9.44	110.00	100.57	27.65	32.88	60.53
885.00	10.73	110.00	99.27	22.03	25.60	47.63
878.00	12.02	110.00	97.98	16.42	18.32	34.74
870.00	13.50	110.00	96.50	10.00	10.00	20.00

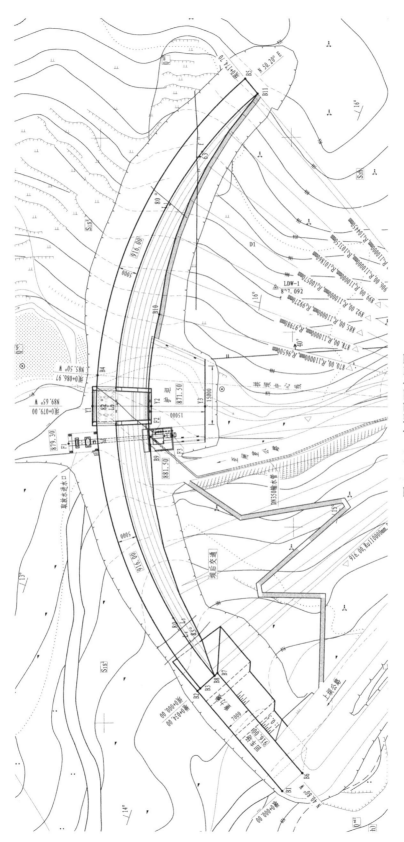

图 10.2-1　大坝平面布置图

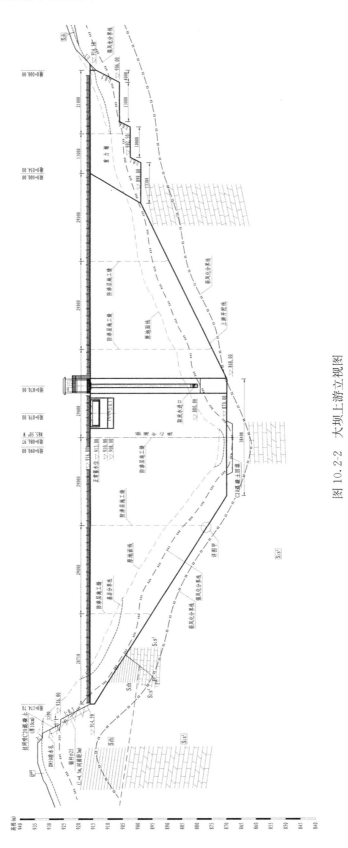

图 10.2-2　大坝上游立视图

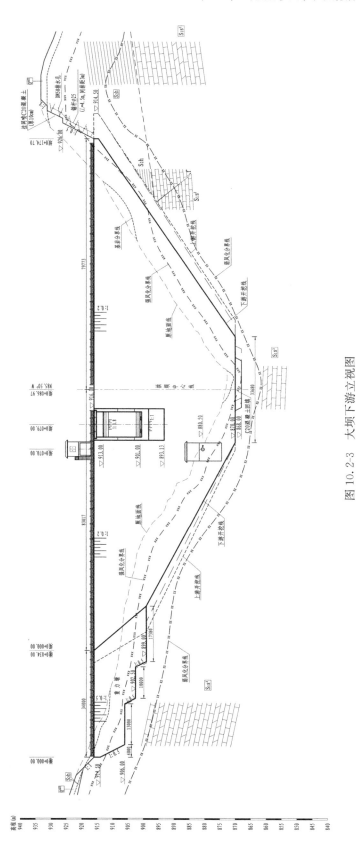

图 10.2-3　大坝下游立视图

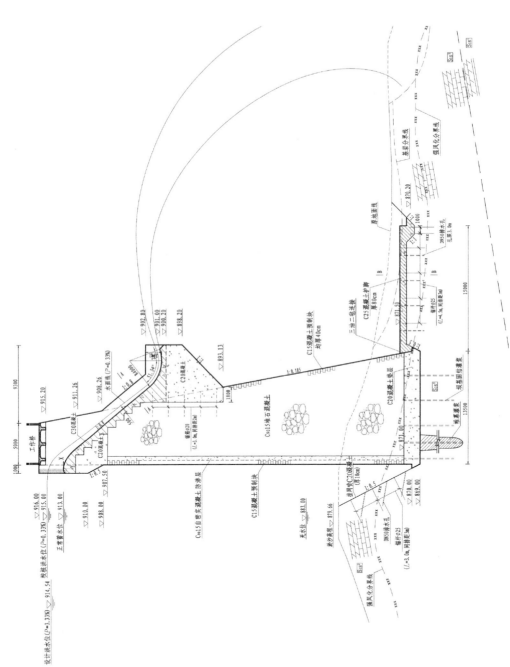

图 10.2-4　龙洞湾拱坝溢流段横剖面图

龙洞湾大坝建设采用不分横缝、全断面整体上升的施工方法，结合坝体结构及施工强度要求，在上游防渗层设置 6 条短缝，间距 28m，缝内设 1 道紫铜片止水。龙洞湾水库大坝主要具有以下特点：①坝体上、下游采用预制块模板并兼作坝体一部分；②大坝厚高比较小；③右坝肩设置堆石混凝土重力墩。

10.2.2　坝体材料与配合比

大坝主体材料采用 $C_{90}15$ 一级配堆石混凝土，抗渗等级 W6，抗冻等级 F50；上、下游坝面均采用 $0.5m×0.3m×0.3m$（长×宽×高）的 C15 混凝土预制块砌筑，按一丁一顺进行布置；上游面预制块后设置厚 0.5m 的 $C_{90}15$ 一级配自密实混凝土防渗层，抗渗等级 W6，抗冻等级 F50；河床基础设置 1.0m 厚的二级配 $C_{28}20$ 混凝土垫层，岸坡基础设 0.5m 厚的 $C_{90}15$ 一级配自密实混凝土垫层；右坝肩重力墩主体采用 $C_{90}15$ 一级配堆石混凝土；上游面预制块后设置厚 0.5m 的 $C_{90}15$ 一级配自密实混凝土防渗层，抗渗等级 W6，抗冻等级 F50；坝顶路面采用 0.3m 厚的二级配 C25 混凝土浇筑。

龙洞湾水库高自密实性能混凝土施工配合比见表 10.2-2。

高自密实混凝土生产配合比（单位：kg/m^3）　　　　　表 10.2-2

工程名称	细骨料	粗骨料	水泥	砂	石子（一级配）	水	粉煤灰
龙洞湾水库	灰岩	灰岩	148	1054	621	185	265

10.2.3　重力墩整体稳定复核

右坝肩重力墩的建基面采用分级开挖，一级建基面高程为 899.00m，二级建基面高程为 902.50m，三级建基面高程为 906.00m。顶宽 7.0m，墩顶轴线长 34.0m，最大墩高 17m，上游坡铅直，下游坡 1：0.5。水库正常蓄水位 913.00m，设计洪水位 914.54m，校核洪水位 915.00m，最大水头 16.0m。右坝肩重力墩的受力计算简图见图 10.2-5。

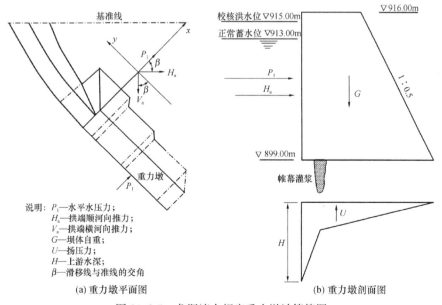

说明：P_1—水平水压力；
　　　H_a—拱端顺河向推力；
　　　V_a—拱端横河向推力；
　　　G—坝体自重；
　　　U—扬压力；
　　　H—上游水深；
　　　$β$—滑移线与准线的交角

(a) 重力墩平面图　　　　　(b) 重力墩剖面图

图 10.2-5　龙洞湾右坝肩重力墩计算简图

经分析，重力墩的建基面置于 $S_1 s^2$ 中至厚层泥质灰岩、泥灰岩的弱风化层岩体上，该层发育四组裂隙均为陡倾结构面，且弱风化层内多闭合，无不利组合。岩层产状 N35°E/NW∠16°，倾上游偏左岸，故重力墩抗滑稳定主要存在两种浅层滑动模式：①重力墩垫层混凝土与基岩接触面之间的滑动；②沿岩层层面间的滑动。重力墩稳定主要受自重、上游水压力、扬压力、拱端顺河向力及拱端横河向力控制，水平推力合力方向指向下游。其中，沿拱端轴线方向山体雄厚，重力墩向山体滑动的可能性不大，故重力墩整体抗滑稳定计算主要考虑沿顺河向力或沿坝顶最大半中心角径向（滑移线与准线的交角 β 为 45.3°）作用。拱端的顺河向力和横河向力采用 ADAO 软件计算结果。

重力墩整体抗滑稳定采用抗剪断公式计算：

$$K = \frac{f' \sum W + c'A}{\sum P} \tag{10.2-1}$$

式中，K 为抗剪断安全系数；f' 为混凝土层面抗剪断摩擦系数；W 为竖向作用力；c' 为混凝土层面黏聚力；A 为面积；P 为水平作用力。通过软件计算得到的重力墩拱端推力计算结果见表 10.2-3。

重力墩拱端推力计算结果　　　　　　　　　　　　　　　　　表 10.2-3

工况	右岸	拱圈高程（m）			合力（t）
		916.00	908.00	900.00	
正常蓄水位+温降	顺河向力	−97.5	77.9	263.6	1301
	横河向力	100.0	30.6	44.3	933
正常蓄水位+温升	顺河向力	116.7	140.8	276.0	2845
	横河向力	131.7	137.9	154.1	2260
设计洪水位+温升	顺河向力	117.5	176.0	332.5	3339
	横河向力	132.3	143.5	175.1	2405
校核洪水位+温升	顺河向力	118.1	186.5	349.3	3487
	横河向力	133.2	145.4	181.5	2454

注：横河向力朝右岸为正；顺河向力以向下游为正，向上游为负。

根据提供的基岩物理力学参数，按加权平均法计算得坝体垫层混凝土与基岩接触面的抗剪断强度物理力学参数 $f' = 0.60$、$c' = 0.49\text{MPa}$，沿该接触面的稳定性计算结果见表 10.2-4；岩层层面间的抗剪断强度物理力学参数 $f' = 0.52$、$c' = 0.20\text{MPa}$，沿该层面的稳定性计算结果见表 10.2-5。

重力墩沿基础垫层混凝土与基岩接触面间整体稳定安全系数　　　表 10.2-4

工况	水位（m）	滑动模式	
		沿径向滑动	沿顺河向滑动
正常蓄水位+温降	913.00	13.5	11.5
正常蓄水位+温升	913.00	12.1	7.5
设计洪水位+温升	914.54	9.1	6.2
校核洪水位+温升	915.00	8.4	5.8

重力墩沿岩层层面间整体稳定安全系数　　　　　表 10.2-5

工况	水位（m）	滑动模式	
		沿径向滑动	沿顺河向滑动
正常蓄水位＋温降	913.00	6.7	5.7
正常蓄水位＋温升	913.00	6.0	3.7
设计洪水位＋温升	914.54	4.5	3.2
校核洪水位＋温升	915.00	4.2	2.9

经计算，基本组合工况下：上游最大压应力为 0.29MPa，下游最大压应力为 0.19MPa；特殊组合工况下：上游最大压应力为 0.25MPa，下游最大压应力为 0.27MPa。基本组合工况下抗剪断最小安全系数为 3.2，大于规范规定的 $K=3.0$；特殊组合工况下抗剪断安全系数为 2.9，大于规范规定的 $K=2.5$。因此，右坝肩重力墩的抗滑稳定系数均满足规范要求，地基承载力满足规范要求。

10.2.4　导流底孔设计

根据施工组织设计，龙洞湾水库在汛期施工采用大坝临时断面挡水＋导流底孔泄洪的度汛方式。大坝施工期的临时度汛洪水标准取 10 年一遇洪水（$P=10\%$），相应的入库洪峰流量 46.7m³/s。经调洪计算，在坝前水位达到 878.56m 时，相应入库洪峰流量 46.7m³/s 对应的库水位不再上涨，相应拦洪库容 2.22 万 m³，下泄洪水流量 42.3m³/s，坝身底孔能满足工程施工的度汛要求。

结合大坝坝体结构特性及导流出水渠的布置情况，导流底孔布置于大坝左岸非溢流坝段（桩号：坝 0＋088.00），进口底板高程 873.00m，矩形断面，宽 2.5m，高 3.0m，长 13.0m，底孔出口位于大坝下游护坦中部偏左部位。在大坝上游侧底孔进口处，设置两道间距 1.0m，宽 0.40m，深 0.35m 的临时封堵叠梁闸门槽。

导流底孔封堵时，先在底孔进口的预留封堵门槽中安装预制 C20 钢筋混凝土叠梁，随即在两道叠梁门之间浇筑 C20 早强速凝混凝土闭气，从出口观察有无渗水情况后，进行预埋回填灌浆管及安装模板，再进行导流底孔封堵施工。安装立模后，堵头混凝土由大坝枢纽工程的拌合系统供料，自卸汽车配合混凝土泵送入仓，手持式振捣棒振实。为保证进口临时封堵安全，进口闭气混凝土采用 C20 水下速凝混凝土。永久堵头混凝土采用二级配 28d 龄期的 C20 常态混凝土，建议添加 UEI 微膨胀剂，建议掺入量为水泥用量的 10% 或按厂家建议掺量。堵头混凝土浇筑完毕后，再进行回填灌浆施工，灌浆孔口压力按 0.3MPa 考虑，实际压力可根据堵头混凝土强度等条件进行调整。

10.3　龙洞湾拱坝建设过程

龙洞湾水库大坝于 2019 年 2 月动工建设，2019 年 5 月大坝堆石混凝土开始浇筑，2020 年 12 月大坝浇筑完成，目前已正常蓄水运行。

（1）基础固结灌浆和帷幕灌浆

大坝基础开挖过程中，爆破振动可能使岩体松动，从而降低其承载力。为保证坝基岩体的完整性，需对大坝基础进行固结灌浆处理，处理范围为整个坝基肩。固结灌浆孔平行坝轴线布置，其中坝轴线上游侧布置一排固结孔，孔深为 8m；下游布置四排固结孔，孔深为 6m，孔排距均为 3m，总进尺共 1300m。若遇裂隙密集带、岩溶发育带，应进行扩挖、深挖回填后增加固结灌浆加密孔。

根据坝址水文地质条件，水库蓄水水位抬升后，存在沿坝址左、右岸强风化带和溶蚀裂隙带以及右岸岩溶管道向下游绕坝基肩渗漏问题，需进行防渗处理。经综合比较，最终防渗方案为：坝址右岸帷幕线沿上游岸坡布置，边界以封闭 F1 断层破碎带后接 $S_1 l$ 相对隔水层。左岸边界接 $S_1 s$ 层弱岩溶弱透水岩体及 $S_1 l$ 相对隔水层，封闭 F1 断层破碎带，底界均接 $S_1 l$ 相对隔水层，为接底式。河床及两岸帷幕底界按岩体透水率 $q \leqslant 5Lu$ 综合控制。右岸及坝基肩鉴于岩溶发育相对较强烈，且右岸存在岩溶管道渗漏问题。因此，帷幕灌浆按双排设计，孔距为 3m，排距为 1.5m；左岸坡帷幕按单排设计，孔距为 2m，帷幕形式为接底式。防渗线总长 629m，有效防渗面积约 $3.8 \times 10^4 m^2$，共设计 374 个孔，钻孔总进尺为 28711m。

（2）坝基肩开挖

龙洞湾水库于 2019 年 11 月 9 日开始大坝坝肩以上边坡开挖，于 2020 年 3 月 17 日坝基肩开挖完成，坝基肩开挖照片见图 11.3-1。

(a) 坝肩开挖

(b) 坝基开挖

图 10.3-1　坝基肩开挖照片

通过施工开挖揭露：除左坝肩 900.0m 高程以上揭露地层岩性为志留系中统韩家店组（S_2h）灰绿色页岩外，其余坝基及右坝肩重力墩基础揭露为志留系下统石牛栏组第二层（S_1s^2）中至厚层夹薄层灰岩、含泥质灰岩，未揭露见软弱夹层分布，坝基肩已开挖至弱风化层，河床建基面高程为 868.00m，坝基肩岩层产状稳定，为 N25°～35°E/SE∠14°～18°，总体倾上游偏左岸。坝基岩体总体较为完整，局部因溶蚀、裂隙切割及爆破开挖等影响，完整性稍差。S_1s^2 中至厚层夹薄层灰岩、含泥质灰岩弱风化岩体饱和抗压强度 40～45MPa，岩体质量分类为 BⅢ2～BⅣ1 类；S_2h 页岩弱风化岩体自然抗压强度 8～12MPa，为 CⅣ类。

（3）坝体堆石混凝土浇筑

龙洞湾大坝于 2019 年 5 月至 2020 年 12 月完成坝体混凝土浇筑，累计浇筑时长 19 个月，共浇筑堆石混凝土约 4.6 万 m³。实际上主要受施工单位多次变更，导致龙洞湾大坝施工进度较慢。图 11.3-2 为堆石入仓及高自密实性能混凝土浇筑的施工照片，仓面采用塔式起重机进行堆石入仓，泵管泵送浇筑混凝土。

(a) 堆石入仓

(b) 高自密实性能混凝土浇筑

图 10.3-2　大坝仓面堆石及混凝土浇筑

（4）右坝肩重力墩浇筑

坝基肩揭露的岩溶工程地质问题主要为：在左坝肩发育溶槽 RC1 及溶蚀裂隙 L1，在右坝肩发育有 L2～L4 溶蚀裂隙和 RC2～RC5 溶沟溶槽（图 10.3-3）。对于两坝肩发育的溶沟溶槽、溶蚀裂隙充填物及溶蚀风化岩体，清挖处理并采取高压冲洗干净后，采用 C20 混凝土回填处理。针对右坝肩 902.00～907.00m 高程重力墩基础发育的 RC4、RC5 溶槽，采取铺设 ϕ25@200 骑缝钢筋处理，同时清除建基面残留破碎岩体，并对整个重力坝基础作固结灌浆处理，建基面满足工程建设要求。

(a) 右坝肩溶槽RC4   (b) 右坝肩溶槽RC5

图 10.3-3　龙洞湾右坝肩溶槽地质问题

大坝右坝肩边坡自然坡角 15°～45°，地面高程 916.00～917.5m，基岩多裸露，坝肩开挖形成高约 1.5m 的边坡，设计开挖坡比为 1：1，为岩土质混合斜向边坡，浅层覆盖层易产生滑塌，尤其是雨季稳定性差，强风化岩体受裂隙构造、风化及开挖影响，局部岩体卸荷松动易产生崩塌，开挖后应采取相应的处理措施。右坝肩重力墩主体采用 $C_{90}15$ 一级配堆石混凝土，与坝体同等级混凝土整体浇筑，现场重力墩混凝土浇筑的施工照片见图 10.3-4。

图 10.3-4　右岸重力墩混凝土浇筑

（5）大坝建成封顶

龙洞湾拱坝于 2020 年 12 月封顶，目前蓄水至离正常蓄水位还差 5m，大坝表面未见裂缝。大坝建成后的上、下游面见图 10.3-5。

(a) 建成的龙洞湾下游面

(b) 建成的龙洞湾上游面

图 10.3-5　龙洞湾大坝建成封顶

10.4　大坝安全监测布置与结果

10.4.1　大坝永久监测布置

（1）变形监测

① 水平位移监测：采用"交会法"进行监测，在坝顶共布置 5 个测点，平面控制监测网采用二等三角网精度布设，共布置 4 个控制点，其中左岸 2 个，右岸 2 个控制点。

② 垂直位移监测：在大坝左、右岸坝端及下游右岸坡基岩上，分别布置 3 个水准工作基点，作为日常观测时的起测基点。

（2）渗流监测

① 坝基渗压监测：扬压力监测采用埋设渗压计的方法进行，在坝 0+086.97 断面基

础高程 868.00m 的基岩内布置 3 支渗压计，防渗帷幕前后各布设 1 支，下游坝体布设 1 支，用以监测帷幕灌浆的防渗及坝基扬压力。

② 绕坝渗流监测：根据大坝防渗帷幕布置的实际情况，在左、右坝肩各一个观测断面，防渗帷幕前后各布设 1 支渗压计，下游布设 1 支渗压计。采用钻孔安装测压管和渗压计观测绕坝渗流，共钻孔 6 个，埋设渗压计 6 支。

（3）永久温度监测

根据施工阶段调整后方案，在坝 0＋086.97 断面高程 870.00m、880.00m、892.00m、900.00m 上，分别布设 3 支、3 支、3 支、2 支温度传感器，共计 11 支，对坝体内部混凝土温度进行永久监测。

（4）应变、裂缝观测

① 桩号坝 0＋086.97 断面 870.00m 高程坝踵处，布设 1 支单向应变计。

② 桩号坝 0＋086.97 断面 870.00m 高程坝踵处，布设 1 支单向裂缝计；在 885.00m 高程两坝肩建基面上、下游侧，分别布置 1 支单向裂缝计，距离上、下游面 1.0m，对坝肩位置混凝土与基岩的接触面缝隙进行观测，共计 5 支裂缝计。

大坝监测平面布置图及下游立视图如图 10.4-1、图 10.4-2 所示。

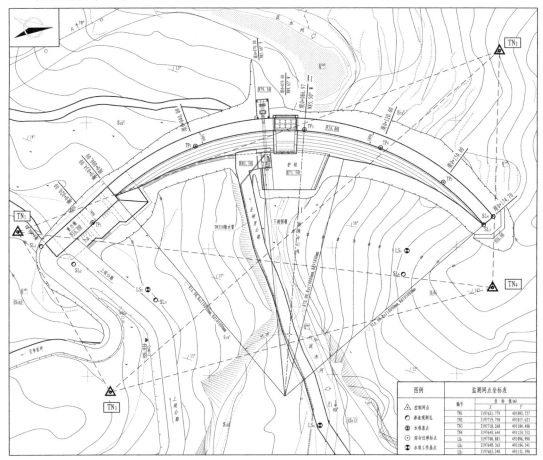

图 10.4-1　大坝监测平面布置图

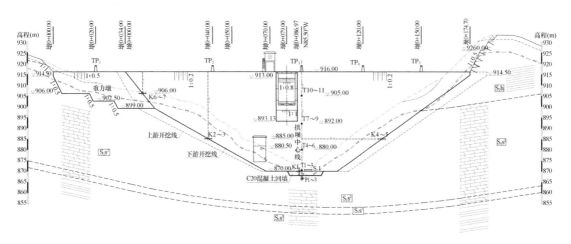

图 10.4-2　大坝监测下游立视图

10.4.2　施工期监测结果分析

（1）坝基渗流压力

大坝施工期的坝基水头压力变化较小（表 10.4-1），渗压计 P1、P2、P3 扬压力主要随坝基水位变化而变化，渗压计测值正常，无明显突变现象。

坝体渗压计各测点数据（单位：kPa）　　　　表 **10.4-1**

测点编号 日期	P1	P2	P3	测点编号 日期	P1	P2	P3
2019/4/23	0.00	0.00	0.00	2020/7/19	111.20	36.33	8.51
2019/5/5	45.36	7.87	−0.84	2020/8/18	106.72	32.37	6.31
2019/6/10	93.80	29.12	−0.53	2020/9/15	108.27	34.57	8.43
2019/7/14	95.02	27.63	−0.53	2020/10/17	113.24	37.66	10.45
2019/8/15	100.98	29.01	−0.43	2020/11/20	111.38	32.83	7.18
2019/9/25	103.26	27.25	0.00	2020/12/15	113.00	35.00	8.67
2019/10/20	106.30	28.28	1.86	2021/1/14	111.99	37.43	10.75
2019/11/14	109.65	40.03	9.43	2021/3/15	110.99	36.04	8.17
2019/12/15	108.52	33.66	6.32	2021/4/14	114.50	38.07	9.51
2020/1/5	107.75	33.11	4.33	2021/5/15	118.90	41.18	11.46
2020/3/17	110.61	35.94	6.91	2021/6/15	111.73	37.79	19.11
2020/4/17	108.27	34.29	5.78	2021/7/15	112.82	35.37	10.07
2020/5/14	114.57	50.38	19.02	2021/8/15	109.53	32.88	6.42
2020/6/17	111.06	46.88	16.87				

（2）测缝监测结果

测缝计的观测数据以缝隙张开为正，闭合为负。从施工期至今，测点 K1 最大闭合−0.58mm，主要随浇筑混凝土热胀冷缩变化而变化，测缝计测值正常。

（3）应变监测结果

应变计的观测数据以拉应变为正，压应变为负。应变计当前状态为压应变，最大压应变量为 227.26 $\mu\varepsilon$（表 10.4-2）。施工期应变计测值无明显突变，测值变化主要受外界温度影响，测点测值均在合理范围之内。

应变计观测数据（单位：$\mu\varepsilon$）　　　　　　　　　表 10.4-2

编号	S1	编号	S1
观测日期		观测日期	
2019/4/27	61.2	2020/7/14	−186.56
2019/5/14	−43.56	2020/8/18	−190.06
2019/6/16	−95.22	2020/9/15	−177.6
2019/7/14	−111.24	2020/10/17	−188.63
2019/8/15	−131.41	2020/11/20	−192.19
2019/9/15	−129.31	2020/12/15	−190.24
2019/10/15	−130.56	2021/1/14	−192.39
2019/11/14	−141.38	2021/3/15	−198.39
2019/12/15	−153.64	2021/4/14	−197.84
2020/1/5	−154.06	2021/5/15	−195.15
2020/3/15	−161	2021/6/15	−202.09
2020/4/17	−169.9	2021/7/15	−212.84
2020/5/14	−177.5	2021/8/15	−227.26
2020/6/17	−182.58		

第 11 章 桃源水库堆石混凝土拱坝工程案例

11.1 工程概况

11.1.1 自然地理条件

桃源水库工程位于遵义市道真县桃源乡群益村境内，蓉江右岸二级支流大溪沟上游河段。水库坝址地理位置东经 $107°46'19''$，北纬 $28°50'00''$，距桃源乡集镇 15km，距道真县城 55km，距遵义市中心城区 255km。现有乡村公路从坝址上游附近经过，交通条件较好。水库所在河流大溪沟，属于长江流域乌江水系，该河发源于桃源乡与旧城镇交界处的天星庙，河源山顶高程 1215.00m。大溪沟全流域面积 20.2km²，河长 7.60km，河道平均比降 62.2‰，流域形状系数 0.350，呈树枝状。桃源水库坝址流域面积 3.03km²，主河道长 2.24km，主河道加权平均坡降 39.4‰，流域形状系数 0.604，多年平均径流量 212 万 m³。

工程所在区域属中亚热带季风湿润气候，气候温和，雨量丰沛，光水热同季。冷暖气流常被海拔高的山脉阻挡，局部地区形成强对流天气。冬季主要受北方西伯利亚气流影响，多为阴雨天气，但雨量较少。夏季受印度孟加拉湾西南暖湿气流和西太平洋海洋气候影响，造成降雨多发生在 5—10 月，尤以 5—7 月最为集中。根据道真气象站 1965—2017年资料统计：多年平均气温 15.6℃，多年平均降水量 1064.1mm，最大一日暴雨量 150.0mm（2010 年 7 月 10 日）。多年平均无霜期 285h，多年平均日照 1037.9h，多年平均相对湿度 81%，多年平均风速 0.8m/s，瞬时最大风速 10.0m/s。

水库坝址河谷呈基本对称的宽 V 形横向河谷结构，位于黔北高原北部、四川盆地的东南缘，大娄山脉东北分支的北西侧，受西部芙蓉江切割，工程区地形总体趋势为北部、南部及东部高、西面低。坝址河流总体较顺直，总体发育方向 S80~85°E，沿线无大的河湾分布；河床高程 1054.0~1063.5m，平均比降约 3.0%，总体较平缓，河床沿线无大的跌坎及深潭分布。坝址两岸无大的冲沟切割，地形较完整，两岸以陡坡至峻坡地形为主，坡角 30°~50°。坝址从上游至下游出露的地层依次为奥陶系下统湄潭组（O_1m）、红花园组（O_1h）、桐梓组（O_1t）、寒武系上统毛田组（$\in_3m$）及第四系（Q），以灰、深灰色中厚层灰岩为主，夹薄层灰岩。工程区属弱震环境，地震活动水平不高，无活动性断层分布，工程所处区域构造稳定。

11.1.2 水库枢纽布置

桃源水库总库容 128 万 m³，为 IV 等小（1）型水库。正常蓄水位 1090.00m，正常蓄水位库容 109 万 m³（表 11.1-1）。工程主要任务为村镇供水及农田灌溉，多年平均供水量 149.4 万 m³。水库下游河段无重大防洪对象，大坝为堆石混凝土拱坝，主要建筑物为 4 级建筑物。永久性次要建筑物按 5 级建筑物设计，临时建筑物按 5 级建筑物设计。

桃源水库水文特征值 表 11.1-1

项目名称	单位	数量	备注
坝址以上流域面积	km²	3.03	
年均入库径流量	万 m³	212	
总库容	万 m³	128	
正常库水位库容	万 m³	109	
死库容	万 m³	7.5	
兴利库容	万 m³	101.5	
正常蓄水位	m	1090.00	
上游设计洪水位	m	1091.16	
下游设计洪水位	m	1057.99	$P=3.33\%$
设计工况下泄流量	m³/s	14.8	
上游校核洪水位	m	1091.49	
下游校核洪水位	m	1058.43	拱坝 $P=0.5\%$
校核工况下泄流量	m³/s	21.5	
消能防冲上游水位	m	1091.08	$P=5.0\%$
消能防冲下游水位	m	1057.87	
消能防冲下泄流量	m³/s	13.2	$P=5.0\%$
死水位	m	1070.50	
淤沙高程	m	1067.43	50 年
水库吹程	km	0.4	

水库枢纽主要建筑物由大坝、坝顶溢流表孔、取水兼放空建筑物等组成。

（1）大坝

大坝为堆石混凝土双圆心单曲拱坝，最大坝高 37.0m。中心线方位角为 N69.00°W，顶拱中心角为 78.50°。坝顶高程 1092.50m，坝顶宽 5.0m，坝轴线弧长 113.20m，河床段建基面高程 1055.50m，起拱高程 1057.50m。结合坝体材料分区及性能要求，大坝采用不分横缝、整体上升浇筑的施工方法。

（2）坝顶溢流表孔

坝顶溢流表孔布置于大坝中部，为开敞式自由泄洪方式，溢流堰型为 WES 实用堰，溢流坝段净宽 6m。表孔溢流曲线由上游面曲线、下游面曲线、下游中间直线段和反弧挑流消能段组成，总长 10.0m。其中上游堰面曲线采用的椭圆曲线方程为：$x^2/0.4^2 + (0.23 - y)^2/0.23^2 = 1$，下游面曲线方程为：$y = 0.390x^{1.85}$，挑流鼻坎顶高程 1083.50m，反弧半径为 3.5m，挑射角为 20.0°。溢流堰曲面采取 C30 混凝土浇筑，基础采用 C20 混凝土浇筑，边墩采取 C30 混凝土浇筑。表孔顶部布置 5.0m 宽、跨度 6.0m 的工作桥连接大坝左、右坝段，桥面高程为 1092.50m，采用 C30 钢筋混凝土梁板结构。泄水建筑物全部混凝土抗冻等级均为 F50。

（3）取水兼放空建筑物

取水兼放空建筑物布置在大坝右坝段，中心线方位角为 N66.70°W。进口底板高程 1067.50m，进水口闸井沿水流方向依次设 1 扇 1.5m×2.0m 的拦污栅和 1 扇 1.5m×1.5m 事故检修闸门，闸井为井筒式结构，顶部高程 1092.50m，以上设砖混凝土结构的启闭机室及启闭排架。闸井后设长 3.0m 的 1.5m×1.5m 方孔渐变为直径 0.8m 圆洞的渐变段，其后接 DN800mm 钢管。钢管出口设 φ800mm 固定锥形阀消能，锥形阀前分别接 φ500mm 的取水钢管和 φ200mm 生态放水钢管，并设相应闸阀及闸阀室。

11.2　大坝结构设计

11.2.1　大坝结构布置

桃源水库大坝为堆石混凝土双圆心单曲拱坝，中心线方位角为 N69.00°W，顶拱中心角为 78.50°，其中左顶拱半中心角为 41.40°，右顶拱半中心角为 37.10°，左拱圈外半径为 85.0m，右拱圈外半径为 80.0m。坝顶高程 1092.50m，坝顶宽 5.0m，坝轴线弧长 113.20m，坝顶上、下游侧设 1.2m 高的青石栏杆。河床段建基面高程 1055.50m（起拱高程 1057.50m），最大坝高 37.0m，最大坝底厚 10.0m，厚高比 0.27。桃源拱坝体型参数见表 11.2-1，大坝平面布置图见图 11.2-1，上游和下游面立视图分别见图 11.2-2和图 11.2-3。

大坝体型参数　　　　　　　　　　　　　　　　表 11.2-1

| 高程 Z (m) | 拱厚 (m) | 拱半径（m） | | | | 拱圈半中心角 (°) | | 中心角 (°) |
| | | 上游面 | | 下游面 | | | | |
		左	右	左	右	左	右	
1092.50	5.00	85.00	80.00	80.00	75.00	41.40	37.10	78.50
1086.50	5.86	85.00	80.00	79.14	74.14	34.72	30.61	65.33
1080.50	6.71	85.00	80.00	78.29	73.29	28.54	24.89	53.43
1074.50	7.57	85.00	80.00	77.43	72.43	22.71	19.68	42.39
1068.50	8.43	85.00	80.00	76.57	71.57	17.11	14.84	31.95
1062.50	9.29	85.00	80.00	75.71	70.71	11.68	10.24	21.93
1057.50	10.00	85.00	80.00	75.00	70.00	7.24	6.54	13.78

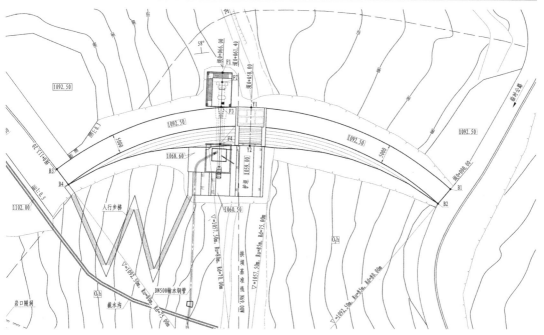

图 11.2-1　桃源大坝平面布置图

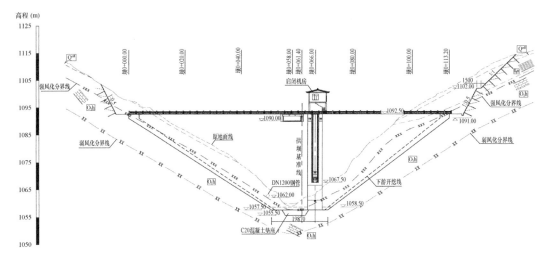

图 11.2-2　桃源大坝上游立视图

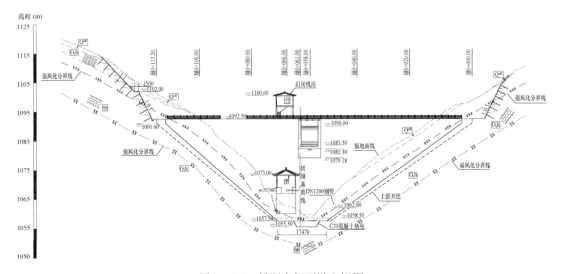

图 11.2-3　桃源大坝下游立视图

11.2.2　导流布置设计

根据《水利水电工程施工组织设计规范》SL 303—2017，导流建筑物为 5 级建筑物。结合坝址两岸的地形、地质及水文条件，大坝施工导流标准采用 5 年一遇标准（$P=20\%$），大坝度汛标准为 10 年一遇全年洪水标准（$P=10\%$）。大坝施工导流采用上下游挡水围堰＋左岸导流涵管过水的导流方式。导流时段采用枯季 12 月—次年 3 月，相应导流标准流量为 $Q_{20\%}=5.57\text{m}^3/\text{s}$。

（1）导流涵管

坝身导流涵管布置在大坝左坝段，坝身段全长 12.0m，管线长 98.0m，涵管进口底部高程 1062.00m，出口底部高程 1057.00m；坝体段采用 DN1200mm 钢管，上下游采用 DN1200mm 钢带双壁波纹管，钢管进口处设有法兰盘。导 0＋000～导 0＋071 段涵管底坡 $i=0.0\%$，导 0＋071～导 0＋098 段涵管底坡 $i=17.24\%$。将涵管进口布置在大坝上游围堰上游面，管线穿过上游围堰沿河道右岸穿过平缓台地，出口布置在下游围堰堰脚处，上下游涵管段采用半埋铺设的形式，坝基段采用钢管，在坝基开挖面上采用钢架支撑架设。

（2）上游挡水围堰

上游挡水围堰堰脚距大坝上游开挖边界约 32m，堰顶高程 1065.00m，最大堰高 3.5m，堰顶宽 4.5m。经布置，堰顶长 18.0m。围堰迎水面、背水面坡比取 1∶1.8。围堰心墙设在堰体轴线处，墙顶高程 1064.80m，墙顶厚 1.0m，墙体上下游坡比均为 1∶0.3，墙体嵌入强风化层。

（3）下游挡水围堰

下游围堰堰脚距大坝下游护坦开挖边线约 5.0m，堰顶高程 1059.00m，最大堰高 3.0m，围堰堰顶宽 4.5m，堰顶长 7.0m。围堰迎水面、背水面坡比均取 1∶1.8。围堰心墙设在堰体轴线处，墙顶高程 1058.80m，墙顶厚 1.0m，墙体上下游坡比均为 1∶0.3，墙体嵌入强风化层。经分析比较，上、下游围堰堰体均采用黏土心墙防渗土石围堰。

11.2.3　坝体材料与配合比

桃源水库大坝主体材料采用 $C_{90}15$ 堆石混凝土，抗渗等级 W6，抗冻等级 F50；上、下游坝面均采用 0.5m×0.3m×0.3m（长×宽×高）的 M15 砂浆砌 C15 混凝土预制块，抗渗等级 W4，抗冻等级 F50，上下游均采用一丁一顺进行布置；上游面预制块后设置厚 0.5m 的 $C_{90}15$ 一级配自密实混凝土防渗层，抗渗等级 W6，抗冻等级 F50；河床基础设置 1.0m 厚的二级配 C20 混凝土垫层，岸坡基础设 0.5m 厚的 $C_{90}15$ 一级配自密实混凝土垫层，垫层混凝土抗渗等级 W6，抗冻等级 F50。坝顶路面采用 0.3m 厚的二级配 C25 混凝土，抗冻等级 F50。桃源水库高自密实性能混凝土施工配合比见表 11.2-2。

高自密实性能混凝土生产配合比（单位：kg/m^3）　　　　　表 11.2-2

工程名称	细骨料	粗骨料	水泥	砂	石子（一级配）	水	粉煤灰
桃源水库	灰岩	灰岩	142	1186	648	181	266

11.3　桃源拱坝建设过程

桃源水库工程于 2020 年 11 月 2 日正式动工建设，2021 年 2 月 4 日完成截流验收及大坝基础验收，2021 年 4 月 1 日开始浇筑堆石混凝土坝体，2021 年 10 月 28 日大坝封顶，目前已正常蓄水运行。

（1）坝基肩开挖

桃源水库于 2020 年 11 月开始大坝坝肩坝基开挖，于 2021 年 2 月 4 日坝基肩开挖完成，坝基肩开挖照片见图 11.3-1。

通过施工开挖揭露，大坝建基面多开挖至弱风化层，左坝肩、河床段坝基及右坝肩 1090.00m 以下为奥陶系下统红花园组（O_1h）中厚层为主夹薄层灰岩，右坝肩 1090.00m 以上为奥陶系下统湄潭组（O_1m）页岩、粉砂质页岩。岩层产状稳定，总体倾上游，倾角 55°～58°。坝区无断层发育，构造以裂隙为主，裂隙主要有 4 条，以横向发育陡倾岸坡为主。坝基肩开挖揭露地质条件与前期勘察基本一致，满足设计与规范要求。结合坝基

图 11.3-1　坝基肩开挖照片

（肩）开挖揭露，综合确定坝基岩体质量以 B_{III2} 类为主，在裂隙发育带岩体质量为 B_{IV1}，在溶槽发育带及 O_{1m} 层软质岩段岩体质量为 C_{III}。

（2）坝体堆石混凝土浇筑

桃源水库与前述堆石混凝土坝相比，堆石入仓方式存在差异，桃源水库采用汽车运输堆石至仓面附近，利用抓石机（图 11.3-2a）在大坝仓面进行堆石后，再进行高自密实混凝土浇筑（图 11.3-2b）。针对模板、预埋件附近的区域，采用抓石机辅助入仓，可进一

(a) 抓石机正在堆石入仓　　　　　　　　　(b) 自密实混凝土浇筑

(c) 整体浇筑拱坝仓面1　　　　　　　　　(d) 整体浇筑拱坝仓面2

图 11.3-2　桃源水库大坝仓面堆石及混凝土浇筑

步提高仓面堆石率，但汽车运输堆石需要良好的交通条件。而其他几座堆石混凝土拱坝的堆石入仓方式，基本都是采用塔式起重机＋钢筋笼的方式进行堆石。桃源拱坝采取不分横缝、整体浇筑上升的施工方法（图 11.3-2c 和 d），坝体混凝土累计浇筑时长 6 个月，共浇筑堆石混凝土约 1.6 万 m³。

（3）大坝建成封顶

桃源堆石混凝土拱坝于 2021 年 10 月封顶，目前蓄水后还差约 10m 至正常蓄水位，大坝表面未见裂缝。大坝建成后的整体形象照片见图 11.3-3。

(a) 下游面1　　　　　　　　　　　　　　(b) 下游面2

图 11.3-3　桃源水库大坝建成后照片

11.4　大坝安全监测布置与结果

11.4.1　永久监测仪器布置

（1）变形监测

① 水平位移监测：根据桃源水库大坝坝体结构特点，水平位移监测采用"交会法"进行监测。在坝顶共布置 5 个测点，平面控制监测网采用二等三角网精度布设，共布置 4 个控制点，左岸 2 个，右岸 2 个，编号为 TN1～TN4。

② 垂直位移监测：观测采用精密水准法，精密水准网是枢纽建筑物变形监测的基准，根据地形条件、枢纽布置情况，进行精密水准网布设，采用二等水准测量。

（2）渗流监测

① 坝基渗压监测：扬压力监测采用埋设渗压计的方法进行，在坝 0＋053.00 断面基础高程 1056.50m 的基岩内布置 3 支渗压计，防渗帷幕前后各布设 1 支，下游坝体布设 1 支，用以监测帷幕灌浆的防渗及坝基扬压力。

② 绕坝渗流监测：根据大坝防渗帷幕布置的实际情况，在左、右坝肩各一个观测断面，防渗帷幕前后各布设 1 支渗压计，下游布设 1 支渗压计。采用钻孔安装渗压计观测绕坝渗流，共钻孔 6 个，埋设渗压计 6 支。

（3）永久温度监测

在桩号坝 0＋053.00 断面高程 1058.50m、1070.00m 上分别布置 3 支、2 支温度计，以及桩号坝0+075.00断面高程1082.00m上布置2支温度计，共埋设7支温度计，对坝体内部混凝土温度进行永久监测。

（4）裂缝观测

在桩号坝0+053.00断面1057.50m高程坝踵处设1支单向裂缝计；在桩号坝0+031.80、坝0+084.60断面1070.00m高程两坝肩建基面处上下游侧分别布置2支单向裂缝计，裂缝计分别距上游面1.2m、下游面2.1m，对坝肩位置混凝土与基岩的接触面缝隙进行观测；裂缝计共计5支。

大坝监测平面布置图及下游展示图如图11.4-1、图11.4-2所示。

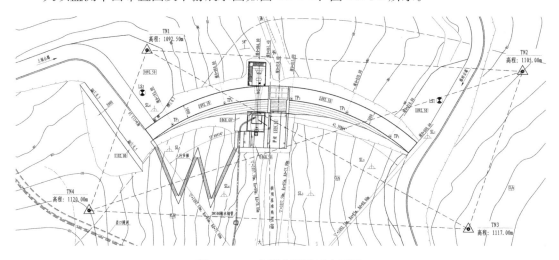

图11.4-1　大坝监测平面布置图

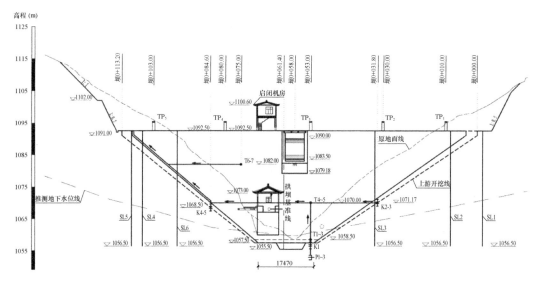

图11.4-2　大坝监测下游展示图

11.4.2　施工期监测结果分析

（1）温度监测

通过坝体埋设温度计观测，坝基与坝体温度初期受混凝土水化热影响呈现上升趋势，最大温升大多出现在混凝土浇筑后 1~5d。监测到的混凝土最高温度为 41.2℃，最大水化温升 12℃，发生在炎热夏季 8 月下旬。当前坝体混凝土内部温度较低，约 10~15℃。坝基与坝体温度观测结果统计特征值见表 11.4-1。

大坝温度监测结果统计表（单位:℃）　　　　　　　表 11.4-1

编号	埋设部位	埋设日期	埋设时气温	入仓温度	最高温度	出现日期	温升值	最近温度
T1	1058.0	2021/3/28	28	19.7	22.7	2021/3/28	3.0	14.1
T2		2021/3/28		19.7	22.7	2021/3/28	3.0	13.6
T3		2021/3/28		19.2	23.1	2021/3/28	3.9	13.1
T4	1070.0	2021/6/7	27	26.1	32.0	2021/6/9	5.9	10.9
T5		2021/6/7	27	21.3	28.8	2021/6/16	7.5	11.6
T6	1082.0	2021/8/20	26	29.2	41.2	2021/8/21	12	10.2
T7		2021/8/20	26	29.8	36.3	2021/8/21	6.5	10.3

（2）裂缝观测

5 支裂缝计的仪器埋设同坝体浇筑同步进行，自 2021 年 3 月 30 日至 2021 年 5 月 29 日全部安装埋设完成，观测频次：1~3 次/周。各裂缝计观测结果统计见表 11.4-2。根据仪器埋设完成至今的长期观测结果显示，坝基混凝土与基岩之间的接触缝（K1）基本呈现出微微张开状态，目前实测最大开度 0.1 mm，变化量均较小；左、右坝肩 K2、K3、K4、K5 实测坝体与基岩裂缝表现为张开状态，目前实测最大张开量为 0.21 mm（K4）。桃源水库工程实测各部位裂缝测值与变化量均较小，最大张开度不足 1 mm，裂缝变化符合正常规律。

大坝裂缝计最大开合度观测结果统计　　　　　　　表 11.4-2

仪器编号	埋设位置（高程、桩号）	埋设日期	当前值（mm）
K1	1058.0m，0+056.5 断面	2021/3/30	0.10
K2	1070m，0+031.80 断面	2021/6/8	0.13
K3	1070m，0+031.80 断面	2021/6/8	0.08
K4	1068.5m，0+084.60 断面	2021/5/29	0.21
K5	1068.5m，0+084.60 断面	2021/5/29	0.15

注：张开为正，闭合为负。

第12章 整体浇筑拱坝建成后坝体质量检测

12.1 依托工程概述

前述5座整体浇筑堆石混凝土拱坝，上、下游均采用预制块（300mm×300mm×500mm）模板并兼作坝体一部分，浇筑层厚约1.3m（4层预制块＋砂浆厚度）。各工程海拔高程分布于400~1060m，既有低海拔地区高温季节浇筑的沙千水库，也有海拔较高、气温相对较低的桃源水库。各工程主要特征参数如表12.1-1所示。

堆石混凝土拱坝主要特征参数 表12.1-1

工程名称	坝型	总库容（万m³）	坝高（m）	坝顶宽（m）	最大坝底厚（m）	坝轴线长（m）	海拔高程（m）	堆石岩性
绿塘水库	单曲	2040	53.5	6	16	181.4	780	灰岩
风光水库	双曲	157	48.5	5	12.5	112	640	灰岩
龙洞湾水库	单曲	174	48	5	13.5	174.7	870	
桃源水库	单曲	128	37	5	15	113	1060	
沙千水库	单曲	642	66	6	22	205	400	砂岩

由于5座拱坝的筑坝原材料不同，HSCC配合比存在一定差异，各工程实际配合比如表12.1-2所示。

HSCC配合比统计（单位：kg/m³） 表12.1-2

工程名称	细骨料	粗骨料	水泥	砂	石子（一级配）	水	粉煤灰
绿塘水库	灰岩	灰岩	130	1225	571	140	270
风光水库	灰岩	灰岩	161	1097	512	180	332
龙洞湾水库	灰岩	灰岩	148	1054	621	185	265
桃源水库	灰岩	灰岩	142	1106	648	161	266
沙千水库	灰岩	石英砂岩	134	1044	641	178	278

12.2 堆石混凝土钻孔取芯结果

坝体质量检测一般包括钻孔取芯、压水、声波、孔内影像等质量检测及试验工作，5个拱坝工程开展的质量检测内容统计如表12.2-1所示。

坝体质量检测内容统计　　　　　表 12.2-1

工程名称	钻孔取芯		室内试验				坝体压水试验	声波监测	孔内摄像
	现场取芯	断口统计	抗压强度试验	层间抗剪	劈裂抗拉	抗渗试验			
绿塘水库	▲	▲	/	▲	/	/	▲	▲	▲
风光水库	▲	/	▲	/	▲	/	▲	▲	▲
龙洞湾水库	▲	/	▲	/	/	/	▲	▲	▲
桃源水库	▲	▲	▲	/	/	/	▲	▲	▲
沙千水库	▲	▲	▲	▲	/	▲	▲	▲	▲

（1）RFC 取芯情况

5 座堆石混凝土拱坝的坝体取芯情况如表 12.2-2 和图 12.2-1 所示。沙千水库针对长度大于 1.5m 的芯样进行了二次统计，根据统计结果，沙千水库坝体芯样总长 151.5m，其中，大于 1.5m 的芯样长度 83.7m，占比为 55.3%，最长芯样 4.22m。改善取芯工艺，有望进一步提升 RFC 坝体取芯长度和取芯质量。

坝体取芯情况统计　　　　　表 12.2-2

工程名称	坝体钻孔深度（m）	坝体芯样总长度（m）	坝体芯样获取率（%）
绿塘水库	51.8	51.5	99.32
风光水库	156.8	154.4	98.47
龙洞湾水库	91.5	89.8	98.13
桃源水库	33.9	33.3	98.24
沙千水库	151.5	149.4	98.61

(a) 绿塘水库

(b) 沙千水库长芯样一

(c) 沙千水库长芯样二

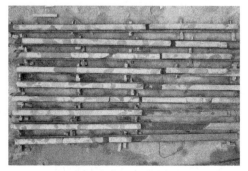

(d) 沙千水库ZK2取芯全景照片

图 12.2-1　不同堆石混凝土坝坝体 RFC 长芯样照片

（2）芯样断口情况统计

根据各工程坝体质量检测报告，绿塘水库、桃源水库、沙千水库分别进行了芯样断口统计（图 12.2-2），对坝体部分芯样进行分析。根据统计情况可知，①三座堆石混凝土拱坝芯样均以 C3 型断口占比最大，分别为 32%、47%、51%，表明由于 HSCC 与堆石两种材料特性存在一定差异，加之受施工过程中部分堆石冲洗不到位等因素影响，HSCC 与堆石胶结面仍是 RFC 材料最薄弱部位；②沙千水库 C3 类型断口占比最大，与所用堆石料（砂岩）有关，由于砂岩表面石粉含量高于灰岩，一定程度影响 HSCC 与堆石胶结面的胶结效果。但对比绿塘水库和桃源水库，两种大坝均采用灰岩堆石料，单 C3 型断口占比却出现了较大差异，表面堆石冲洗程度也是影响胶结面质量的关键因素；③大坝均采用塔机入仓堆石，机械设备对仓面施工质量影响较小，而 C2 型断口仍为第二大占比类型（22%～32%），表明层间仍是 RFC 施工中质量控制重要环节，仓面冲毛程度和仓面清理情况为该种入仓方式的质量主要控制因素，这点在层间处理做得较好的沙千水库得以体现；④C1 型断口仍占据了芯样断口的一定比例，但如何进一步提高取芯工艺和参数有待研究。

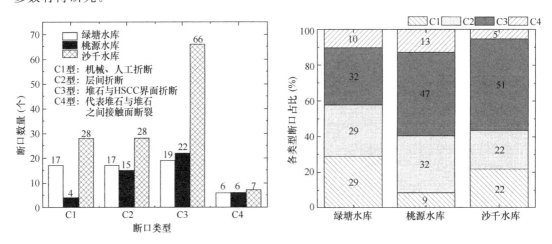

图 12.2-2　RFC 芯样断口类型统计柱状图和比例图

12.3　堆石混凝土力学性能试验

12.3.1　RFC 芯样抗压强度

根据现行行业标准《水工混凝土试验规程》SL/T 352—2020，RFC 芯样抗压强度试验制作 150mm×150mm（长径比为 1.0）的芯样，按照有关规定试验和换算。根据试验结果，各试件抗压强度均满足设计要求（$C_{90}15$）。但由于不同试件中 HSCC 与堆石组成不同，检测结果出现较为明显的差异性：①当试件中石头高度＝试件高度时，检测换算后抗压强度均值为 42.8MPa；②当试件中石头高度＜试件高度时，检测换算后抗压强度均值为 29.0MPa。分析原因主要是试件类别 2 中石头充当了骨架作用，导致检测值较高。

为研究 RFC 复合筑坝材料的抗压强度特点，结合 RFC 芯样抗压强度检测结果

（图 12.3-1），与施工过程中各工程 HSCC 立方体试块检测结果对比分析（图 12.3-2、图 12.3-3）。根据对比结果可知：①RFC 芯样抗压强度检测值和 HSCC 立方体试块检测值均满足 RFC（$C_{90}15$）的设计指标；②根据 RFC 试件破坏情况，约一半试件即使石块被压坏后，胶结面仍接近完好，表明 HSCC 与堆石胶结情况实际上比预期理想；③HSCC 试块平均抗压强度（22.3MPa）＜RFC 芯样平均抗压强度（试件类别 1，27MPa）＜RFC 芯样平均抗压强度（试件类别 2，42.8MPa），表明 RFC 相比于 HSCC 抗压强度有一定提高。

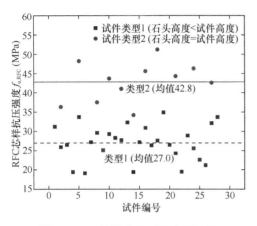

图 12.3-1　钻孔取芯不同类别试件
抗压强度试验检测值

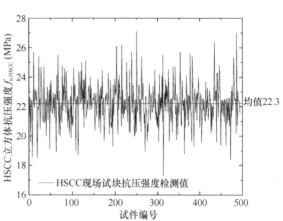

图 12.3-2　施工过程 HSCC 立方体
试块抗压强度检测值

(a) 桃源水库（破坏前）

(b) 沙千水库（破坏后）

图 12.3-3　不同工程钻孔取芯抗压强度试验

为进一步研究 RFC 芯样与 HSCC 抗压强度关系，绘制了 RFC 类别 1 试件（换算立方体后）与 HSCC 抗压强度概率分布（图 12.3-4）。由于 HSCC 立方体样本数量较大，呈现出类似正态分布的一般规律，其立方体抗压强度均值 $\overline{f}_{cu,HSCC}=22.3$MPa；而对于 RFC 芯样，由于浇筑时间、试件内堆石与 HSCC 组成不同，导致其抗压强度存在一定离散性，抗压强度均值 $\overline{f}_{cu,RFC}=27$MPa，换算为立方体抗压强度 $\overline{f}_{cu,RFC}=27\times1.04=28.08$MPa。通过上述样本统计，得到两者之间近似关系为：

$$f_{cu,HSCC} \approx 0.79 f_{cu,RFC} \tag{12.3-1}$$

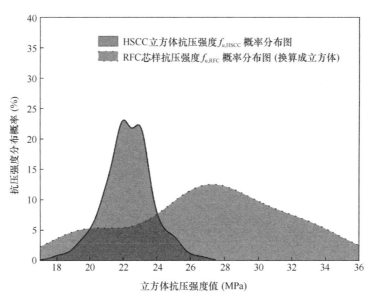

图 12.3-4　RFC 试件（类别 1）与 HSCC 抗压强度概率分布

12.3.2 RFC 劈裂抗拉试验

　　五座水库中，风光水库进行了 3 组 RFC 劈裂抗拉试验（表 12.3-1），绿塘水库进行了 3 组 HSCC 劈裂抗拉试验（表 12.3-2）。由试验结果可知，风光 RFC 芯样试件的劈裂抗拉强度在 1.78～2.01MPa 之间，3 组试验平均值约 1.89MPa；绿塘水库 HSCC 试块的劈裂抗拉强度在 1.95～2.51MPa 之间，3 组试验平均值约 2.27MPa，均满足设计抗拉强度要求。

风光水库坝体取芯劈裂抗拉试验结果　　表 12.3-1

样品编号	同一仓 HSCC 抗压强度（MPa）	劈裂抗拉强度（MPa）
1	25.8	1.78
2	21.1	1.78
3	20.3	1.8
4	24.5	1.85
5	19.2	1.88
6	22.0	1.94
7	26.7	1.97
8	18.3	1.99
9	23.5	2.01

绿塘水库 HSCC 立方体试件劈裂抗拉试验结果　　表 12.3-2

样品编号	抗压强度（MPa）	劈裂抗拉强度（MPa）
1	20.5	2.03
2	21.5	2.12
3	19.2	1.95
4	23.6	2.31
5	24.2	2.38
6	25.7	2.51
7	24.5	2.41
8	22.6	2.29
9	25.9	2.45

　　为进一步研究抗压强度与劈裂抗拉强度间的关系，分别采用幂函数对风光水库 RFC 试件与绿塘水库 HSCC 试件进行回归分析。

风光水库 RFC 试件的回归方程为：

$$y_1 = 0.626x^{0.356} \qquad (12.3\text{-}2)$$

绿塘水库 HSCC 试件的回归方程为：

$$y_2 = 0.162x^{0.842} \qquad (12.3\text{-}3)$$

根据回归分析，两者具有明显的相关性。总体上，劈裂抗拉强度随混凝土的抗压强度增大而增大，而 HSCC 立方体较 RFC 立方体劈裂抗拉强度大，满足 $\bar{f}_{\text{ts,RFC}} \approx 0.83\,\bar{f}_{\text{ts,HSCC}}$ 关系（图 12.3-5），与抗压强度关系接近。值得说明的是，由于劈裂抗拉试件样本有限，该结果有待后续进一步验证和完善。

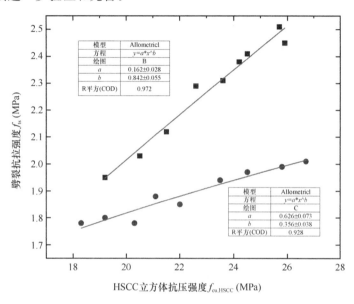

图 12.3-5　抗压强度-劈裂抗拉拟合曲线

12.3.3　RFC 层间抗剪试验

五座水库中，沙千水库进行了层间抗剪试验（图 12.3-6），主要依据《水利水电工程岩石试验规程》SL/T 264—2020 的相关要求进行，截取代表性芯样 5 件，将芯样置于 150mm×150mm×150mm 的立方体模盒中，灌入高等级的混凝土至层间结合部位处后，垫入一层 5mm 厚纸片，继续浇筑混凝土至模盒顶面溢出为止。待混凝土凝固后脱模和拆除纸片，将试样移至养护间，28d 后再进行抗剪强度试验，加载情况统计见表 12.3-3。试验中，法向最大荷载为 80kN（工程设计压力的 1.2 倍），分 5 个等级施加。

沙千水库层间抗剪试验加载情况统计　　　　　　　　　　表 12.3-3

钻孔编号	样品编号	取样深度（m）	垂直荷载（MPa）	水平荷载（MPa）
ZK2	J-1	37.0～52.0	1.13	2.74
	J-2		1.98	3.68
	J-3		2.82	5.03
	J-4		3.67	5.73
	J-5		4.52	6.92

根据层间抗剪试验结果（图 12.3-7）可知：①通过线性回归，得到层间摩擦系数 $f' \approx 1.23$，凝聚力 $c' \approx 1.35 \mathrm{MPa}$，满足《堆石混凝土筑坝技术导则》NB/T 10077—2018 相关要求；②堆石与混凝土间凝结良好，层间结合面明显接触良好。层间抗剪试验在自然状态下进行，剪断时无明显响声产生，剪断面起伏不大，多数剪断面中擦痕明显，层间胶结较好。

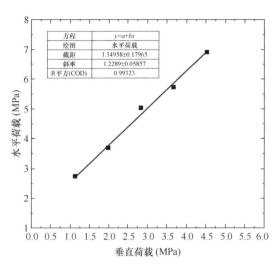

图 12.3-6　层间抗剪强度试验后照片　　　　图 12.3-7　层间抗剪强度曲线

12.3.4　堆石混凝土抗渗试验

五座水库中，沙千水库进行了堆石混凝土抗渗试验，同样按照《水利水电工程岩石试验规程》SL/T 264—2020 的相关要求进行。抗渗试验采用逐级加压法，试验前、后试件照片见图 12.3-8，设计抗渗等级满足 W6（最大试验压力 0.65MPa）。根据试验结果，沙千水库 RFC 抗渗等级满足设计要求。

图 12.3-8　沙千水库抗渗试验前、后试件照片

12.4　大坝坝体压水试验

堆石混凝土坝体压水试验采用单点法，段长 5.0m，逐级加压，各工程坝体压水试验

情况如图 12.4-1 所示。由于坝体压水试验孔主要结合施工过程中实际浇筑情况针对性布置，根据试验结果可知，五座拱坝 RFC 透水率主要分布于 0.16~1.2Lu 范围内，最大频率分布范围为 0.2~0.4Lu，对应频率 31%，表明整体浇筑拱坝的坝体透水率小，坝体混凝土浇筑质量较好。

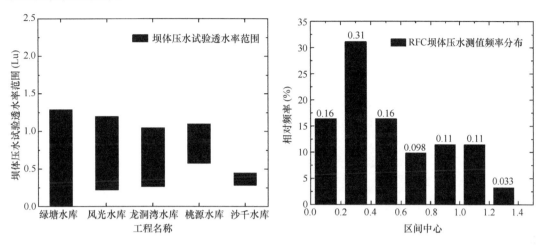

图 12.4-1 RFC 整体浇筑拱坝坝体压水试验测值范围及分布区间图

12.5 堆石混凝土声波检测

根据各工程坝体 RFC 声波检测数据（图 12.5-1），坝体混凝土的声波测值分布在 2644~5205m/s 范围。在此基础上，通过绘制分布直方图（图 12.5-2）进行统计学分析，采用高斯模型拟合出的分布方程为：

$$y = y_0 + \frac{A}{w\sqrt{\pi/2}}e^{-2\frac{(x-x_c)^2}{w^2}} \tag{12.5-1}$$

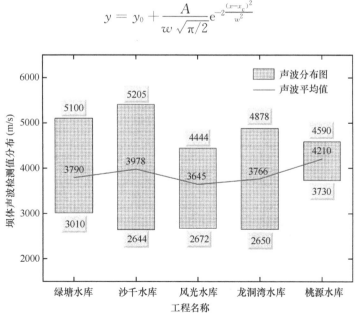

图 12.5-1 各工程 RFC 拱坝坝体声波检测值分布图

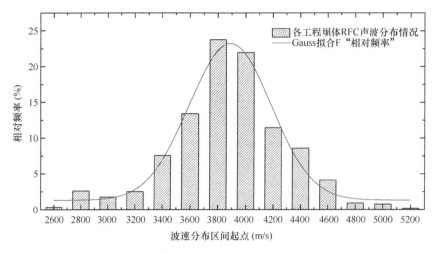

图 12.5-2　整体浇筑 RFC 拱坝坝体声波检测值分布直方图

式中，$x_c = 3888.39 \pm 18.27\text{m/s}$，说明五座整体浇筑 RFC 拱坝中，坝体混凝土的平均波速水平接近 3888m/s。上述研究表明，虽然声波测值分布范围相对较大，但实际呈现出两端少而中间多的分布情况，故利用平均值或者区间中心更为合理。总体上，整体浇筑堆石混凝土拱坝的坝体混凝土质量较好。

12.6　堆石混凝土孔内电视

由于五座大坝堆石入仓过程中均进行了人工辅助堆石，应用了部分小粒径堆石（150～300mm），特别是沙千水库。通过孔内电视情况（图 12.6-1）揭露，一级配 HSCC 具有良好的流动性，HSCC 均能通过较小粒径堆石喉口，自流充填形成完整密实的混凝土结构。结果表明：堆石粒径有条件突破规范对 300mm 以上要求的限制，在后续类似工程建设过程中，可在进一步论证研究的基础上，采用一定量的小粒径堆石，从而充分利用当地开挖料，提高石料利用率、减少胶凝材料用量、节约成本并有利于温控。

同时，孔内电视也能揭露 RFC 浇筑过程中的部分缺陷，如表 12.6-1 所示，通过分类描述主要有以下 5 类缺陷情况：层间冲洗清理不到位、堆石与堆石面面接触、堆石底部与下层仓面面接触、小粒径堆石过于集中、堆石过程中产生石渣。这些堆石混凝土内部缺陷的孔内电视照片、情况描述和处理建议见图 12.6-1、表 12.6-1。

孔内电视揭露 RFC 浇筑过程缺陷分类及描述　　　　　　　　　　　　　　　　表 12.6-1

序号	缺陷分类	照片	描述	处理建议
1	层间冲洗清理不到位		该缺陷主要是由于仓面冲毛不到位，导致层面上残留细渣或石粉等附着物，在上层仓面浇筑时，该层间处出现浇筑不密实情况	仓面浇筑初凝后进行冲毛处理，冲毛效果以外露粗骨料为宜

续表

序号	缺陷分类	照片	描述	处理建议
2	堆石与堆石面面接触		该缺陷主要是由于堆石入仓过程中，出现堆石间面面接触的情况，导致 HSCC 无法充填其空隙	堆石过程中尽量避免堆石与堆石面面接触，通过人工或抓石机辅助堆石
3	堆石底部与下层仓面面接触		该缺陷主要是由于下层仓浇筑完成后，在上层仓堆石入仓过程中，由于块石形状不规则，块石底部与仓面形成面面接触而导致的	堆石底部尽量避免堆石与下层仓面的面面接触，大块石底部可增加小粒径石块支撑
4	小粒径堆石过于集中		该缺陷主要是小粒径块石过于集中，特别当形成类似嵌入式结构时，HSCC 较难充填其空隙	小粒径堆石时应避免过于集中堆放
5	堆石过程中产生石渣		该缺陷主要是由于堆石过程中产生的小石渣清理不充分，加之堆石与仓面大面积接触，HSCC 较难充填密实该区域	堆石过程产生的石渣应尽可能及时清理，确保层间结合和堆石底部浇筑的密实性

针对 RFC 浇筑缺陷与坝体质量检测结果的相关关系，对各工程出现不同缺陷时对应部位的声波及压水情况进行了统计分析（表 12.6-2）。

不同部位孔内电视、声波检测与压水情况对比　　　　　表 12.6-2

序号	1	2	3	4	5	6
孔内电视照片						
声波 (m/s)	2644	2772	3120	4135～4210	4778～5205	3846～4325
压水 (Lu)	0.44	0.80	0.69	0.28～0.39	0.15～0.29	0.18～0.35
备注	缺陷部位	缺陷部位	缺陷部位	纯 HSCC 部位	纯块石部位	HSCC＋堆石坝体

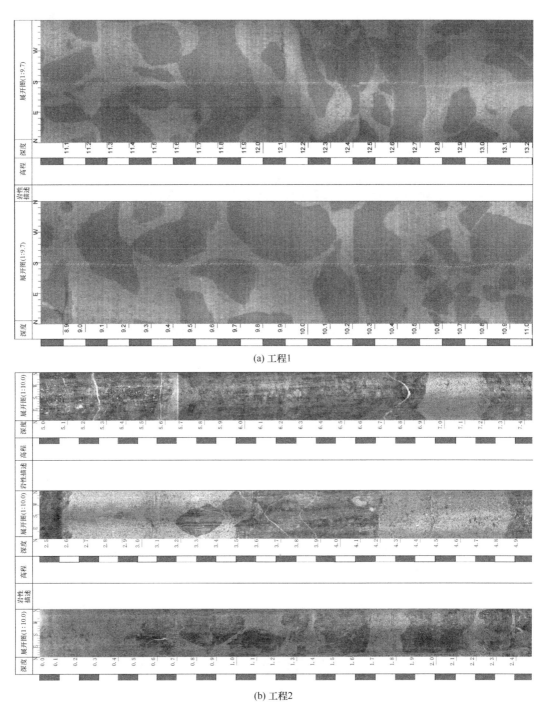

(a) 工程1

(b) 工程2

图 12.6-1　整体浇筑 RFC 拱坝孔内电视照片

　　根据统计结果可知，①声波低值与局部不密实部位密切相关，根据缺陷类型不同，声波波速主要分布在 2600～3200m/s 范围内；声波高值主要集中于大块石部位，主要分布在 4778～5205m/s 范围内；而坝体 HSCC＋堆石坝体部位、纯 HSCC 部位，声波波速测值大小居中；②虽然坝体局部存在浇筑不密实部位，但通过对缺陷部位压水试验可知，透水率均较低，表明 HSCC 流动性总体较好，浇筑缺陷往往发生在局部，对坝体混凝土整体防渗效果影响较小。

12.7 本章小结

结合 HSCC 配合比、施工工艺、坝体质量检测及蓄水情况，对遵义院设计的五座整体浇筑堆石混凝土拱坝，进行了完建后坝体质量评价，主要结论如下：

（1）通过钻孔取芯可知，芯样获取率均在 98％以上；芯样完整性较好，骨料分布均匀，绝大部分 HSCC 与堆石表面胶结良好。根据芯样断口统计情况，HSCC 与堆石胶结面仍是 RFC 材料最薄弱部位，层间结合面次之。

（2）通过室内试验结果及统计分析，芯样抗压强度、劈裂抗拉强度、层间抗剪强度、抗渗等级均满足设计与规范要求。由于块石具有骨架承力作用，RFC 芯样抗压强度高于 HSCC 立方体抗压强度。坝体透水率主要分布于 0.16～1.2 Lu 范围内，反映出整体浇筑 RFC 拱坝的坝体透水率小、浇筑质量较好的特点，压水试验中透水率较大的部位主要为层间结合面。

（3）通过坝体 RFC 声波检测统计分析，各工程检测值分布曲线接近正态分布，坝体平均波速水平接近 3888m/s，坝体浇筑质量较好。低值波速主要位于局部填充不密实的缺陷部位，波速高值主要位于大块石区域附近；此外，HSCC 能通过较小粒径堆石喉口，自流充填堆石空隙，表明适量的小粒径堆石在 RFC 坝体应用中具有可行性，可有效提高堆石率、降低成本。

总体上，整体浇筑堆石混凝土拱坝的坝体质量检测结果良好，大坝蓄水运行情况正常。整体浇筑拱坝形式充分发挥了新型筑坝材料堆石混凝土的优势，采用不分缝或少分缝的结构设计，将进一步减少施工干扰、加快施工进度、节省工程投资，为后续类似拱坝工程提供重要借鉴意义。

第 13 章　总结与展望

13.1　主要研究成果

贵州省遵义市是国内堆石混凝土筑坝技术应用较早的地区之一，作为贵州地区勘测设计单位，遵义院主持设计完建工程堆石混凝土坝 27 座，其中堆石混凝土拱坝 5 座，包括绿塘水库、龙洞湾水库、风光水库、沙千水库、桃源水库，为堆石混凝土坝的推广应用做出了突出的贡献。本书重点介绍了遵义院在堆石混凝土拱坝设计与施工方面的创新实践与研究进展，取得了以下重要成果：

（1）针对堆石混凝土拱坝，遵义院首次在国内创新性地提出了不分横缝、整体浇筑的堆石混凝土拱坝结构形式。整体浇筑拱坝解决了坝体分缝过多而带来的施工干扰大、施工速度慢以及堆石率低等问题，结合配套施工技术极大简化了堆石混凝土拱坝施工工艺，大大提升了堆石混凝土拱坝的筑坝速度。

（2）针对整体浇筑堆石混凝土拱坝形式，开展了拱梁分载法相关理论计算。采用多种计算条件进行了拱梁分载法的坝体应力分析。针对拱圈封拱温度的选取，自重荷载处理方式，坝体与地基材料参数对拱坝应力的影响等开展了研究，对坝体应力分布对 4 座拱坝的安全性进行了论证，最终提出了整体浇筑堆石混凝土拱坝的拱梁分载法应力复核方法及其控制标准。

（3）借鉴混凝土预制块模板在砌石拱坝中应用的成功经验，遵义院首次将混凝土预制块模板引入堆石混凝土拱坝的建设中，在上下游采用丁顺砌筑预制块模板，取消了临时钢模板的吊装与爬升过程，并省去拆模工序将模板兼作坝体永久部分。针对预制块模板，开展了模板侧压力计算、经济性分析、生产性试验研究。实践证明，混凝土预制块模板对整体浇筑拱坝的快速筑坝发挥了重要作用。

（4）开展了堆石混凝土材料性能的系列研究，不断优化高自密实性能混凝土配合比降低单方水泥用量，提出了适宜于贵州地区的 HSCC 配合比用量区间；针对原材料的各种性能指标，如粉煤灰品质、石粉含量、水泥用量、粗骨料超/逊径率、针片状含量、细骨料 MB 值与细度模数，分析对 HSCC 的不同影响规律。

（5）依托红层地区的沙千拱坝，创新性地大胆采用了砂岩作堆石料，经过检测试验证明，砂岩满足堆石饱和抗压强度和软化系数等指标的规范要求；沙千水库首次在 HSCC 配合比中，采用了石英砂岩制小石子、石灰岩制砂的组合骨料，充分利用当地材料，避免了长距离运输外购骨料，节省了材料成本。通过沙千水库工程现场的生产性试验、RFC 大试件试验和钻孔取芯的结果，证明了软岩即砂岩材料在堆石混凝土中的应用是可行的，组合骨料也满足 HSCC 性能要求。

（6）堆石混凝土是由大块堆石和 HSCC 组成的非均质材料，混凝土浇筑后的初期坝体温度场的非均匀性分布特征显著。温度监测试验首次在堆石体内也埋设温度传感器，研究发现混凝土浇筑后由于堆石体与自密实混凝土的入仓温度差异，会迅速发生热交换出现温度陡升、陡降现象，大概 2h 后二者温度达到相对均匀状态；之后 HSCC 水化反应为主导释放热量，不发热的堆石体辅助吸收热量，二者共同发生温升与后续的缓慢温降过程，但由于二者导热性能差异，温度变化速率会略有差别，堆石混凝土达到最高温度一般需 3～7d 时间。

（7）信息化施工、智能化施工是当前及未来堆石混凝土坝的重要方向，是助力提升堆石混凝土工程质量的重要手段。目前，主要通过多元传感器和物联网技术开展工程数据感知与互联，依托云服务和人工智能算法进行数据处理与质量评价，重在监测与评价堆石混凝土筑坝材料与施工过程的质量，如堆石粒径、自密实混凝土性能、堆石混凝土密实性、堆石混凝土温度等。通过沙千拱坝"示范工程"的应用实践，证实了堆石混凝土坝信息化施工管理解决方案是满足工程需求的。

（8）绿塘水库作为首个整体浇筑堆石混凝土拱坝，是在摸索中前行的，提出了许多创新施工技术并在实践中得到验证，为后续风光水库、龙洞湾水库、桃源水库等整体浇筑拱坝的建设奠定了基础。沙千水库是遵义院设计并 PMC 项目管理总承包的工程，在筑坝材料创新与信息化施工管理方面成了"示范工程"。目前，完建的 5 座堆石混凝土拱坝中已蓄水 4 座，其中沙千水库已蓄水至正常蓄水位并泄洪，坝体表面无裂缝，坝体质量检测（含钻孔取芯、孔内电视等）结果良好，大坝蓄水运行安全，证明了整体浇筑堆石混凝土拱坝是非常成功的工程实践。

13.2　展望

（1）目前的整体浇筑堆石混凝土拱坝坝高均在 30～70m，未来如果在大于 70m 的高坝上采用整体浇筑拱坝技术，可行性还需开展更多的研究与论证。

（2）拱梁分载法计算对坝顶溢流孔位置做了简化，后续可开展细致的仿真计算来研究坝顶溢流孔，起到减少整体浇筑堆石混凝土拱坝应力的作用。

（3）书中介绍了堆石混凝土拱坝的温度监测试验成果，可结合当前最新的非均质堆石混凝土温度仿真计算成果，对比分析堆石混凝土不同阶段的温度特性。

（4）堆石混凝土信息化施工管理尚属第一阶段的研究成果，下一步是智能化施工管理，包括堆石的无人装载与入仓、HSCC 的智能化浇筑等。

参 考 文 献

[1] 金峰，安雪晖，石建军，等. 堆石混凝土及堆石混凝土大坝[J]. 水利学报，2005，36(11)：1347-1352.

[2] 金峰，安雪晖. 堆石混凝土大坝施工方法[P]. CN，CN1521363 A，2004.

[3] 金峰，安雪晖，小原孝之，等. 普通型堆石混凝土施工方法[P]. CN，CN101074560 A，2007.

[4] 安雪晖，金峰，小原孝之，等. 抛石型堆石混凝土施工方法[P]. CN，CN101144279A，2008.

[5] JIN F，ZHOU H，HUANG D R. Research on rock-filled concrete dams：a review[J]. Dam Engineering，2018，29(2)：101-112.

[6] JIN F，HUANG D R. Rock-Filled Concrete Dam [M]. Springer Singapore，2022.

[7] 金峰，李乐，周虎，等. 堆石混凝土绝热温升性能初步研究[J]. 水利水电技术，2008，39(5)：59-63.

[8] 金峰，张国新，张全意. 绿塘堆石混凝土拱坝施工期温度分析[J]. 水利学报，2020，51(6)：749-756.

[9] 金峰，张国新，娄诗建，等. 整体浇筑堆石混凝土拱坝拱梁分载法分析研究[J]. 水利学报，2020，51(10)：1307-1314.

[10] JIN F，ZHOU H，HUANG D R. Research on rock-filled concrete dams：a review[J]. Dam Engineering，2018，29(2)：101-112.

[11] AN X H，WU Q，JIN F，et al. Rock-filled concrete，the new norm of SCC in hydraulic engineering in China[J]. Cement and Concrete Composites，2014，54：89-99.

[12] 中华人民共和国水利部. 胶结颗粒料筑坝技术导则：SL 678—2014[S]. 北京：中国水利水电出版社，2014.

[13] 中华人民共和国国家能源局. 堆石混凝土筑坝技术导则：NB/T 10077—2018[S]. 北京：中国水利水电出版社，2018.

[14] 中华人民共和国国家能源局. 水电水利工程堆石混凝土施工规范：DL/T 5806—2020[S]. 北京，2020.

[15] 中国大坝工程学会. 堆石混凝土坝坝型比选设计导则(征求意见稿)[S]. 北京，2021.

[16] 中国大坝工程学会. 堆石混凝土坝典型结构图设计导则(征求意见稿)[S]. 北京，2021.

[17] 贵州省市场监督管理局. 堆石混凝土拱坝技术规范：DB52/T 1545—2020[S]. 贵州，2020.

[18] 中华人民共和国水利部. 混凝土拱坝设计规范：SL 282—2018[S]. 北京，2018.

[19] 国家能源局. 混凝土拱坝设计规范：NB/T 10870—2021[S]. 北京，2022.

[20] 任明倩. 堆石混凝土层间界面剪切力学性能研究[D]. 北京：清华大学，2019.

[21] 黄绵松. 堆石混凝土中自密实混凝土充填性能的离散元模拟研究[D]. 北京：清华大学，2010.

[22] 谢越韬. 自密实混凝土填充性能及堆石混凝土界面微观特性研究[D]. 北京：清华大学，2014.

[23] 陈松贵. 宾汉姆流体的 LBM-DEM 方法及自密实混凝土复杂流动研究[D]. 北京：清华大学，2014.

[24] 张传虎. 堆石混凝土浇筑模拟方法与堵塞机理研究[D]. 北京：清华大学，2016.

[25] 张宇翔. 高寒高海拔地区堆石混凝土坝施工期温度应力研究[D]. 青海：青海大学，2021.

[26] 赵运天. 堆石混凝土拱坝施工期温度应力研究[D]. 青海：青海大学，2019.

［27］ 潘定才．堆石混凝土热学性能试验与温度应力研究［D］．北京：清华大学，2009．

［28］ 刘昊．堆石混凝土综合性能试验与温度应力研究［D］．北京：清华大学，2010．

［29］ 王硕．堆石混凝土线膨胀系数试验及数值模拟［D］．北京：清华大学，2012．

［30］ 王爱军．堆石混凝土坝温度应力仿真分析软件开发与工程应用［D］．北京：清华大学，2021．

［31］ 梁婷．堆石混凝土特性介观研究［D］．北京：清华大学，2023．

［32］ 余舜尧．堆石混凝土坝施工期温度分析及智能预测研究［D］．北京：中国农业大学，2022．

［33］ 张喜喜．堆石混凝土坝填充密实性监测研究［D］．长春：长春工程学院，2021．

［34］ 刘易．堆石体粒径分布特征及堆石质量评价［D］．长春：长春工程学院，2022．

［35］ 徐小蓉，余舜尧，金峰，等．堆石混凝土流动填充与温升过程原型监测［J］．水力发电学报，2022，41(11)：159-170．

［36］ 徐小蓉，肖安瑞，梁婷，等．考虑分层填充的非均质堆石混凝土温度研究［J］．水力发电学报，2023，42(3)：141-152．

［37］ 徐小蓉，何涛洪，雷峥琦，等．超长坝段堆石混凝土重力坝蓄水运行安全评价［J］．清华大学学报（自然科学版），2022，62(9)：1375-1387．

［38］ 余舜尧，徐小蓉，邱流潮，等．堆石混凝土浇筑前后的非均质温度分布试验研究［J］．清华大学学报（自然科学版），2022，62(9)：1388-1400．

［39］ 徐小蓉，金峰，周虎，等．堆石混凝土筑坝技术发展与创新综述［J］．三峡大学学报（自然科学版），2022，44(2)：1-11．

［40］ 刘易，付立群，徐小蓉，等．仓面大粒径堆石的图像处理与粒径识别［J］．三峡大学学报（自然科学版），2022，44(6)：28-34．

［41］ 何涛洪，徐小蓉，雷峥琦，等．绿塘整体浇筑堆石混凝土拱坝施工期温度仿真研究［J/OL］．水利水电技术（中英文）：1-11［2023-09-01］．

［42］ 徐小蓉，金峰，廖仕信，等．堆石混凝土坝信息化施工管理研究［J］．水利水电技术（中英文），2023，54(7)：150-160．

［43］ 朱伯芳．大体积混凝土温度应力与温度控制［M］．2版．北京：中国电力出版社，2012．

［44］ 林继庸．水工建筑物［M］．5版．北京：中国水利水电出版社，2008．

［45］ 美国内务部垦务局．混凝土坝的冷却［M］．候建功译，北京：水利电力出版社，1958．

［46］ RAPHAEL M. The optimum gravity dam［C］. Proceedings of Conference on Rapid Construction of Concrete Dams，Asilomar，1970.

［47］ FULLER W B，THOMPSON S E. The Laws of Proportioning，Concrete［J］. Transactions of the American Society of Civil Engineers，1907(2)：67-143.

［48］ LIU C N，AHN C R，AN X H，et al. Life-Cycle Assessment of Concrete Dam Construction：Comparison of Environmental Impact of Rock-Filled and Conventional Concrete［J］. Journal of Construction Engineering and Management，2013，139(12)：A4013009.

［49］ 曾旭，张全意，成克雄，等．混凝土预制块模板在堆石混凝土坝中的应用［J］．水利规划与设计，2020，(1)：129-132．

［50］ 张文毅，陈才明，张镯，等．堆石混凝土筑坝防渗设计与应用研究［J］．水利规划与设计，2021，(4)：92-96．

［51］ 张文胜，何涛洪，张全意，等．堆石混凝土重力坝设计创新与应用实践［J］．红水河，2020，39(2)：10-14．

［52］ 何涛洪，张全意，张文胜，等．堆石混凝土重力坝分缝设计的思考与实践［J］．水利规划与设计，2019，(2)：105-111．

［53］ 李友彬，朱柏松，唐晓玲，等．绿塘水库堆石混凝土大试件力学性能试验研究［J］．水利规划与设计，2020，(4)：142-147＋163．

[54]　杨丽群，曾旭．堆石混凝土坝材料性能探讨[J]．红水河，2021，40(2)：41-46，61．

[55]　曾旭，姚国专，余舜尧，等．堆石混凝土拱坝施工期温度监测与分析[J]．水力发电，2022，48(2)：73-80．

[56]　罗键，曾旭．堆石混凝土绝热温升影响因素分析[J]．水利规划与设计，2022(4)：83-85，92．

[57]　陈波，余明阳，朱彬．堆石混凝土筑坝技术在遵义的推广应用[J]．水利技术监督，2019(4)：163-167．

[58]　温永欢．堆石混凝土拱坝枢纽布置及结构稳定计算分析[J]．中国水能及电气化，2019(5)：46-50．

[59]　申洪波，罗键．沙千水库拱坝混凝土砂石骨料试验分析与应用[J]．水利技术监督，2022(4)：119-122．

[60]　罗键，张全意，曾旭．组合骨料在堆石混凝土坝中的应用[J]．水利规划与设计，2022(3)：122-125，131．

[61]　周虎，安雪晖，金峰．低水泥用量自密实混凝土配合比设计试验研究[J]．混凝土，2005，(1)：20-23+32．

[62]　刘明华，涂承义，叶建群．沙坪二级水电站堆石混凝土坝防渗设计与研究[J]．水电与新能源，2020，34(5)：11-14．

[63]　高继阳，张国新，杨波．堆石混凝土坝温度应力仿真分析及温控措施研究[J]．水利水电技术，2016，47(1)：31-35．

[64]　赵运天，解宏伟，周虎．堆石混凝土拱坝温度应力仿真及温控措施研究[J]．水利水电技术，2019，50(1)：90-97．

[65]　徐小蓉，潘坚文，王进廷，等．基于实测资料的龙开口碾压混凝土重力坝温度仿真分析[J]．水力发电学报，2016，35(1)：110-117．

[66]　杨剑．基于"数字大坝"的高拱坝真实工作性态研究[D]．北京：清华大学，2011．

[67]　何世钦，陈宸，周虎，等．堆石混凝土综合性能的研究现状[J]．水力发电学报，2017，36(5)：10-18．

[68]　程恒，周秋景，娄诗建，等．石坝河水库堆石混凝土重力坝施工期工作性态仿真[J]．清华大学学报(自然科学版)，2022，62(9)：1408-1416．

[69]　LIANG T，JIN F，HUANG D R，et al. On the elastic modulus of rock-filled concrete [J]. Construction and Building Materials，2022，340：127819.

[70]　ZHANG Y X，PAN J W，SUN X J，et al. Simulation of thermal stress and control measures for rock-filled concrete dam in high-altitude and cold regions [J]. Engineering Structures，2021，230：111721.

[71]　ZHANG X F，LIU Q，ZHANG X，et al. A study on adiabatic temperature rise test and temperature stress simulation of rock-fill concrete [J]. Mathematical Problems in Engineering，2018：1-12.

[72]　YANG J，HU Y，ZUO Z，et al. Thermal analysis of mass concrete embedded with double-layer staggered heterogeneous cooling water pipes [J]. Applied Thermal Engineering，2012，35：145-156.

[73]　ZHANG X，ZHANG Z H，LI Z D，et al. Filling capacity analysis of self-compacting concrete in rock-filled concrete based on DEM [J]. Construction and Building Materials，2020，233：117321.

[74]　CHEN S G，SUN Q C，JIN F，et al. Simulations of Bingham plastic flows with the multiple-relaxation-time lattice Boltzmann model [J]. Science China Physics，Mechanics and Astronomy，2014，57(3)：532-540.